全国职业培训推荐教材
人力资源和社会保障部教材办公室评审通过
适合于职业技能短期培训使用
专项职业能力考核培训教材

服装缝纫车工
（第二版）

凌　静　主编

中国劳动社会保障出版社

图书在版编目(CIP)数据

服装缝纫车工/凌静主编. —2 版. —北京：中国劳动社会保障出版社，2016
职业技能短期培训教材
ISBN 978 - 7 - 5167 - 2793 - 5

Ⅰ. ①服…　Ⅱ. ①凌…　Ⅲ. ①服装缝制-技术培训-教材　Ⅳ. ①TS941.634

中国版本图书馆 CIP 数据核字(2016)第 259106 号

中国劳动社会保障出版社出版发行
（北京市惠新东街 1 号　邮政编码：100029）

*

北京市艺辉印刷有限公司印刷装订　新华书店经销
787 毫米 × 1092 毫米　16 开本　10.25 印张　215 千字
2016 年 12 月第 2 版　2022 年 11 月第 6 次印刷
定价：19.00 元

营销中心电话：400-606-6496
出版社网址：http://www.class.com.cn

前言

职业技能培训是提高劳动者知识与技能水平、增强劳动者就业能力的有效措施。职业技能短期培训，能够在短期内使受培训者掌握一门技能，达到上岗要求，顺利实现就业。

为了适应开展职业技能短期培训的需要，促进短期培训向规范化发展，提高培训质量，中国劳动社会保障出版社组织编写了职业技能短期培训系列教材，涉及二产和三产百余种职业（工种）。在组织编写教材的过程中，以相应职业（工种）的国家职业标准和岗位要求为依据，并力求使教材具有以下特点：

短。教材适合 15～30 天的短期培训，在较短的时间内，让受培训者掌握一种技能，从而实现就业。

薄。教材厚度薄，字数一般在 10 万字左右。教材中只讲述必要的知识和技能，不详细介绍有关的理论，避免多而全，强调有用和实用，从而将最有效的技能传授给受培训者。

易。内容通俗，图文并茂，容易学习和掌握。教材以技能操作和技能培养为主线，用图文相结合的方式，通过实例，一步步地介绍各项操作技能，便于学习、理解和对照操作。

这套教材适合于各级各类职业学校、职业培训机构在开展职业技能短期培训时使用。欢迎职业学校、培训机构和读者对教材中存在的不足之处提出宝贵意见和建议。

人力资源和社会保障部教材办公室

简介

本书较第一版教材增加了缝纫车工岗位认知内容；在简单介绍缝纫基础知识的基础上，重点介绍了服装代表性部件和典型成衣品种的缝制工艺；服装款式根据时代特点进行了更新。本版教材最大特点是为增加可视性，缝制工艺的图片大部分使用工作流程中的照片，照片与文字一一对应。

本书首先简要介绍缝纫基础知识，包括缝纫车工岗位认知、车缝方法、车缝基础工艺和缝纫设备的使用与维护；然后详尽介绍服装中代表性部件的缝制，包括领子、袖子、口袋、开口、下摆和腰头等部件；最后介绍常见服装品种的缝制。

本书从当前服装缝纫车工岗位实际需要出发，针对职业技能短期培训学员的特点，基本不涉及复杂的理论，强化了技能的通用性和实用性。全书联系企业生产实际，注重实用性与代表性，以图配文，通俗易懂，通过本书的学习，学员能够达到服装制作相关岗位的技能要求。本书还可供初涉或从事服装制作工作的人参考。

本书由凌静主编，郑美玲、陈顺汝、陈海珍参编。

目录

第一单元　缝纫基础

模块一　缝纫车工岗位认知

服装企业的生产总体来讲可分为准备、裁剪、缝制、整理四个过程。其中缝制是生产的主要过程，这一过程是在服装缝制车间进行的，是实现由裁片到成品服装的转化过程。缝制车间是服装企业生产的主体场所，企业根据服装产品的类型和特点而购置的各种缝制设备、设施、工具等经过一定的设计组合而成的生产线就在缝制车间。

服装生产设备种类繁多，按照设备的功能和用途大致可划分为裁剪设备、缝制设备、熨烫包装设备。各种不同的服装设备或工序，就构成了服装企业中不同的工作岗位，缝纫车工即是其中之一。

一、缝纫车工岗位职责

在服装企业中平缝机的操作人员称为缝纫车工（有的称为平缝车工）。平缝机在服装生产设备中的基础性地位，决定了缝纫车工在服装生产中的基础性地位。在服装生产车间，缝纫车工的比例占80%左右，是不可缺少的、用工量最大的工作岗位之一。缝纫车工的主要任务是通过对平缝机的操作，把各种服装裁片，按照一定的技术要求组合成服装部件进而组合成服装成品。缝纫车工岗位职责如下：

1. 服从班组长安排，对所分配的每道工序认真操作。

2. 按照跟单员或检验员的正确指导进行每道工序生产，如发现辅导与实际操作不相符，应及时反映。

3. 将裁片按顺序叠放，生产时对号缝制，如发现编号字迹潦草、模糊不清，应及时反映。

4. 保证本工序产品线头、粉迹处理干净。

5. 后道工序检查前一道工序，发现不合格现象应及时递交前道工序进行返工。

6. 虚心接受检验员的监督，及时做好本工序的返修工作。

7. 生产过程中产生断针现象，应保持断针的完整，到检验员处调换签字，如发现断针残缺，必须注明款式的跟踪卡号码或产品的部位，并在该产品上做明显标志。

8. 做到文明、安全生产。

二、缝纫车工应具备的基本技术与技能

缝纫车工是服装企业生产的基础性工种之一，缝纫车工的素质直接影响企业产品的质量。这种素质包括两个方面：一是作为企业员工应具备的共性素质，如文化水平、思想品德、意志品质、职业道德、心理身体素质等；二是作为缝纫车工所应具备的基本技术与技能素质。良好的员工素质是企业产品质量的基本保证。

一名合格的缝纫车工应具备的基本技术和技能有以下几点：

1. 具有服装企业生产的基本常识。

2. 掌握平缝机使用的基本知识和操作要领。能正确使用平缝机和相应的辅助工具，能够进行平缝机的清洁和一般性保养，具有娴熟操作平缝机的能力和技巧。

3. 掌握缝制服装的基本术语、常用符号，能够看懂有关的一般性工艺文件和图表，并能按工艺要求准确操作和执行。

4. 掌握常见服装零部件的缝制工艺方法、质量要求，具有独立进行服装零部件制作的能力。

5. 了解常见服装品种各衣片、裁片的名称术语。掌握各衣片、零部件的组合关系、组合要领和质量要求，能够独立进行服装衣片和零部件的组合。

6. 以平缝机使用操作为基础，能很快适应和操作其他相关的缝纫设备。

以上是缝纫车工应具备的专业技能，也是立足于此岗位的先决条件。这些技能的掌握，需经过一定的培训和学习，特别是平缝机的操作要求非常熟练，达到得心应手的程度，这是最基本也是最重要的一点。目前，服装企业生产多数采取计件工资制，没有熟练的平缝机操作技术为基础就不可能有较多的产出，质量也难以保证，因而个人也不可能获得较高的工资报酬。要想达到企业的要求，需要通过一段时间的艰苦训练，同时也应注意在生产实践中不断总结和摸索，取别人之长，补己之短。只有如此，才能很快地成为一名合格的服装缝纫车工。

模块二　车缝方法

一、常用车缝设备与工具

1. 工业平缝机

工业平缝机也称电动缝纫机。它一般由动力机构、操纵控制机构、成缝机构、针码密度调节机构、缝料输送机构等组成。工业平缝机有中速、高速之分，速度一般都在每分钟2 500针以上。工业平缝机的离合器传动很灵敏，在接通电源的情况下，通过脚踏用力的大小就可以随意调整缝纫机的速度，所以要掌握车速就要加强用脚控制离合器的练习。

2. 包缝机

包缝机也称拷边机或锁边机，是防止衣料裁剪边缘纤维松散的设备，有单针、双针包缝机和三线、四线、五线包缝机之分。

3. 机针

平缝机机针型号规格有 9 号、11 号、14 号、16 号、18 号。号码越小针越细，号码越大针越粗。

4．镊子和锥子

镊子和锥子是缝纫辅助工具。镊子在缝纫时用来拔取线头或疏松缝线等。锥子在缝纫时用来拆除缝合线、挑领尖及衣服摆角等。

二、踏机练习

踏机练习是正确使用工业平缝机的基本功，每个初学者必须认真学习。工业平缝机由离合器电机传动，这种离合器的传动很灵敏，脚踏的力量越大，缝纫速度越快，反之缝纫速度则越慢，通过脚踏用力的大小就可随意调整缝纫机的转速。所以只有加强练习，才能掌握好工业平缝机的使用。练习步骤如下：

1．身体坐正，坐凳不要太高或太低。

2．用右脚放在脚踏板上，右膝靠在膝控压脚的碰块上，练习抬、放压脚，以会为准。

3．稳机练习（不安装机针、不穿引缝线）。做起步、慢速、中速、停机练习，起步时要缓慢用力（切勿用力过大），停机要迅速准确，以慢、中速为主，反复进行，熟练掌握为准。

4．倒顺送料练习。用两层纸或一层厚纸做起缝、打倒顺练习。

三、空车缉纸训练

在较好地掌握空车转的基础上进行不引线的缉纸练习。先缉直线，后缉弧线，然后缉不同距离的平行直线、弧线，还可以练习各种图形，使手、脚、眼协调配合，做到纸上针孔整齐，直线不弯，弧线圆顺，短针迹或转弯不出头。

空车缉纸是实缝模拟训练，目的在于使初学者通过缉纸练习，逐渐做到手、脚、眼协调配合，既可训练动作，又可节约布料。具体步骤如下：

1．缉直线

在纸上分别画几条长短不一致的直线，然后按线印进行空缉练习，要求：空缉过的针孔应刺在线印上，不能偏离线印。

2．缉弧线

将图放大复印到纸上，进行缝缉弧线训练。要求：针距密度为3 cm 14～18针。

3．缉几何图形

将图放大复印到纸上进行缝缉训练。要求：针距密度为3 cm 12～15针。注意：当缉到转角处，一般应使机针留在针板的容针孔中，再抬压脚，对准接着要缝的方向，转角处尖而挺，不得漏针。

4．缉平行线

在纸上分别画出直线、弧形的平行线，间隔距离从0.2～2 cm不等，然后按线印进行空缉练习。要求：缉线时要严格控制线与线之间的距离，使之保持平行。

5．倒回针训练

倒回针是对缝迹的加固，在实际缝纫过程中，起针、落针需加固的部位均要作倒回针。工业平缝机一般有倒回针装置，操作时，只需按一下倒回针装置，用腿靠一下压脚抬杆，稍抬压脚，就可以做倒回缝缉。倒回针一般可重复来回缝2～3道，长度大多控制在0.3～0.5 cm，折合针距约3针左右，注意不要重复过多。将图放大复印到纸上，进行缝缉训练，要求：在起针和落针处、图中圆点处缉倒回针，各处倒4针。

空缉训练达到操作自如时，手、脚、眼配合协调后，即可进入缉布训练。

四、机缝的操作要领

1. 在衣片缝合无特殊要求的情况下，机缝时一般都要保持上下松紧一致，上下衣片的缝份宽窄一致。由于下衣片受到送布牙的直接推送作用走得较快，而上层衣片受到压脚的阻力和送布牙间接推送而转慢，往往衣片缝合后产生上层长、下层短，或缝合的衣缝有松紧、皱缩现象。所以要针对机缝这些特点，采取相应的操作方法。在开始缝合时就要注意手势，左手向前稍推送衣片，右手把下层稍拉紧。有的缝位过小不宜用手拉紧，可借助钻车或镊子来控制松紧。这样才能使上下衣片始终保持松紧一致，不起涟形。这是最基本的操作要领。

2. 机缝的确良起落针根据需要可缉倒顺针。机缝断线一般可以重叠接线，但倒针交接不能出现双轨迹。

3. 各种机缝要缝足缝份，不要有虚缝。

4. 在卷边缝、压止口和各种包缝等缉第二道线也要注意上下层松紧一致。如果上下层缝料错位，丝绺不正，会形成斜纹涟形。

模块三　车缝基础工艺

机缝缝型种类繁多，可根据服装的不同款式、部位和工艺要求合理选用。以下介绍常用缝型的机缝方法。

一、平缝（见图1—1）

把两层衣片正面相叠，沿着所留缝份进行缝合，一般缝份宽为1 cm左右。平缝用于衣片拼接。

二、分缝（见图1—2）

两层衣片平缝后，毛缝向两边分开，用于衣片的拼接。

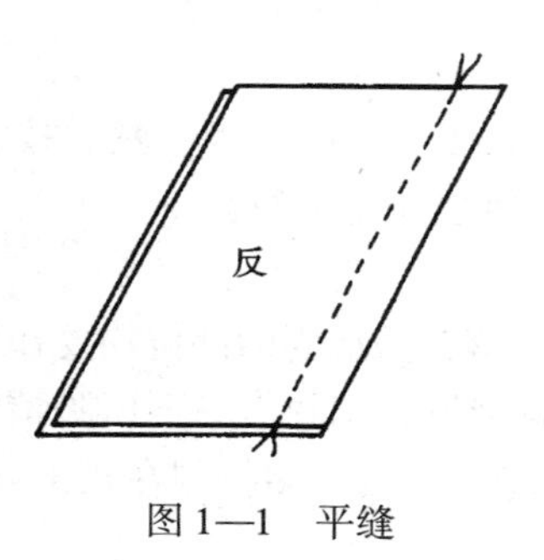

图1—1　平缝

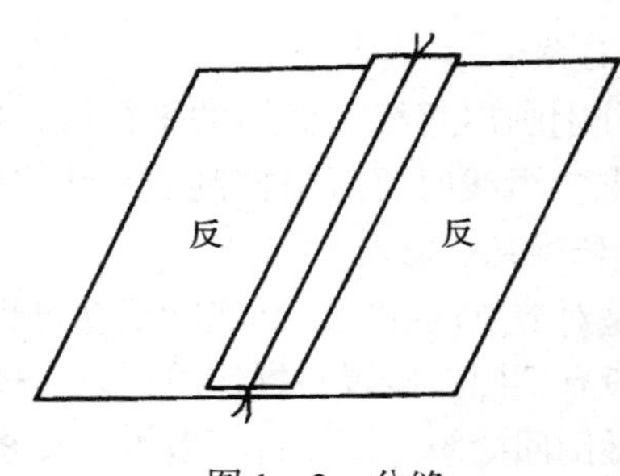

图1—2　分缝

三、分缉缝（见图 1—3）

两层衣片平缝后分缝，在衣片正面两边各压缉一道明线，用于衣片拼接部位的装饰和加固。

四、坐倒缝（见图 1—4）

两层衣片平缝后，毛缝单边坐倒，用于夹里与衬布的拼接部位。

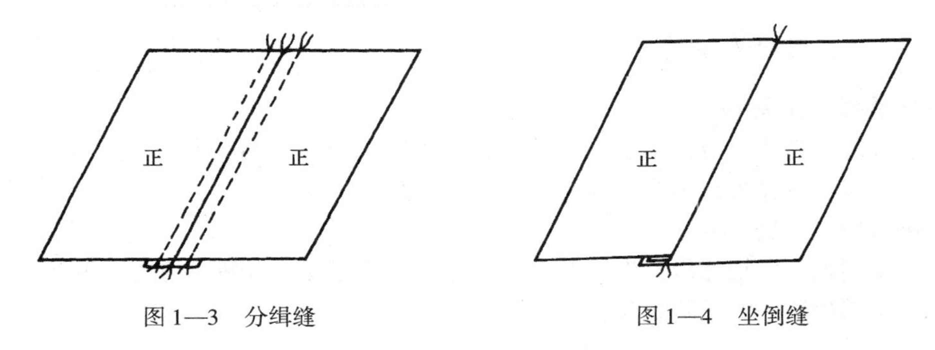

图 1—3　分缉缝　　　　图 1—4　坐倒缝

五、坐缉缝（见图 1—5）

两层衣片平缝后，毛缝单边坐倒，正面压一道明线，用于衣片拼接部位回固。

六、分坐缉缝（见图 1—6）

两层衣片平缝后，一层毛缝坐倒，缝口分开，在坐缝上压缉一道线，起加固作用，如裤子后裆缝等。

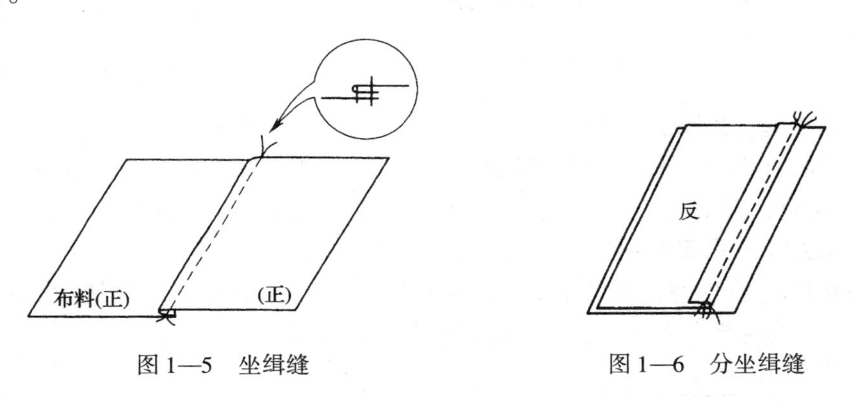

图 1—5　坐缉缝　　　　图 1—6　分坐缉缝

七、搭缝（见图 1—7）

两层衣片缝份相搭 1 cm，居中缉一道线，使缝子平薄、不起梗，用于衬布和某些需拼接又不显露在外面的部位。

八、对拼缝（见图 1—8）

两层衣片不重叠，对拢后用 Z 形线迹来回缝缉，此缝比搭缝更平薄，用于衬布的拼接。

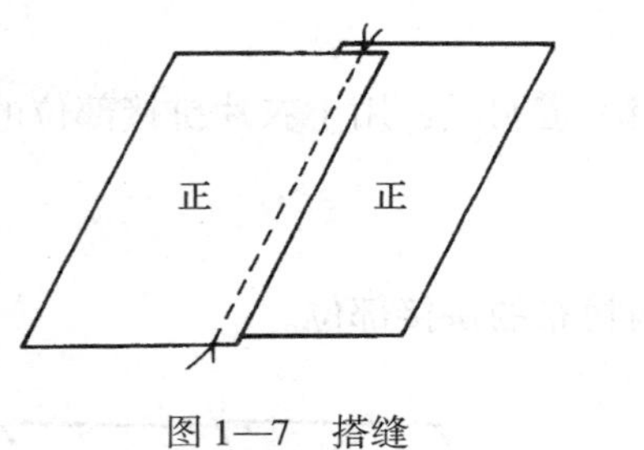

图 1—7　搭缝

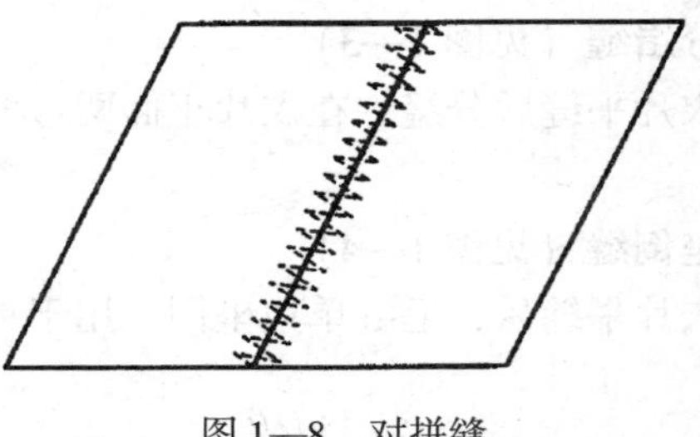

图 1—8　对拼缝

九、压缉缝（见图 1—9）

上层衣片缝口折光，盖住下层衣片缝份或对准下层衣片应缝的位置，正面压缉一道明线，用于装袖衩、袖克夫、领头、裤腰、贴袋或拼接等。

十、贴边缝（见图 1—10）

将衣片反面朝上，把缝份折光后再折转一定要求的宽度，沿贴边的边缘缉 0.1 cm 清止口。注意上下层松紧一致，防止起涟。

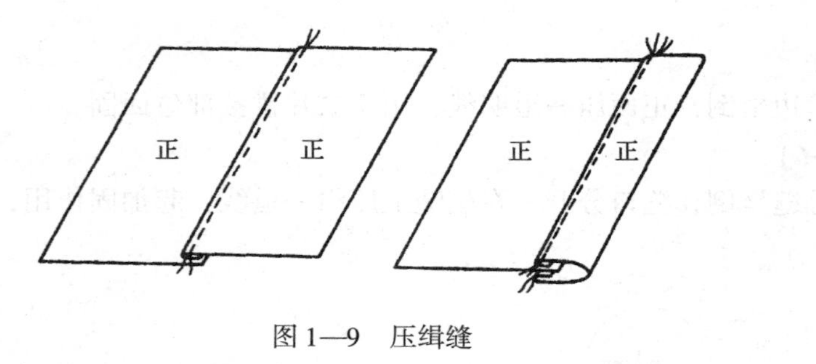

图 1—9　压缉缝　　　　图 1—10　贴边缝

十一、包边缝（见图 1—11）

把包边缝面料两边折光，折烫成双层，下层略宽于上层，把衣片夹在中间，沿上层边缘缉 0.1 cm 清止口，把上、中、下三层一起缝牢，用于装袖衩、裤腰等。

十二、来去缝（见图 1—12）

将两层衣片反面相叠，平缝 0.3 cm 缝份后把毛丝修剪整齐，翻转后正面相叠合缉 0.6 cm，把第一道毛缝包在里面，用于薄料衬衫、衬裤等。

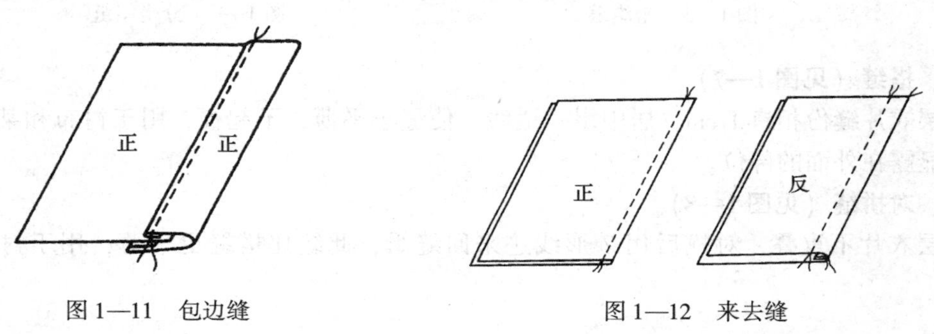

图 1—11　包边缝　　　　图 1—12　来去缝

十三、明包缝（见图 1—13）

明包缝缉双线。将两层衣片反面相叠，下层衣片缝份放出 0.8 cm 包转，再把包缝向上层正面坐倒，缉 0.15 cm 清止口，用于男两用衫、夹克衫等。

十四、暗包缝（见图 1—14）

暗包缝缉单线。将两层衣片正面相叠，下层放边0.8 cm 缝份，包转上层，缉0.3 cm 止口，再把包缝向上层衣片反面坐倒，用于薄料衣服上的缝份处理。

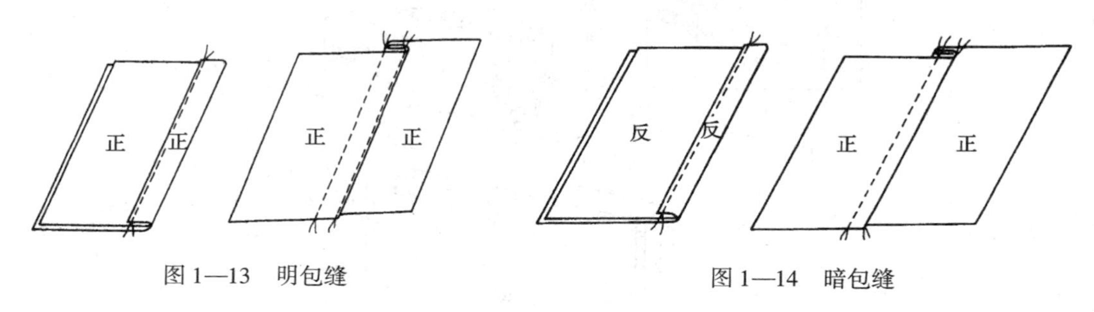

图 1—13　明包缝　　图 1—14　暗包缝

模块四　缝纫设备的使用与维护

一、工业平缝机的构造及工作原理

1. 工业平缝机的构造

工业平缝机包括机架、成缝器、机尾和工作台。机架包括：脚踏板、膝控压脚操纵板、电动机、电源开关；成缝器包括：过线杆、过线簧、夹线器、挑线簧、缓线调节钩、右线钩、挑线杆、左线钩、过线孔、针杆过线孔；机尾包括：上轮、针距调节器、倒送扳手、电脑自动装置。工业平缝机的构造如图 1—15 所示。

2. 平缝机工作原理

平缝机有机针、挑线、旋梭、送布四大成缝机构，由电动机传动缝纫机的主轴。四大成缝机构的工作原理如下：

（1）机针机构。机针机构的作用是通过机针将上线不断送过面料。机针在针杆的带动下工作。主轴在电动机驱动下转动，通过曲柄滑动机构的传动形成上下往复运动，主轴每转一周，针杆上下往返一次。

（2）挑线机构。机针将上线送过面料后，为了与底线交织，上线要保持松弛。上下线交织后，为了形成规律的线迹，又需将上线拉紧，挑线机构的作用就是达到上线的时松时紧。挑线杆由主轴通过圆柱凸轮或连杆机构传动，随主轴每转动一周上下往返一次，往上运动速度较快，往下则较慢。

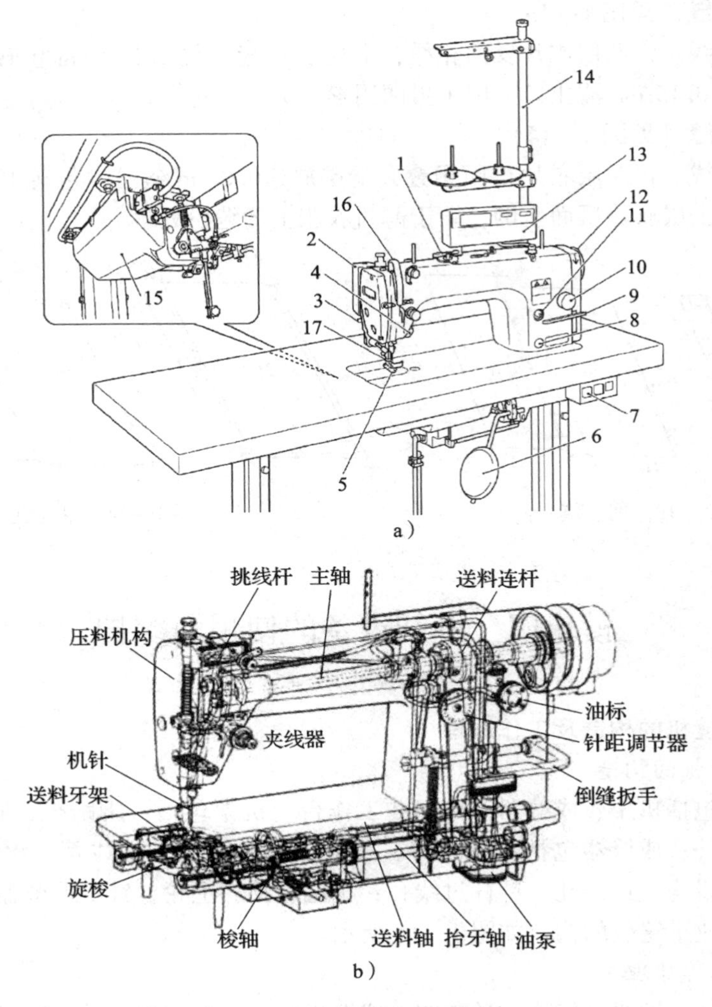

图 1—15　工业平缝机构造

a）整机　b）缝纫机机头

1—锁芯绕线装置　2—扫线装置　3—压脚扳手　4—调节器开关　5—压脚　6—膝控压脚操纵板　7—电源开关　8—油量计视窗　9—倒缝扳手　10—针距调节器　11—供油袋　12—上轮　13—操作盘　14—线架　15—控制箱　16—挑线杆防护罩　17—护指器

（3）旋梭机构。旋梭机构的作用是使到达面料下侧的上线在梭钩的带动下，与梭芯中的底线相互缠绕，形成上下线的交织。旋梭机构由齿轮或连杆机构传动，主轴每转动一周，旋梭转动两周。

（4）送布机构。最常用的是送布牙机构，其作用是输送面料向前移动，以配合机针和旋梭形成线迹。送布牙由主轴通过凸轮连杆机构传动，主轴每转动一周，送布牙也运转一周，即向前送布一次。

二、机针检查和安装

机针检查主要是检查是否有针杆弯曲、针尖磨秃、弯尖和针孔毛刺等，如有以上现象，则应校直、磨锋利后才能使用。

机针的安装方法是：转动上轮，使针杆上升到最高位置，如图1—16所示，旋松支针螺钉1，将针柄2插入针杆下端的针孔内，使其碰到针孔的底部为止（注意机针的长槽应位于操作者的左面），最后旋紧支会螺钉3。安装好后检查机针是否在针板孔的中间，再穿针试验，看是否断面线。若有断面线现象，则是机针长槽位置不正，应进行调整。

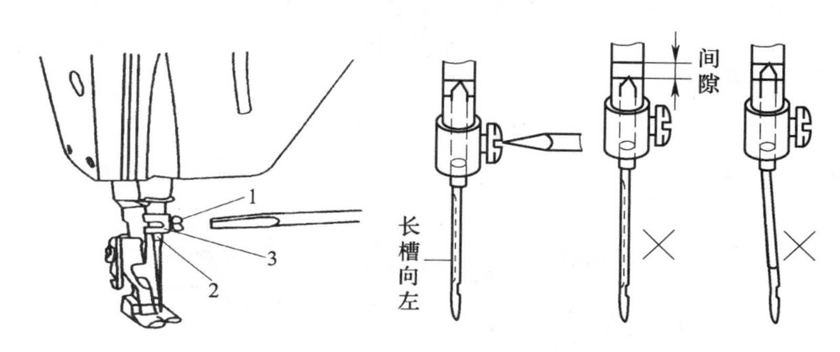

图1—16　安装机针

1—支针螺钉　2—针柄　3—支会螺钉

三、穿引面线和绕底线

1. 取梭芯和绕梭芯线

（1）取梭芯。先拨动上轮，使针杆上升到最高位置，然后拉开推板，并扳起梭芯套上的梭门盖，向外拉出，取出梭芯套后，闭合梭门，即可将梭芯从梭芯套中取出。

（2）绕梭芯线。绕梭芯线是在绕线器上进行的。有的绕线器在缝纫机右侧，有的在缝纫机头顶部。如图1—17所示，把梭芯1插入绕线器轴2上，自线团来的线，先穿入过线架3的线孔，再穿入夹线板4，然后把线头在梭芯上绕几圈，把满线跳板5向下揿压，绕线轮即压向皮带6，在缝纫过程中，就能自动绕线，梭芯绕满后能自动跳开并停止。

2. 将梭芯及梭芯套装入梭床

将梭芯和梭芯套装入梭床的顺序与取梭芯相反。

3. 穿面线和引底线

（1）穿面线。穿面线的顺序如图1—18所示。由线团引出的面线，穿入机头顶部过线钉1的孔中，再自上而下经过小线器的夹线板2，然后穿过三眼线钩3的三个线眼，向下自右向左套入夹线器的夹线板4之间，再钩进挑线簧5，向下绕过缓线调节钩6，向上钩进过线环7，再自右向左穿过挑线杆8的线孔，然后向下钩进线环钩9及针杆套筒线钩10和针杆过线孔11。最后自左向右将缝线穿过机针针孔12，并引出10 cm左右的线备用。

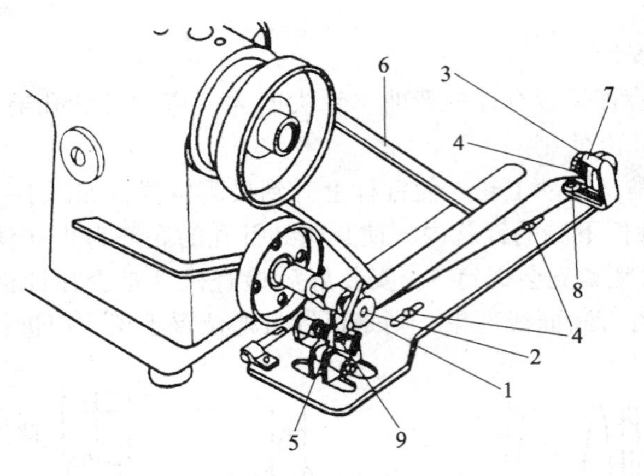

图 1—17　绕梭芯线

1—梭芯　2—绕线器轴　3—过线架　4—夹线板　5—满线跳板　6—皮带　7—压线片　8—出线孔

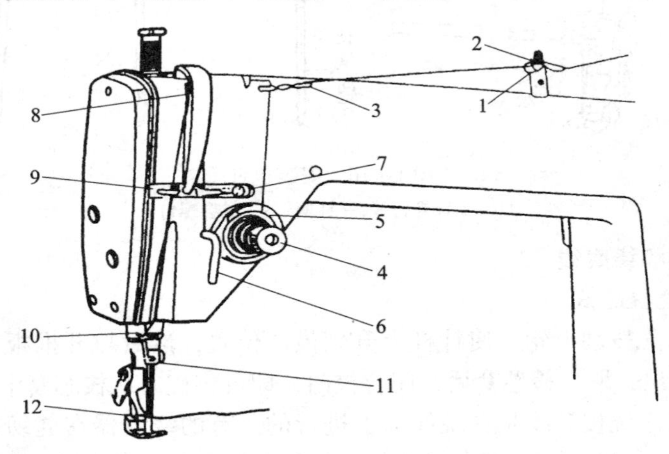

图 1—18　穿面线

1—过线钉　2，4—夹线板　3—三眼线钩　5—挑线簧　6—缓线调节钩　7—过线环
8—挑线杆　9—进线环钩　10—针杆套筒线钩　11—针杆过线孔　12—机针针孔

（2）引底线。左手捏住面线线头，转动上轮使针杆向下运动，并回升到最高位置，然后拉起面线线头，底线即被引出，最后把底面线头一起置于压脚下面。

4．旋梭的拆卸和安装

（1）拆卸旋梭。如图 1—19a 所示，先转动上轮，将针杆和送布牙同时升到最高位置，拆下针板，取下机针和梭芯。按逆时针方向旋开旋梭定位钩螺钉 1，将定位钩 2 取下。再旋松旋梭 3 的三个固定螺钉 4。这时用左手向上移动旋梭板 5，使旋梭板到达送布牙架 6 的位置，然后再移动旋梭架 7 使其凹到与旋梭相反的位置 8。此时可用手轻轻左右晃旋梭将其取下。

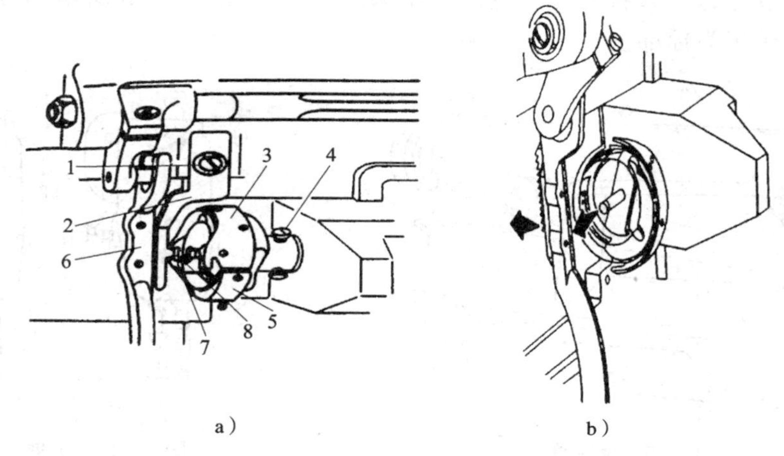

图 1—19　拆装旋梭

a）拆卸旋梭　b）安装旋梭

1—定位钩螺钉　2—定位钩　3—旋梭　4—固定螺钉

5—旋梭板　6—送布牙架　7—旋梭架　8—旋梭的反位置

（2）安装旋梭。只要按上述相反过程即可，如图 1—19b 所示。

四、针线的选用

机针型号规格有 9 号、11 号、14 号、16 号、18 号，号码越小针越细，号码越大针越粗。机针的选择原则（见表 1—1）是缝料越厚越硬，机针越粗；缝料越薄越软，机针越细。缝线的选用在原则上与机针一样。

表 1—1　　机针的选择

机针型号	9	11	14	16	18
用途	薄料	丝绸料	中厚料棉	厚料	牛仔及粗呢

五、倒顺缝与针距调节

工业平缝机工作时绝大多数的线缝是顺缝。工业平缝机一般都有倒向送料控制装置，需要倒向送料时，如图 1—20 所示，只要将倒缝扳手 2 向下揿压至虚线位置，即能进行倒送。手放松后，倒缝扳手自动复位，又恢复顺向送料。

针距的长短，可以通过转动针距标盘 1 来调节，标盘上的数字表示针距尺寸（单位为 mm）。机缝前必须先将针距调节好。缝纫针距要适当，针距过稀不美观，而且影响成衣的牢度。针距过密也不好，容易损伤衣料。一般情况下，薄料、精纺料每 3 cm 长度为 14 ~ 18 针，厚料、粗纺料每 3 cm 长度为 8 ~ 12 针。针距调整原则以工艺要求为准。

六、压脚压力调节

压脚压力要根据布料的厚度来调节。布料厚时，应加大压脚压力，按图 1—21a 所示方向转动调节螺钉；布料薄时，应减少压脚压力，按图 1—21b 所示的方向转动调压螺钉。以正常送布为标准。

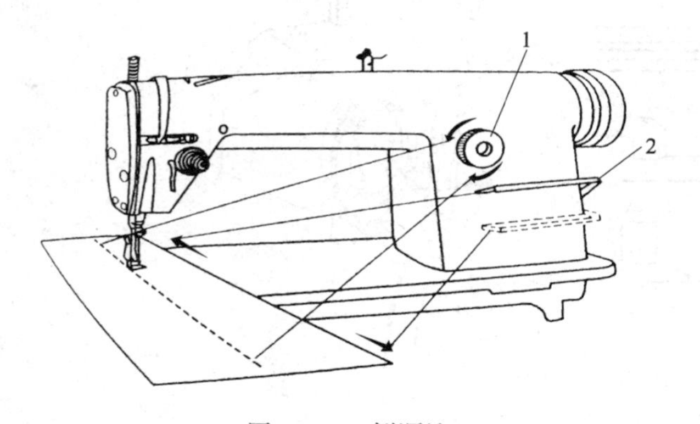

图 1—20　倒顺缝

1—针距标盘　2—倒缝扳手

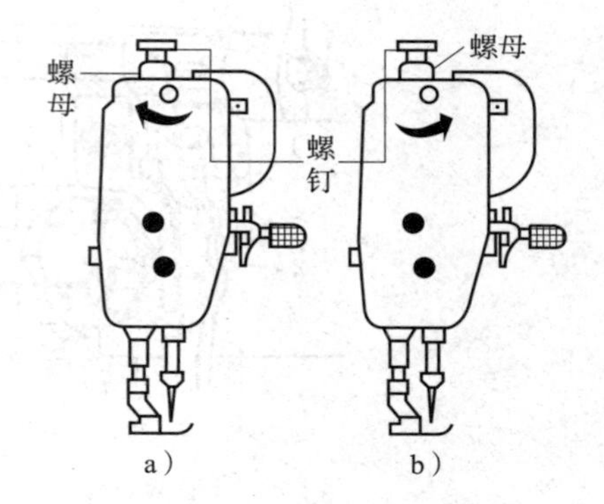

图 1—21　压脚压力调节

七、针迹的调节

针迹的调节一般是靠旋紧或旋松面线的夹线弹簧，有时也会调节放底线梭芯外梭子上梭皮的松紧，使底面线松紧适度。针迹调节也必须按照衣料的厚薄、松紧、软硬合理进行。缝稀薄、松软的面料时，底线适度放松，压脚压力要减小，送布牙也应该适当放低，这样缝纫时可以避免皱缩形象。缝表面有绒的衣料时，如灯芯绒、羊绒，为使线迹清晰，可以略将面线放松；卷缉贴边时，如果反缉可将底线略放松。缝厚、紧、硬的衣料时，底面线应适当紧些，压脚压力要加大，送布牙应适当抬高，以便送布。

八、工业平缝机常见故障分析及其处理

平缝机常见故障的具体形式、产生原因以及处理方法见表 1—2。

表 1—2　　常见故障分析及其处理方法

故障分类	原因分析	处理方法
断针	1．机针太细或布料坚厚	1．按机针、缝线规格与布料关系选择机针和布料
	2．机针弯曲	2．更换机针
	3．机针高低位置不对，或方向错误	3．校正机针位置
	4．机件松动较大	4．检查各机件间的配合及磨损情况，按标准调整配合尺寸，磨损严重机件更换
	5．压脚压力太小，送布不良	5．适当增加压脚压力，使送布正常
	6．操作时推拉布料用力不当	6．切勿用力推拉

续表

故障分类	原因分析	处理方法
跳针	1. 机针与旋梭的侧隙和高低位置不对，或方向错误	1. 按标准校正
	2. 机针弯曲	2. 更换机针
	3. 针板容针孔太大，机针号和布料的厚薄不相符	3. 按机针、缝线规格与布料关系选择机针和布料，针杆下降一些，以增加旋梭返回量（用于薄料）
	4. 底线张力和压脚压力过小	4. 增加底线张力和压脚压力
断线	1. 穿线方法错误	1. 正确穿线
	2. 机针安装错误	2. 重新安装机针，使针槽正对操作者，校正机针与旋梭的配合位置
	3. 缝线质量不好	3. 换用优质缝线
	4. 机针号与缝线粗细不相符	4. 按机针、缝线规格与布料关系选择机针和缝线
	5. 过线部位表面粗糙	5. 更换新零件，抛光过线处
	6. 夹线力过紧	6. 旋松夹线螺母
	7. 机针过热，熔断化纤线	7. 采用机针冷却
浮线	1. 旋梭质量不好或安装位置错误	1. 更换旋梭，增加旋梭返回量
	2. 机针太细	2. 更换粗机针
	3. 送布牙太低	3. 抬高送布牙
	4. 面线张力小	4. 增加面线张力
	5. 压脚有问题	5. 更换压脚
线迹歪斜	1. 面线张力太大	1. 减小面线张力
	2. 机针太细或太粗	2. 按机针、缝线规格与布料关系选择机针
	3. 机针安装不正	3. 校正机针方位
	4. 针杆过线孔太大	4. 换用小孔的针杆过线孔
缝料起皱	1. 差动送料比率不当	1. 适当调整差动送料比率
	2. 送布牙高低、前后位置不当	2. 按标准调整送布牙高低、前后位置
	3. 压脚压力太大或太小	3. 适当调整压脚压力

续表

故障分类	原因分析	处理方法
缝料起皱	4．小压脚不能上下灵活运动，大小压脚之间嵌入缝线或生锈	4．清除大小压脚之间的异物，如生锈，除锈或更换压脚
	5．面线张力太大，挑线簧弹力过强	5．减小面线张力和挑线簧弹力
	6．机针太粗	6．更换机针
	7．梭芯太重	7．减轻梭芯质量或采用铝梭芯
	8．针板容针孔太大	8．更换小孔针板

第二单元　领子缝制

模块一　无领缝制

一、圆领

此款圆领采用里贴边缝制的工艺，在夏季连衣裙、T恤、衬衫中用得较多。款式图如图2—1所示。缝制工序流程、工序设备和缝制要点如下表所示。

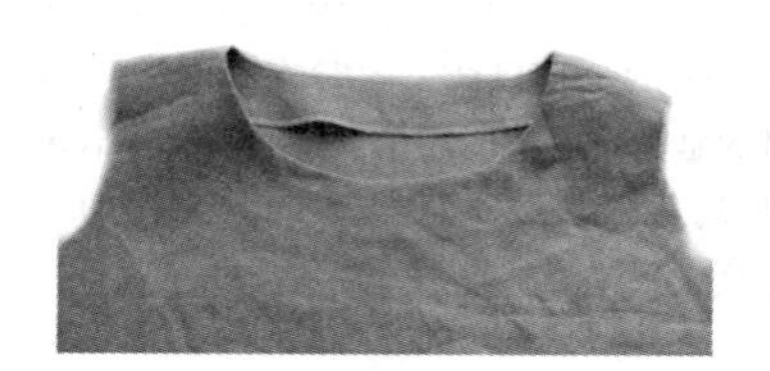

图2—1　圆领

<table>
<tr>
<td>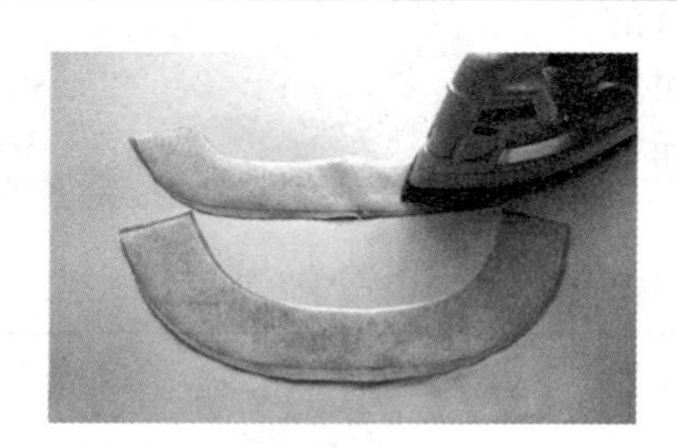
1. 工序名称：烫粘合衬
工序要点：领圈贴边放缝0.8 cm，贴边上的肩线放缝1 cm，贴边宽3 cm；按放缝要求裁剪贴边布和贴边粘衬，在前、后贴边反面烫上粘合衬。</td>
<td>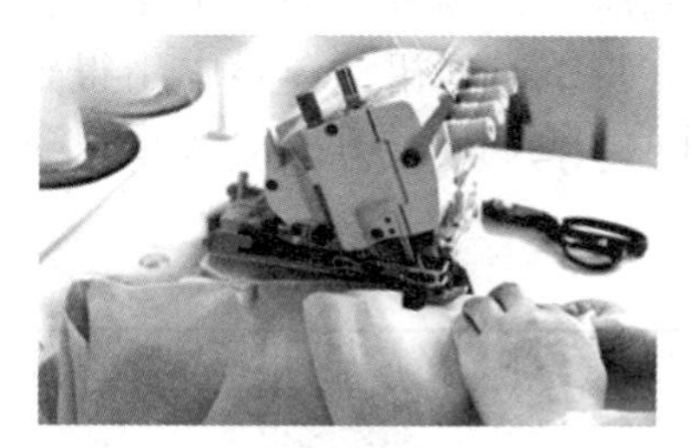
2. 工序名称：缝合肩线并三线包缝
工序要点：将贴边上的肩线缝合，再将缝份分开熨平，最后三线包缝贴边外侧。</td>
</tr>
<tr>
<td>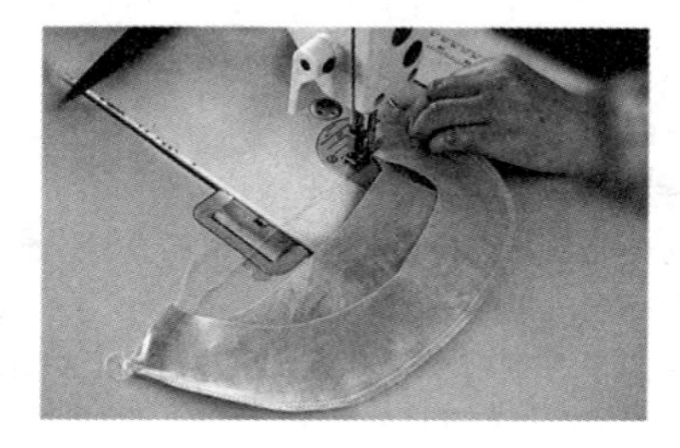
3. 工序名称：拼合领圈
工序要点：将前后领圈缝合后缝份分开熨平。</td>
<td>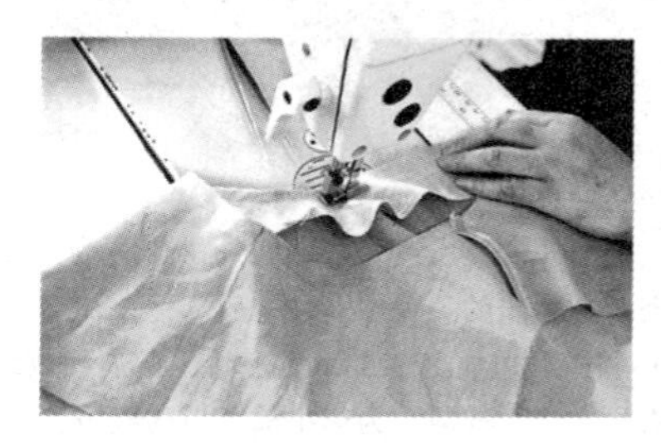
4. 工序名称：缝合领圈
工序要点：将贴边与衣片领圈正面相对、领圈对齐后缝合，然后修剪领圈缝份留0.5 cm，在圆弧处剪口。</td>
</tr>
</table>

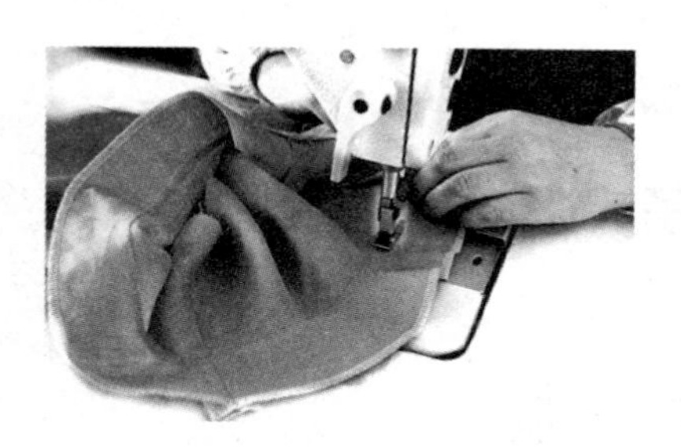 5. 工序名称：贴边压线 工序要点：将贴边翻到正面，在贴边的止口处车一条 0.1 cm 的暗止口线，同时将领圈缝份与贴边车缝固定，目的是使贴边布不外露，而在正面看不到领圈处的缝暗止口线，然后把领圈的贴边布烫成里外匀。	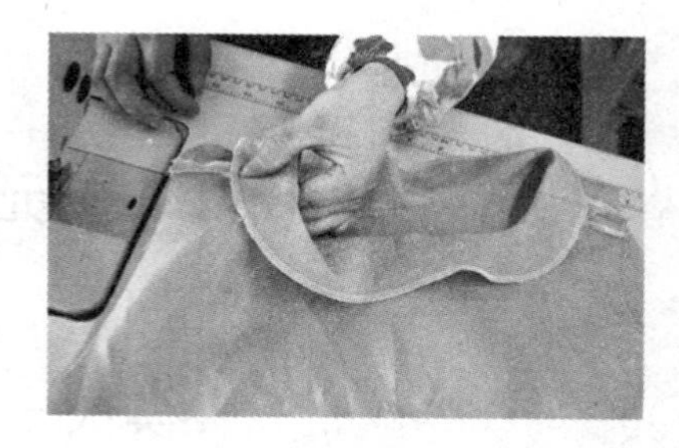 6. 工序名称：手缝固定肩线上的贴边 工序要点：在肩缝处将贴边与衣片的肩线对齐，用手缝针固定，也可用缝纫机固定。

二、前开口圆领

此款前开口圆领，采用里贴边缝制、前中开口的工艺，在夏季连衣裙、套衫中用得较多。款式图如图 2—2 所示。缝制工序流程、工序设备和缝制要点如下表所示。

图 2—2 前开口圆领

 1. 工序名称：裁剪、锁边 工序要点： （1）开口长度设计：以头能顺利套进为最小尺寸，同时还需考虑款式的美观性，贴边肩部宽 3 cm。 （2）领圈贴边放缝 0.5 cm，贴边上的肩线放缝 1 cm。由于前衣片中线为连裁，为留出前开口的缝份，裁剪时需将前衣片和前领贴边开口处的面料拉出 0.5 cm 的缝份再进行裁剪。 （3）贴边外口、肩缝等处锁边。	 2. 工序名称：烫粘合衬 工序要点： （1）在前、后领圈贴边反面烫上粘合衬，然后在领圈贴边前中画出开口长度。 （2）在衣片的前、后领圈及开口处烫上粘合衬，目的是防止领圈拉伸和开口处脱线。

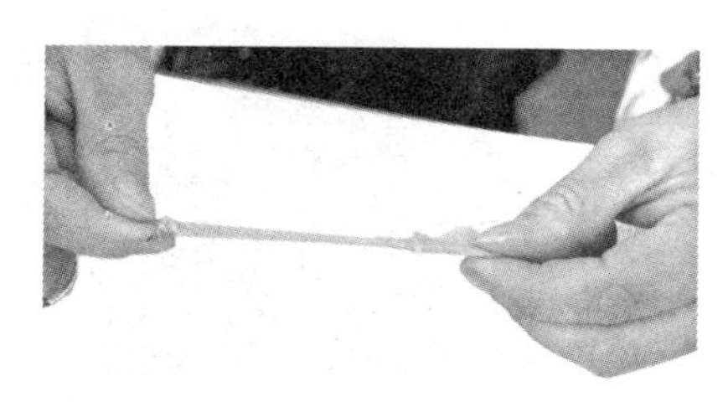 3. 工序名称：做扣袢 工序要点：裁剪 1.2 cm 宽斜丝绺面料，根据扣袢宽度需要缝合（一般 0.4 cm），用手缝针穿线拉出到正面。	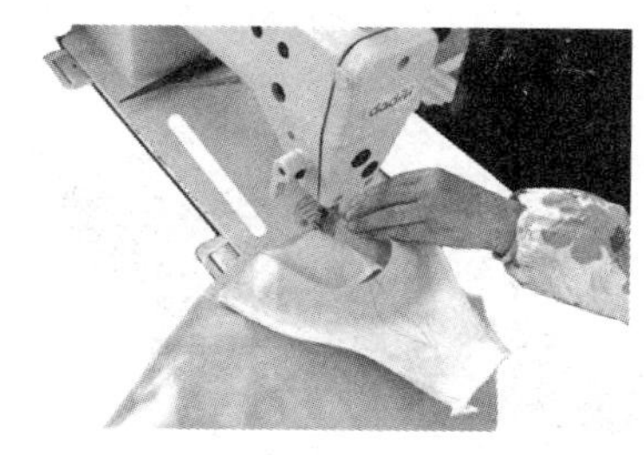 4. 工序名称：缝合肩缝 工序要点：分别缝合贴边和衣片上的肩线，然后将缝份分开熨平，再三线包缝贴边外侧。
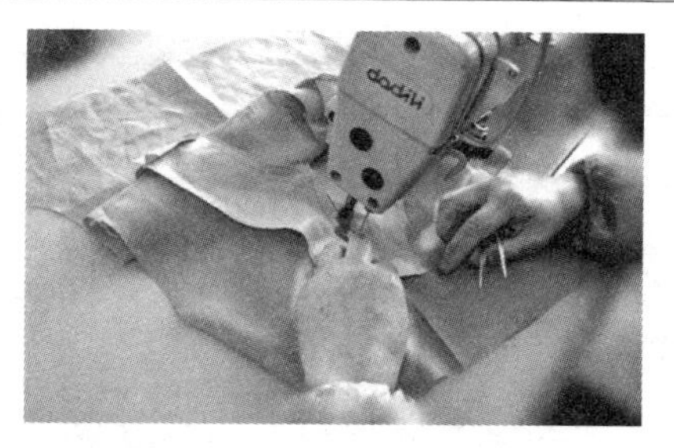 5. 工序名称：缝扣袢和开口 工序要点：将贴边与衣片领圈正面相对，领圈对齐、肩缝对准，然后缝合，在开口处要夹住扣袢车缝。注意开口形状和扣袢缝制牢度。	 6. 工序名称：修剪、翻烫贴边 工序要点：修剪领圈缝份留 0.5 cm，在领圈圆弧处剪口，领圈贴边前中剪至顶端，切勿剪断缝线；将贴边翻到正面，把领圈烫成里外匀；在衣片正面沿领圈边缘车缝 0.1 cm 的明线固定，在肩缝处将贴边与衣片的肩线对齐，用手缝针将衣片和贴边固定住。

三、前开襟式圆领

此款前开襟式圆领，采用挂面缝制、前中分割开口的工艺，在衬衫、春秋衫、马甲等款式中用得较多。款式图如图 2—3 所示。缝制工序流程、工序设备和缝制要点如下表所示。

图 2—3　前开襟式圆领

1. 工序名称：裁剪、烫粘合衬

工序要点：挂面前止口线、后贴边的领圈均放缝0.8 cm（比衣片少放0.2 cm），贴边肩缝放缝1 cm，挂面底边放缝4 cm（同前衣片底边），按缝份要求裁剪领面和领里；挂面、后领贴边的反面烫粘合衬。

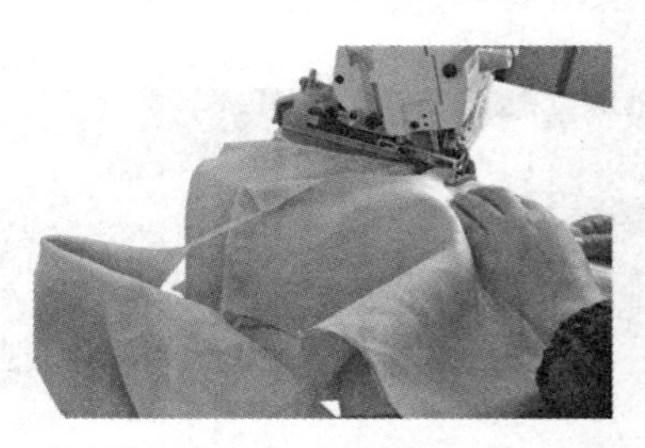

2. 工序名称：缝合挂面并锁边

工序要点：将挂面和后领贴边的肩线对齐，按1 cm缝份进行缝合；将缝份分开熨平，挂面和后领贴边的外侧三线包缝。

3. 工序名称：衣片和挂面缝合

工序要点：将挂面与衣片的前门襟正面相对，对齐肩线，按0.9 cm缝份进行缝合。挂面不得有吃势量。衣服前中很长则要有对档标记。

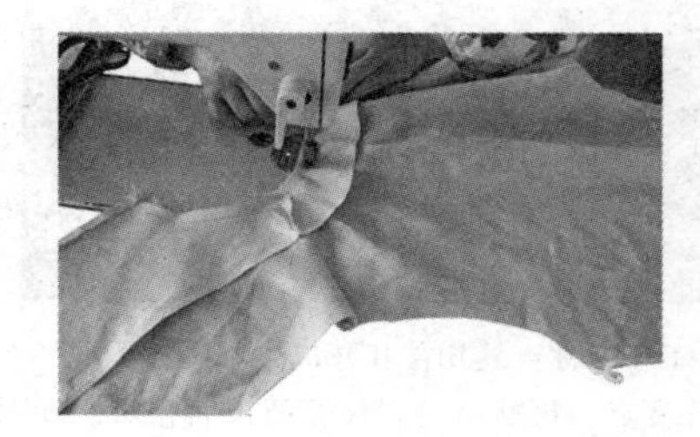

4. 工序名称：衣片和领圈缝合

工序要点：将后领贴边与衣片的领圈正面相对，对齐肩线、领圈和门襟止口，按0.9 cm缝份进行缝合。注意后中、肩缝处要对位缝合准确。

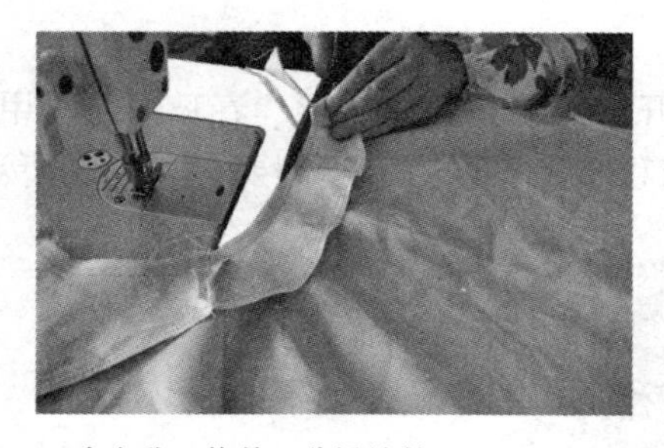

5. 工序名称：修剪、分烫缝份

工序要点：用熨斗将领圈缝份分开熨平。将挂面和领圈的缝份分别修剪0.3 ~0.5 cm使缝份形成梯度，再在领圈处剪口，并剪去领圈与门襟转角处的角部。

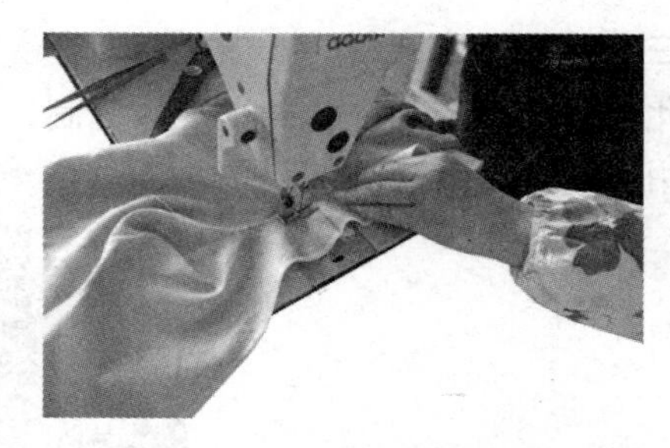

6. 工序名称：车缝固定挂面和领圈

工序要点：将挂面翻到正面，用熨斗将领圈和门襟的止口烫成里外匀，最后在领圈和门襟的止口处车线，根据需要可以是明线或者暗线，暗线是0.1 cm的宽度，明线可选择0.5 cm、0.6 cm或0.8 cm。最后整烫。

模块二　立 领 缝 制

一、立领

立领是指围着颈部直立而没有翻折线的一类领型，领角可圆可方，常用于衬衫、旗袍等中式服装中。以下介绍四层合缝的装领方法，此方法适用于薄型面料，款式图见图 2—4。缝制工序流程、工序设备和缝制要点如下表所示。

图 2—4　立领

 1. 工序名称：裁剪、烫粘合衬 工序要点：领面四周均放缝 1 cm，领里的领外口线放缝 0.8 cm，领底线放缝 1 cm，按缝份要求裁剪领面和领里，在领面反面烫上粘合衬。	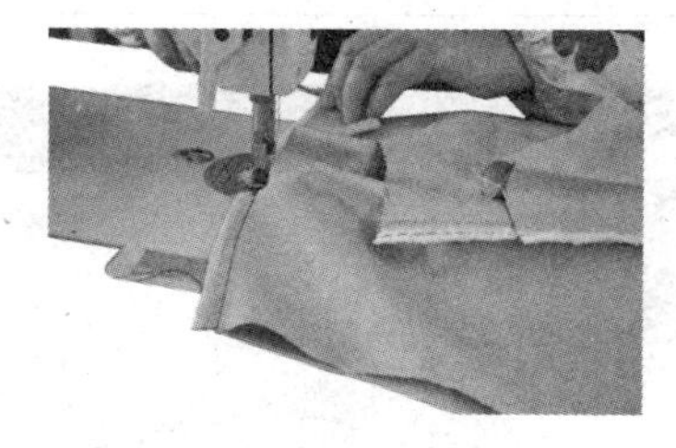 2. 工序名称：合肩缝 工序要点：按照缝份合肩缝，注意后肩略有吃势。
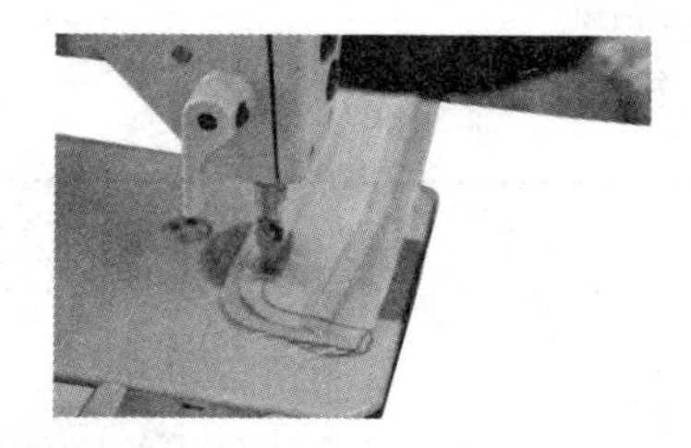 3. 工序名称：缝合领子 工序要点：将领面与领里正面相对，对准对档标记。缝制时注意在领角处领面需缩缝，在净样线外 0.1 cm 处车缝，缝至净线点。	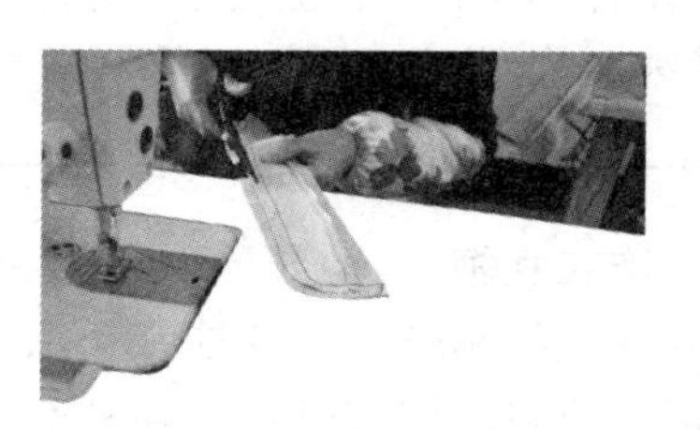 4. 工序名称：修剪领子 工序要点：将领外口线的缝份修剪留 0.5 cm，圆角处修剪留 0.3 cm。

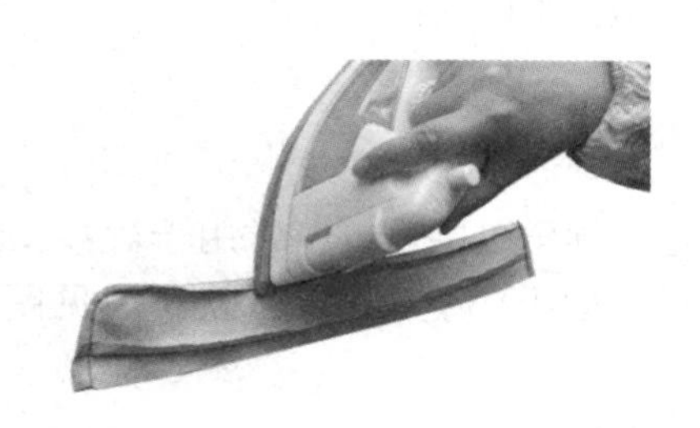  5. 工序名称：扣烫领子 工序要点：把领外口线的缝份按领里净样扣烫，倒向领里把领子翻到正面，领里退进0.1 cm烫成里外匀。	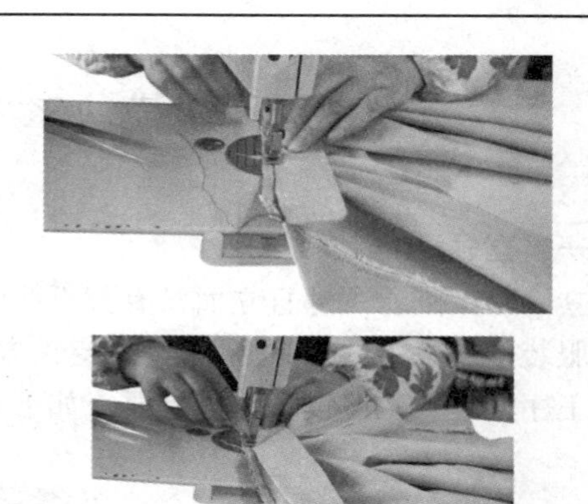 6. 工序名称：装领子 工序要点：将领面与衣片正面相对，领子的后中点、颈侧点分别与衣片的相应点对准，对其左右装领点沿净样线车缝。
 7. 工序名称：合领面 工序要点：将装领缝份之间留0.5 cm，在弧线较大的缝份上剪口，再将缝份倒向领面侧，把领里的领底线盖住领面装领线，车缝0.1 cm固定。注意领面要平整。	 8. 工序名称：压明线 工序要点：在领子的外口线压0.1 cm止口线，注意领角缉线要圆顺。

二、连衣立领

连衣立领的领子与衣片连裁，款式简洁大方，一般在领口部位收省前门襟开口，在外套中运用居多。款式图见图2—5。缝制工序流程、工序设备和缝制要点如下表所示。

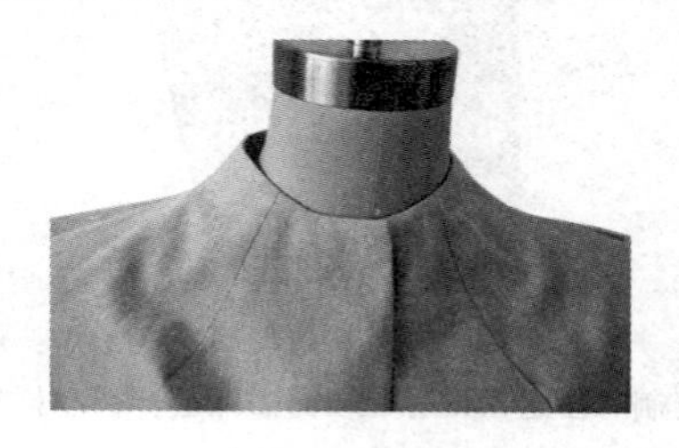

图2—5　连衣立领

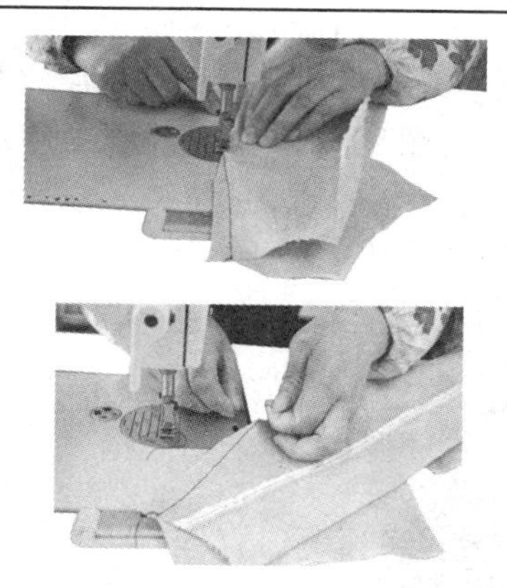

1. 工序名称：裁片放缝、粘衬，做领省

工序要点：挂面和后领贴边放缝，烫粘合衬挂面，后领贴边放缝，按缝份要求裁剪领面和领里，在挂面、后领贴边的反面烫上粘合衬。缉省，省尖线头打结，沿省道中线剪开省道，并分缝熨平。挂面省道的处理方法与此相同。

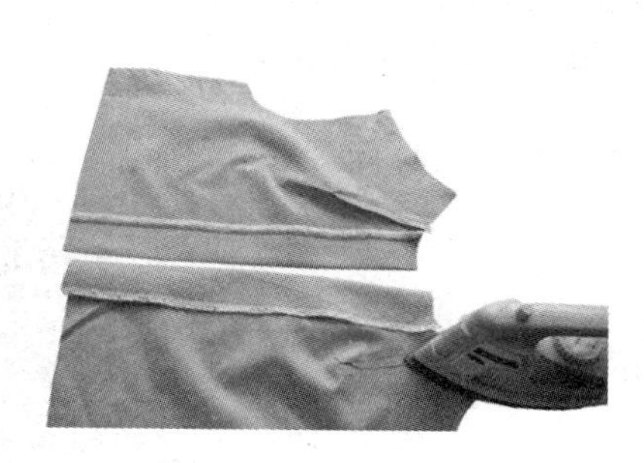

2. 工序名称：拼接后领贴边、缝合肩线

工序要点：拼接后领贴边中线，缝份分开烫平，将挂面与后领贴边正面相对，对齐肩线后车缝，将肩缝、前后省道分缝烫开。

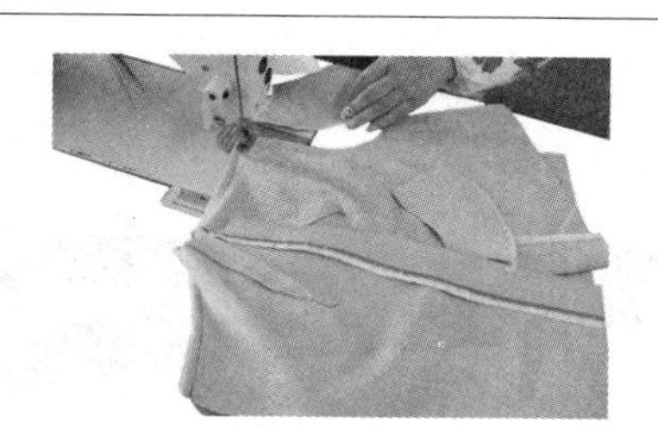

3. 工序名称：合肩缝

工序要点：合领贴边肩缝，分开缝烫平。

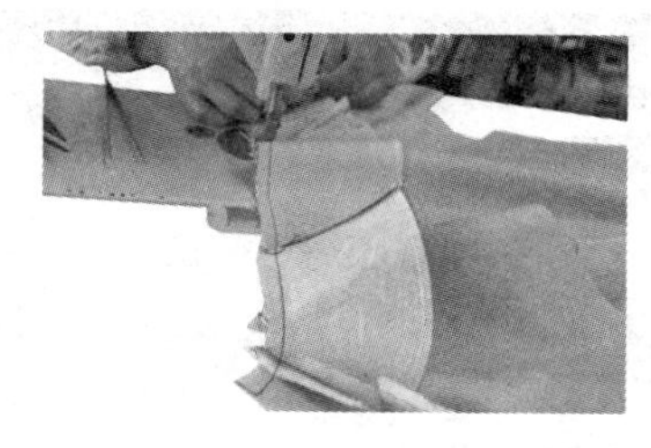

4. 工序名称：挂面、后领贴边与衣片缝合

工序要点：将挂面、后领贴边与衣片正面相对，对齐后中点、侧颈点、前领口点，从一侧的下摆襟开始经领圈车缝至另一侧的下摆门襟。

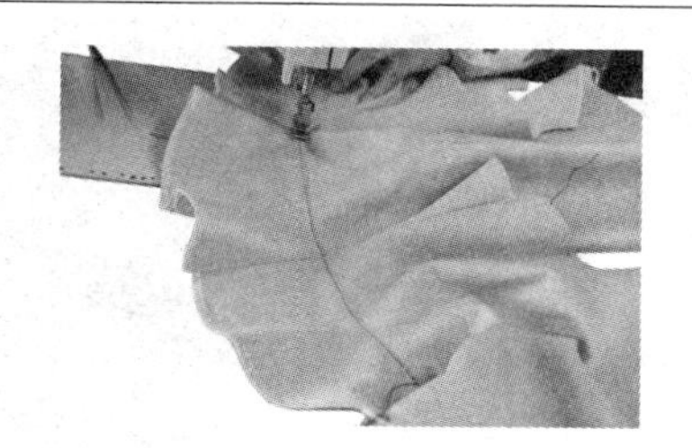

5. 工序名称：领圈止口压线

工序要点：门襟缝份修剪后留 0.5 cm，领圈缝份修剪后留 0.3～0.4 cm。在领圈弧线大的部位剪口，翻转衣片到正面，整理领角的形状后，将后领贴边和挂面退进 0.1 cm，烫成里外匀，根据设计可在门襟和领圈止口处车明线固定。

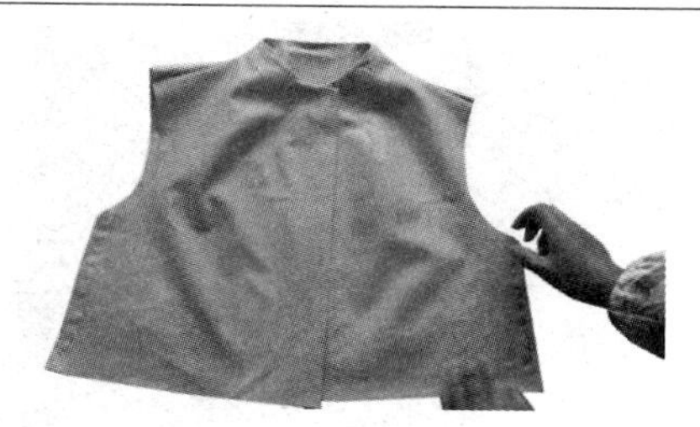

6. 工序名称：整烫

工序要点：整烫平服，领口不得豁口、不得外吐。注意省尖要平服，不得有酒窝。

三、蝴蝶结领

蝴蝶结领常用于女士衬衫中，多较柔软的面料缝制。缝制工艺有双层和单层之分，其制图与缝制的方法各不相同。此款蝴蝶结领是双层领。款式图见图 2—6。缝制工序流程、工序设备和缝制要点如下表所示。

图 2—6　蝴蝶结领

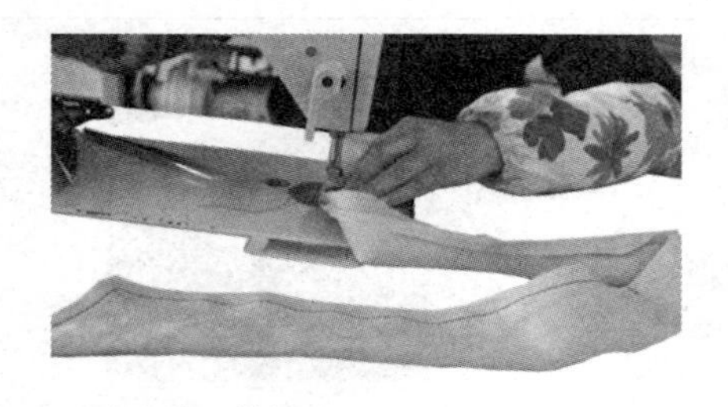 1. 工序名称：做领 工序要点：毛样需在领子净样的基础上四周均放缝 1 cm，留出与领圈缝合的量，反面缝合领子。	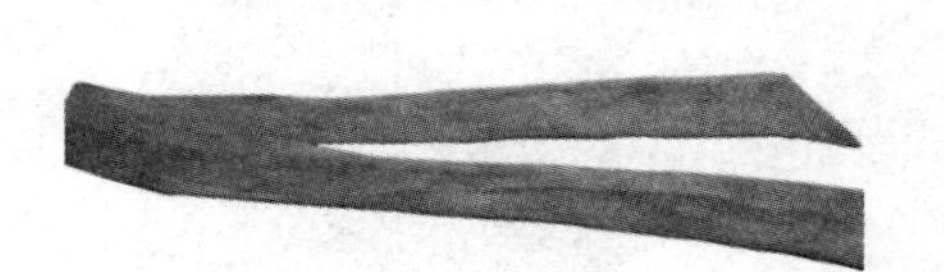 2. 工序名称：翻领与整烫 工序要点：将领子翻转到正面，整理领嘴并熨烫。
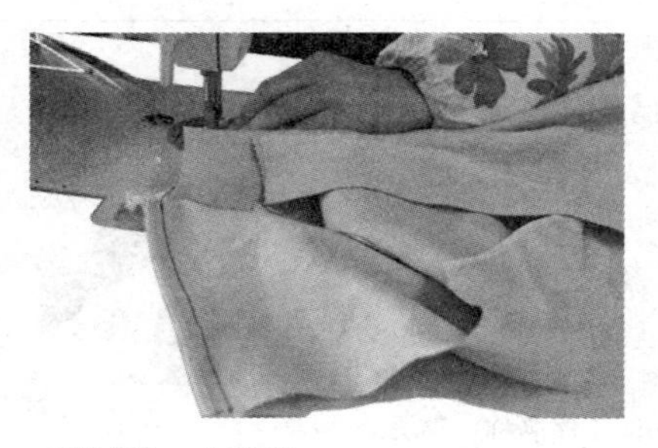 3. 工序名称：合肩缝 工序要点：将衣片肩缝合缉。在后领圈处做标识，领圈与领子下口对位。	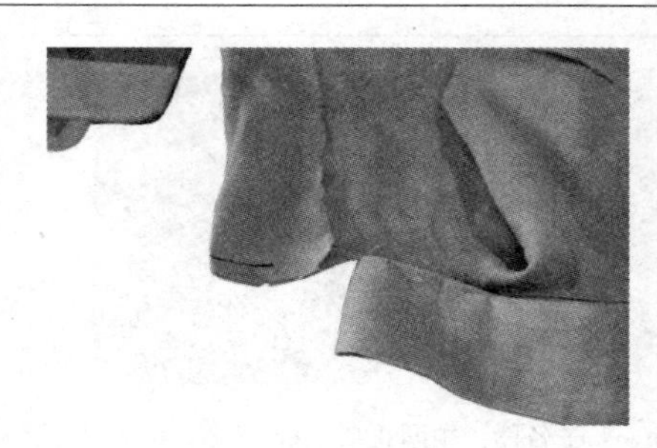 4. 工序名称：合领嘴 工序要点：缝合衣片门襟上端的领嘴，在门襟贴边反面烫粘合衬，缝合门襟上端的领嘴，并回针固定，然后再装领点剪口（注意不能剪断缝线）。

<table>
<tr>
<td>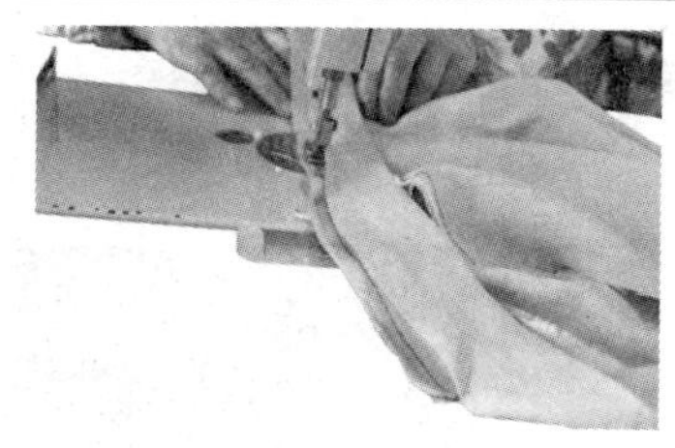
5. 工序名称：装领
工序要点：从装领点开始，将衣片装领线与领子的领底线缝合，车缝的两端点要回针固定。把衣片领围的缝份修剪成0.5 cm，领弧较大处要斜向剪口，另一侧领底线折进0.8 cm熨平。</td>
<td>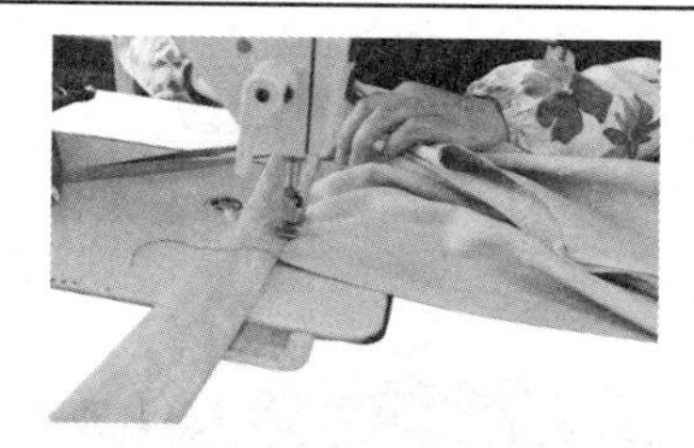
6. 工序名称：车缝蝴蝶结
工序要点：翻折蝴蝶结并车缝固定领底线将两头蝴蝶结翻到正面，熨烫平整，然后从装领点开始车缝固定。</td>
</tr>
<tr>
<td colspan="2">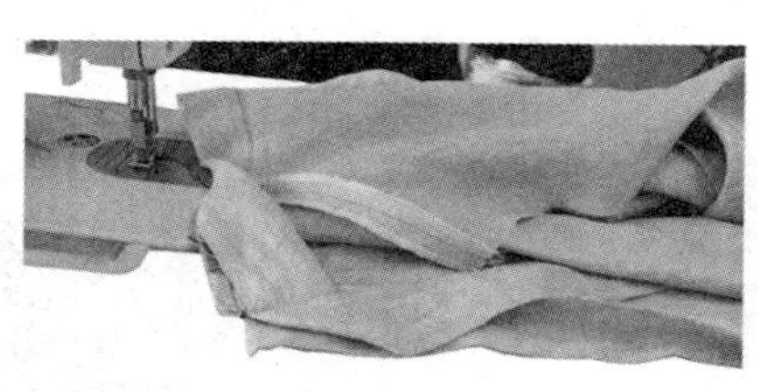 
7. 工序名称：整烫
工序要点：蝴蝶结外口可以缉装饰线，整烫平服。</td>
</tr>
</table>

模块三　翻 领 缝 制

一、关门领

此款关门领，前门襟连挂面，小翻领，前衣片（开门襟）的前中心线于胸围线上部有一偏进的量，或称前门劈势，在衬衫、外衣等服装款式中用得较多。款式图如图2—7所示。缝制工序流程、工序设备和缝制要点如下表所示。

图2—7　关门领

 1．工序名称：修剪并粘衬 工序要点：领子是由领面和领里经缝制而形成的一个整体。按照净样板修剪领子，各放 1 cm 缝份，并分别烫粘合衬。如果强调领座竖起来的效果，可在里领座部位再烫一层较硬的粘衬。	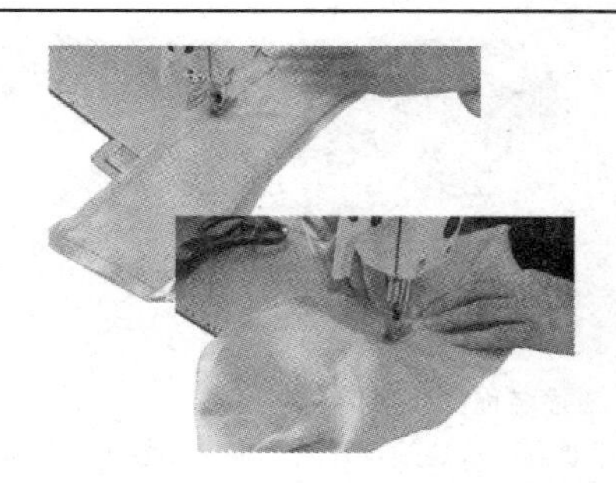 2．工序名称：缝合领片 工序要点：领面在领底线位置折烫 1 cm 缝份成完成状，然后将领面和领里重叠成表面相对，缝合领外沿。注意领面领角要有松量。修剪领角，将领里的缝份折倒熨平。 翻转后熨平，在领里外口压 0.1 cm 的固定线，将缝份压住后不外吐。
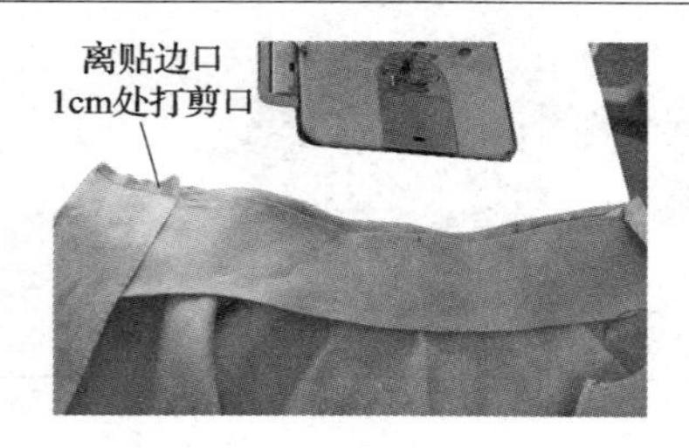 3．工序名称：装领子 工序要点：做好领子对档标记，从搭门口开始缝合领子、领圈、贴边；里贴边口 1 cm 处打剪口；中间部位领里、领圈缝合。	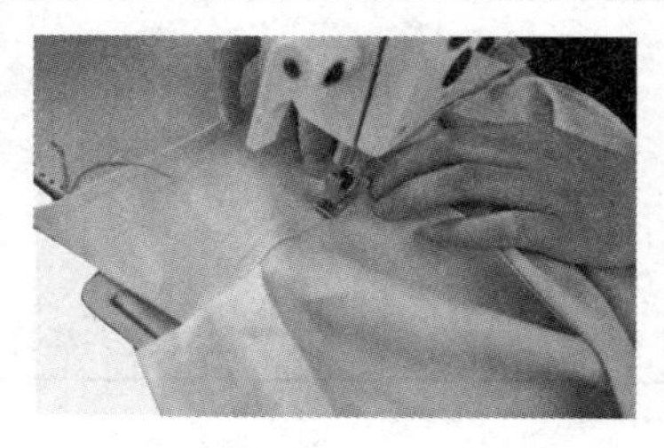 4．工序名称：缉明线 工序要点：将领子缝份塞进领子，沿领里口压线0.1 cm。

二、平领

平领是一类领座较低、领底线弧度较大的领形，适合采用斜布条滚边的装领方法，也适合于披肩领。平领一般横开领较大，领子平坦在身上，领子后片中心的面料一般为经向。款式图如图 2—8 所示。缝制工序流程、工序设备和缝制要点如下表所示。

图 2—8　平领

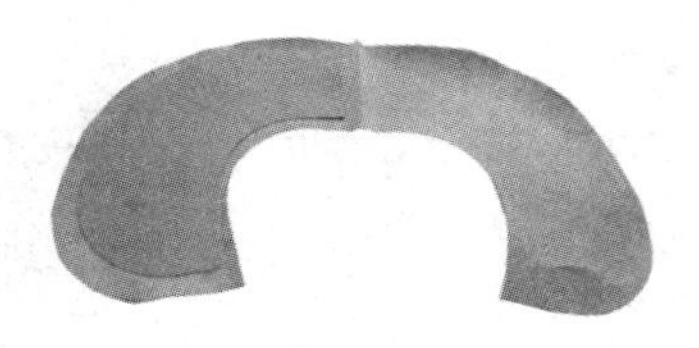

1. 工序名称：剪裁、烫粘合衬

工序要点：领面四周均放缝 1 cm，领里的领外口线放缝 0.8 cm，领底线放缝 1 cm。在领面和领里分别做出对档标记，再按放缝要求分别裁剪领面和领里。在领面的反面烫上粘合衬，并根据净样板修剪缝份。

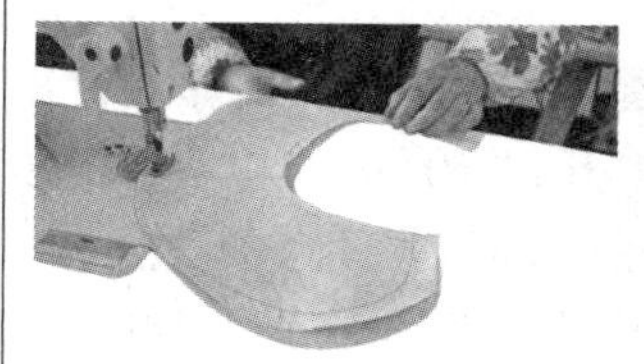
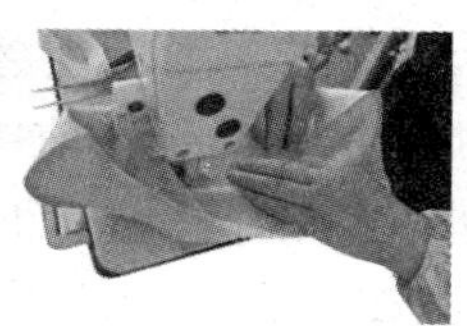

2. 工序名称：缝合领片

工序要点：将领面与领里正面相对，对齐领外口线和对档标记，在净样线外 0.1 cm 处缝合，即缝份为 0.9 cm。缝份朝领面折转扣烫，翻转后在领里外口线压 0.1 cm 止口线，将缝份压牢，不得压牢领面。

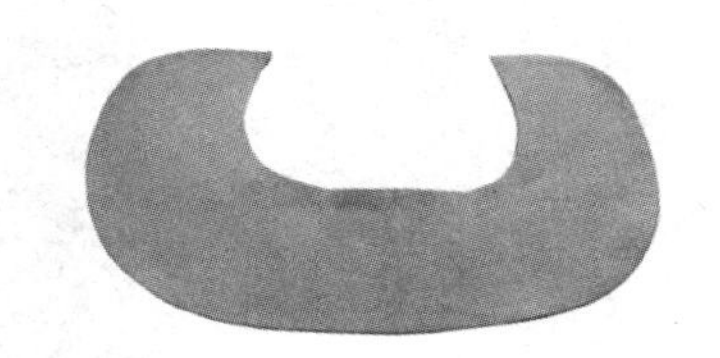

3. 工序名称：修剪、熨烫领子

工序要点：修剪、熨烫领子的缝份，将领子的缝份修剪留 0.5 cm，再把缝份沿缝合线往领里侧折倒烫平。

不可修剪缝份，只是在领子的圆角处剪口后再烫。

将领里朝上，用熨斗将领外口线烫成里外匀，把领面朝上，整理领子的领底线，用手针假缝固定领底线，并做出领中点、颈侧点的对档标记。

4. 工序名称：裁剪领滚边斜条

工序要点：如果衣片面料薄，则用衣片面料做滚边斜条；如果衣片面料厚，则选择另外与衣片相配的薄型面料做滚边斜条。

斜布条以 45°斜裁，宽为 0.6 cm，然后对折斜条用熨斗熨平。斜条会伸长，所以宽度会变细 0.2 cm 左右。

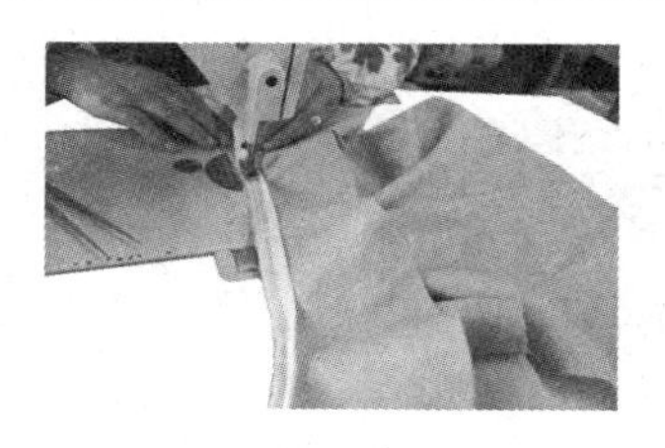

5. 工序名称：斜条与衣片领子缝合

工序要点：将领面朝上重叠放在衣片的正面，对准装领对档标记，用珠针固定，再折转衣片的挂面，并对准装领点，用手针假缝固定。

将斜布条重叠车在领子上，两端盖过挂面 1 cm，多余部分剪掉，用手针假缝固定。

沿装领线缝合领子和衣片，将假缝线拆除，然后修剪缝份留 0.4 ~ 0.5 cm，再剪口。将领里朝上，用熨斗将领外口线烫成里外匀。

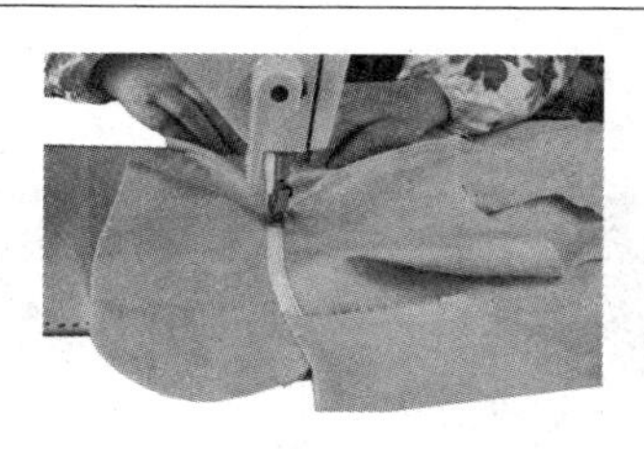

6. 工序名称：车缝装饰线

工序要点：从装领点开始车缝装饰线，同时固定线条。如前衣片门襟止口也加装饰线，则可以从止口开始车缝。注意线迹应美观、干净。

三、水兵领

水兵领属于平领类别，又称为海军领。前开口有多种形式，此款式水兵领在前中开口 10 cm，里有贴边，其领底线的弧度很大。裁剪时按照前后衣片肩点重叠 1.2 cm，后领片宽为 12 cm，前开领的下端点一般在衣身的胸围线上，后领外口线可以是直角或者圆角。装领的方法可采用平领的线布条滚边法，也可以采用四层合缝法。以下介绍的是四层合缝法，款式图如图 2—9 所示。缝制工序流程、工序设备和缝制要点如下表所示。

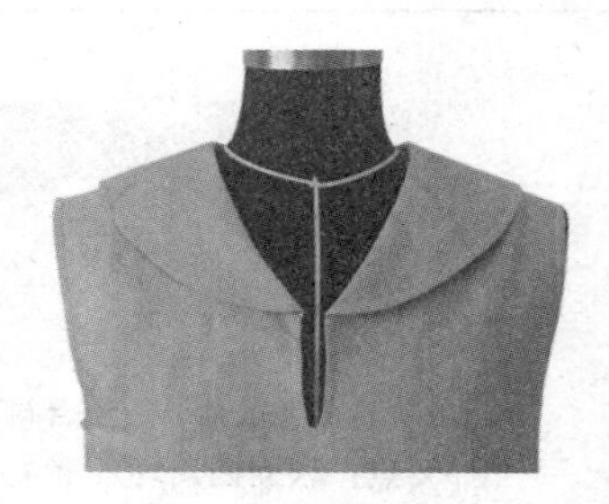

图 2—9　水兵领

<table>
<tr>
<td>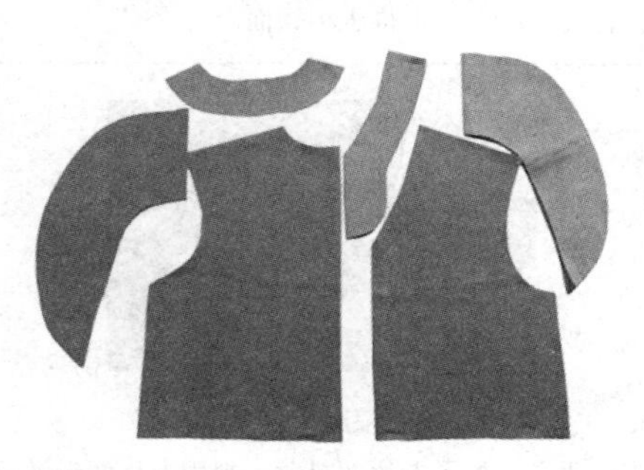
1. 工序名称：裁剪、烫粘合衬
工序要点：领面四周均放缝 1 cm，领里的领外口线放缝 0.8 cm，领底线放缝 1 cm，在领面和领里分别做出对档标记，再按放缝要求分别裁剪领面和领里。
在领面的反面烫上粘合衬（烫粘合衬的部位可根据不同的款式和面料，也可选择领里以及在净样线内）。</td>
<td>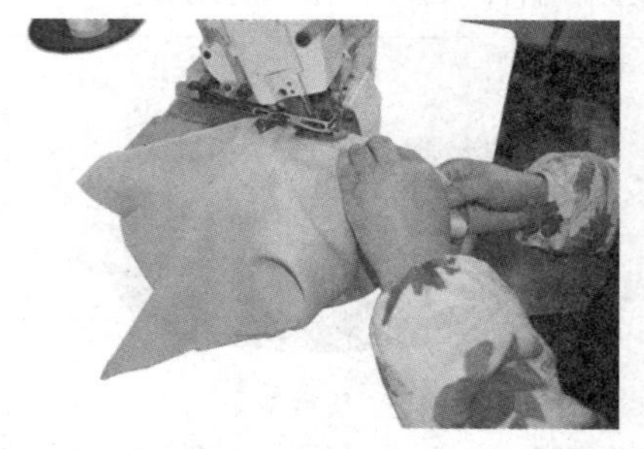
2. 工序名称：锁边、粘衬
工序要点：前衣片和肩缝锁边。
衣片装领部位烫粘合衬。可选择在净样线内烫直丝绺粘衬条。</td>
</tr>
<tr>
<td>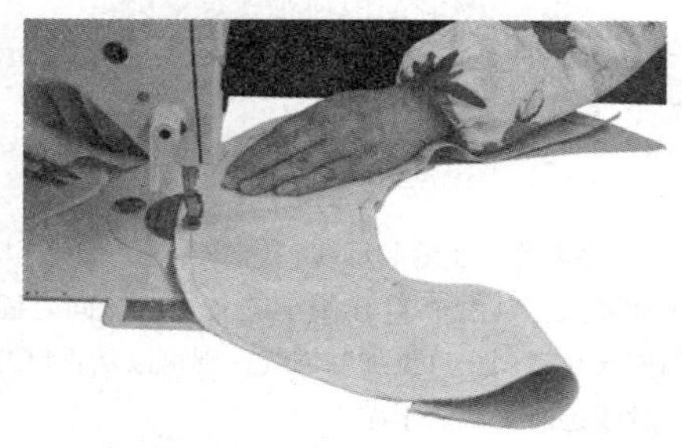
3. 工序名称：缝合领子
工序要点：将领面与领里正面相对，对齐领外口线和对档标记，在净样线外 0.1 cm 处缝合，即缝份为 0.9 cm。</td>
<td>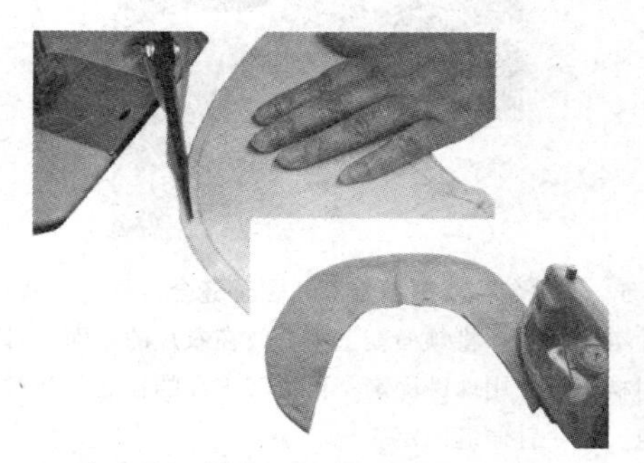
4. 工序名称：修剪并熨烫领外口线
工序要点：将领子的缝份修剪留 0.5 cm，领角剪掉，再把缝份沿缝合线往领里折倒熨平。将领里朝上，用熨斗将领外口线烫成里外匀，把领面朝上，沿领外口线车缝明线 0.5 cm，明线的宽度可根据款式进行选择或不车明线。</td>
</tr>
</table>

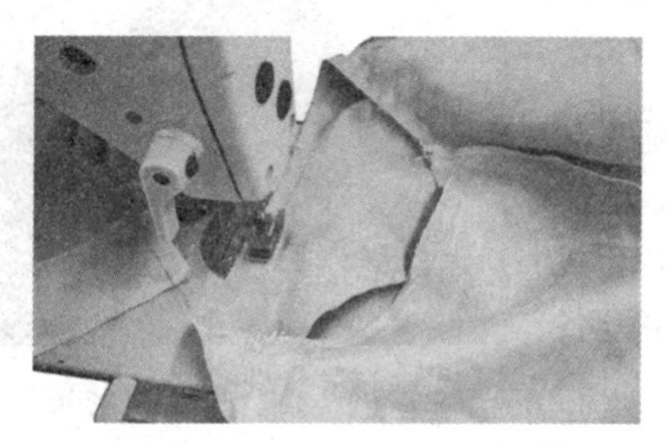

5. 工序名称：装领子

工序要点：将领面朝上重叠放在衣片的正面，对准装领对档标记，领贴边的正面与领面正面相对，并对准后领中线、肩线、前领中线，按净样线车缝。

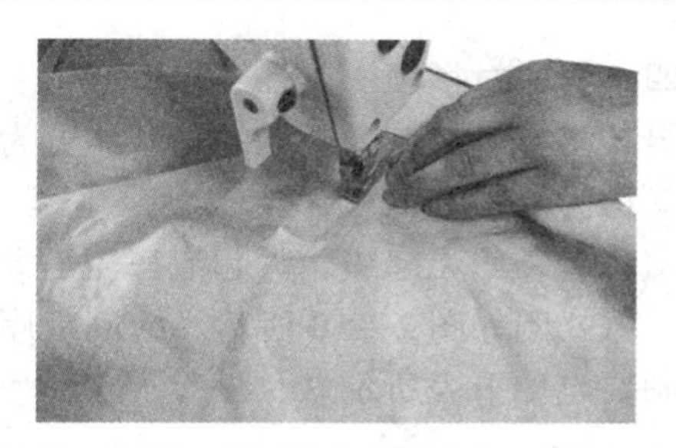

6. 工序名称：做前中开口

工序要点：在前中按照开口标识缝合，然后将衣片前中线剪开，在领圈处修剪缝份留 0.5 cm，再剪口。

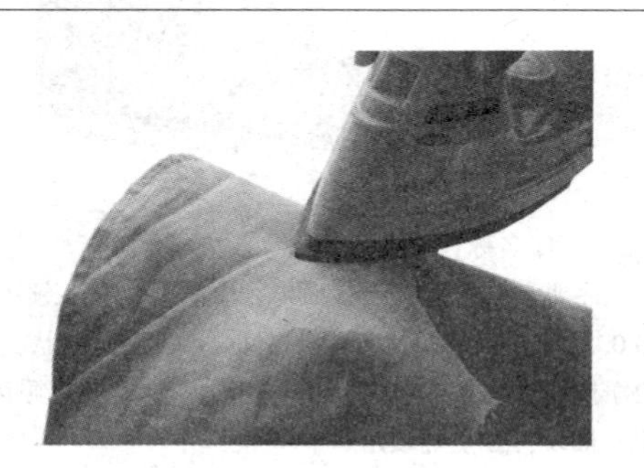

7. 工序名称：熨烫并领外口压线

工序要点：修剪、熨烫领子的缝份，将领子的缝份修剪留 0.5 cm，领角剪掉，再把缝份沿缝合线往领里折倒熨平。将领里朝上，用熨斗将领外口线烫成里外匀。把领面朝上，沿领外口线车缝明线 0.5 cm，明线的宽度可根据款式进行选择或不车明线。

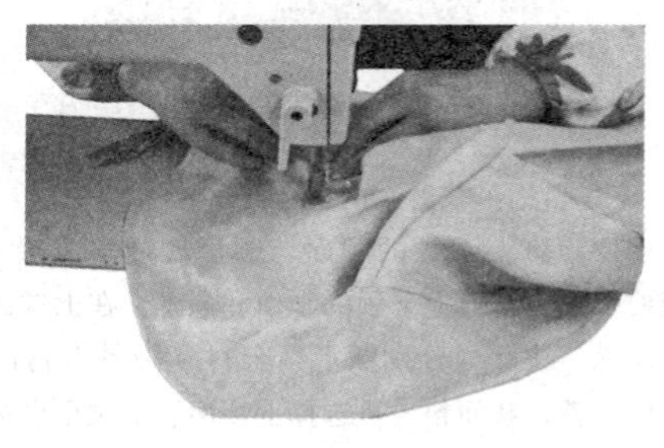

8. 工序名称：领底弧线压线

工序要点：将贴边翻到正面，再在衣片的正面沿装领线压线车缝固定缝份，最后顺着领外口线的缉线，以同样的宽度缉线车缝前领开口。

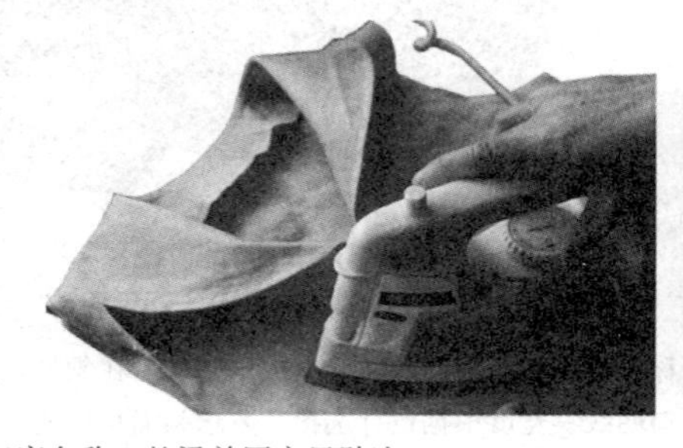

9. 工序名称：整烫并固定里贴边

工序要点：熨烫领子和前衣片，领子使用熨烫馒头，要有窝势，不得外翘。领子前口整烫平服。

四、男式衬衫领

男式衬衫领是较为经典的领型，分为上领和下领两部分，又称为翻领和底领。要求领头平挺，两角长短一致，并有窝势，领面无起皱、无起泡，简洁大方，也用于女式衬衫。款式图如图2—10所示。缝制工序流程、工序设备和缝制要点如下表所示。

图2—10　男式衬衫领

<table>
<tr>
<td>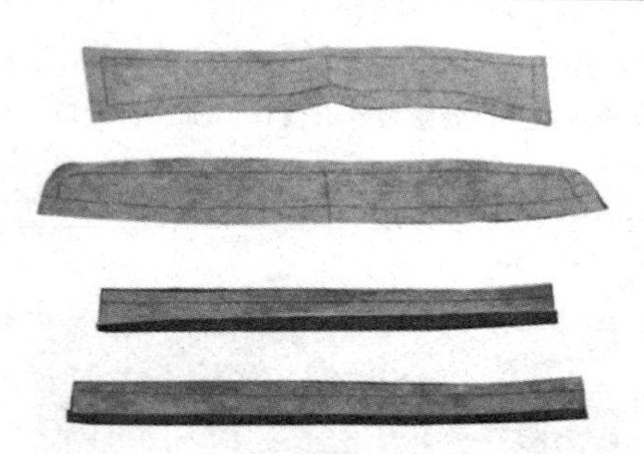
1. 工序名称：裁剪、烫粘合衬
工序要点：上下领的领面与领里四周均放缝1 cm，按放缝要求分别裁剪上下领的领面和领里。在上领面和下领面的反面，按净样分别烫上粘合衬（烫粘合衬的部位根据不同的款式和面料，可选择上领面、下领里全都烫粘合衬或上领面和上领里、下领面和下领里均烫粘合衬），此处粘合衬按净样裁剪并熨烫。</td>
<td>
2. 工序名称：缝合上领
工序要点：将上领的领面与领里正面相对，领里边缘拉出0.2 cm，注意领角处要形成面松里紧的形状，沿领子的净样线外侧0.1～0.2 cm车缝领外口线。在领角处可以拉一根线，方便翻领角。</td>
</tr>
<tr>
<td>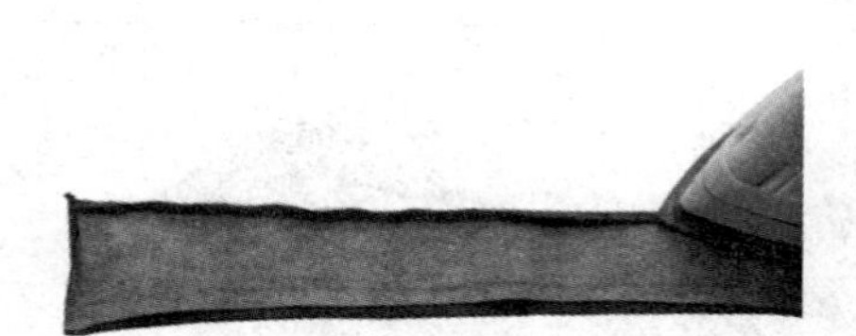
3. 工序名称：修剪、熨烫领子的缝份
工序要点：先将领子左右两领角剪掉，再沿缝线将缝份往领面一侧折烫。
烫领时将领衬与领面对齐摆正，条格面料应注意左右领尖条格对称。为保证领子的挺括、窝服，可以在压领机上将领面压烫定型，注意领角的窝势。</td>
<td>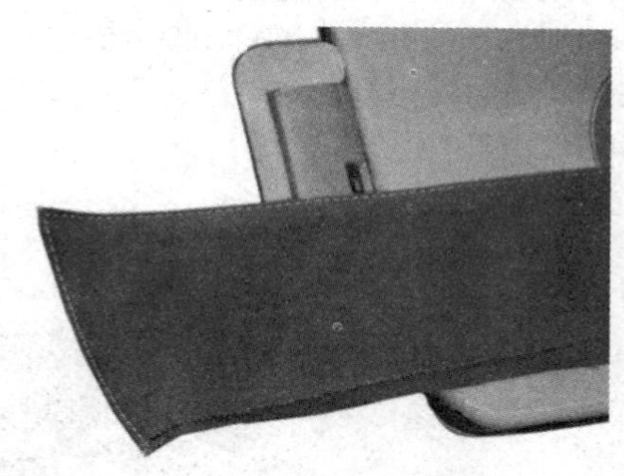
4. 工序名称：翻烫领子并车明线
工序要点：将领子翻到正面，整理领角并使左右对称，再用熨斗将领外口线烫成里外匀。在领外口线上车止口明线，宽度根据设计选择，要求领面止口线迹整齐，两头不可接线。最后将领下口按领衬修齐，居中做好眼刀。</td>
</tr>
</table>

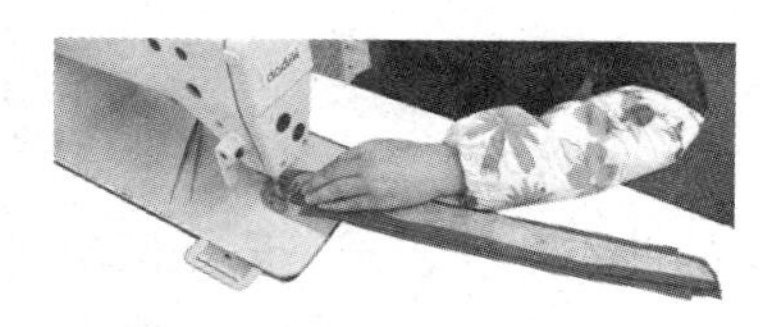

5. 工序名称：下领压线

工序要点：先将净样的底领涤棉树脂粘合衬粘烫在底领领面上，之后按 0.8 cm 缝份放缝。领面上口沿领衬下口刮浆、包转、熨平，并在正面缉 0.6 cm 明止口固定。

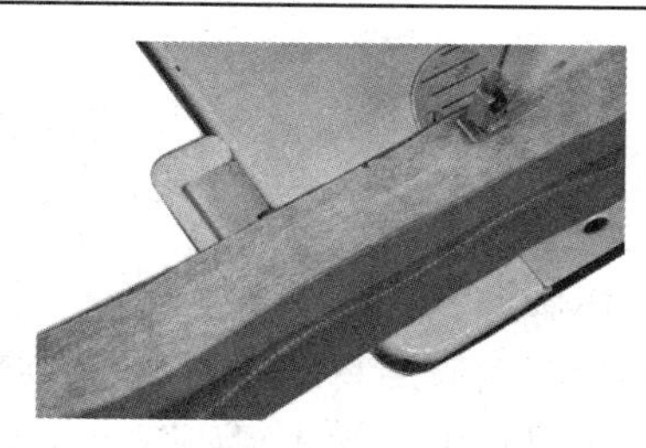

6. 工序名称：上领与下领缝合

工序要点：把下领面放在上领面上，使之正面相对，并对准后领中点、左右装领点，底领面、里正面相合，面在上、里在下，中间夹进翻领，边沿对齐，三眼刀对准。离底领衬 0.1 cm 缉线，并将底领两端圆头缝份修到 0.3 cm。

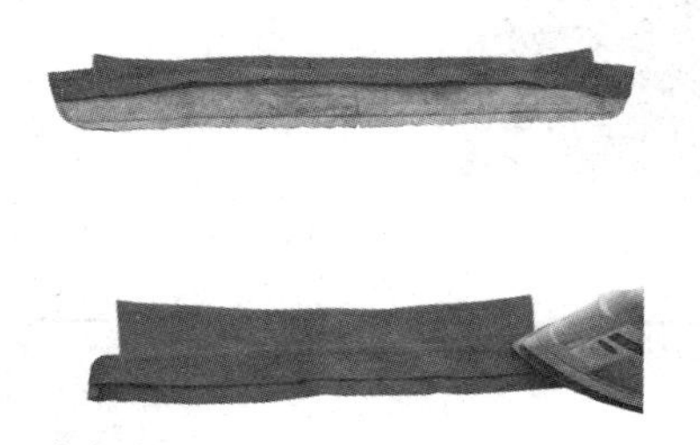

7. 工序名称：缉压底领上沿明止口

工序要点：用大拇指顶住缉线，翻出圆头，将圆头止口熨平，坐进里子，熨烫圆顺，并将下领烫平服，再沿底领上口缉压 0.2 cm 明止口。注意起落针均在翻领的两侧。做好装领三眼刀，底领里下放缝 0.7 cm，做好肩缝、后中三眼刀。

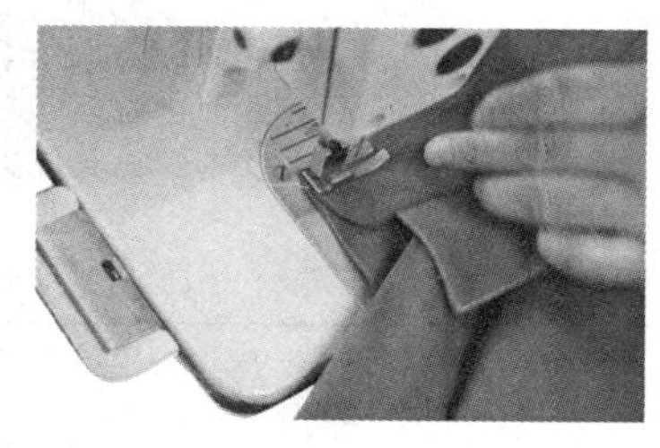

8. 工序名称：装领

工序要点：下领领里和衣片正面相合，衣片在下、领里在上，以 0.6 cm 缝份缝缉。注意领里两端缝份略宽些，端点缩进门里襟 0.1 cm，肩缝、后中眼刀对准，防止领圈中途变形，起止点打好回针。

9. 工序名称：缉领

工序要点：将领面翻正，让衣片领圈夹于底领面、里之间，缉线起止点在翻领两端进 2 cm 处，接线要重叠，但不能双轨。底领上口、圆口处缉 0.15 cm 明止口，底领下口缉 0.1 cm 明止口，反面坐缝不超过 0.3 cm，两端衣片要塞足、塞平。

10. 工序名称：烫领子

工序要点：在翻领正面，沿缉线拉紧烫，使领面与缉线平服，反面领里不起涟。

模块四　驳 领 缝 制

一、小翻领

小翻领制图原理与翻驳领一致，驳头部分是连挂面的前衣片，领子一般是两层斜裁。小翻领常用于衬衫中，款式图如图 2—11 所示。缝制工序流程、工序设备和缝制要点如下表所示，介绍的是四层合缝的装领方法。

图 2—11　小翻领

<table>
<tr>
<td>
1. 工序名称：裁剪、烫粘合衬
工序要点：领面四周均放缝 1 cm，领里的领外口线放缝 0. 8 cm，领底线放缝 1 cm，在领面和领里的颈侧点、后领中点分别做对档标记，再按放缝要求分别裁剪领面和领里，在领面的反面烫上粘合衬。</td>
<td>
2. 工序名称：缝合领子
工序要点：将领面和领里正面相对，对齐裁边，在领面上沿净样线外 0. 1 cm 车缝（即缝份 0. 9 cm），要求在领角处领面略松里领略紧。修剪缝份留 0. 5 cm，两领角剪掉，沿缝线外 0. 1 cm 扣烫缝份。将领子翻到正面，领里朝上扣烫领子的领止口线，使之形成里外匀。</td>
</tr>
</table>

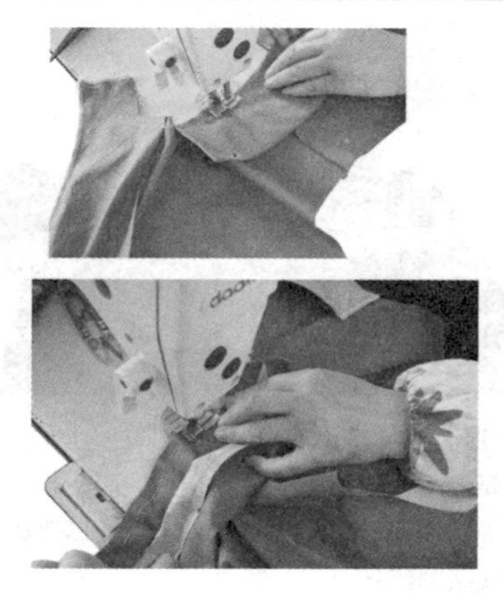

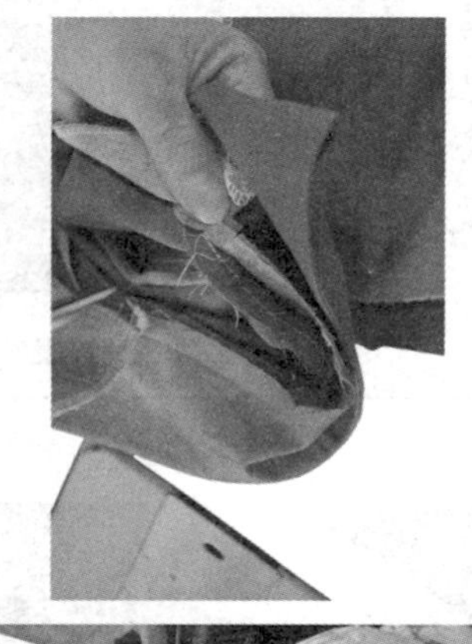

3．工序名称：装领里

工序要点：将领子放在衣片上，领底线对齐衣片的装领线，并对准装领止点、颈侧点、后领中点，将领里与衣片领圈缝合。缝合过程中注意各关键部位要对位。按照净样线缝合，不得超出缝份。

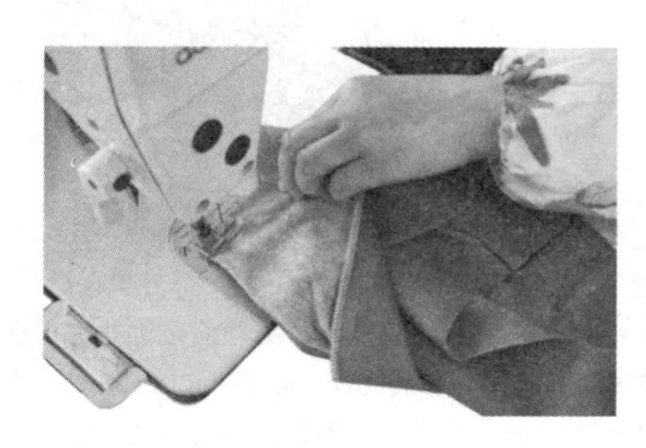

4．工序名称：做驳头

工序要点：按门襟止口线翻折挂面，使挂面的装领点与衣片的装领点对齐，再折烫挂面肩线的缝份 1 cm。沿着驳头口净样合缝挂面、衣片、领子，缝合至挂面肩线还有 1 cm 的位置。

5．工序名称：固定领子与挂面缝份

工序要点：在左右装领止点剪口，装领缝份弧度打的部位也需剪口，将挂面翻到正面，装领线倒向领子，再将挂面的肩线用手针缲缝固定。

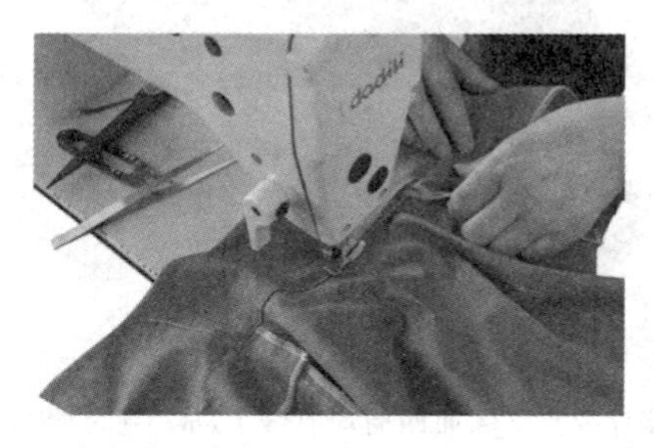

6．工序名称：固定领面

工序要点：在领底线上整理领面中部的缝份，使领面的领底线刚盖住领里的领装线，然后车缝固定。

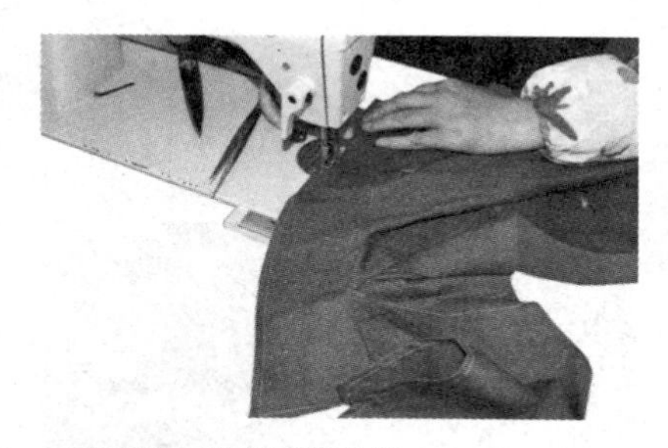 7. 工序名称：缉领面装饰线 工序要点：沿着领子外领口缉领面装饰线，根据款式需要有0.1 cm、0.4 cm、0.6 cm等止口线宽度。注意领角部位不得拉伸，领子应里外匀，和线迹的宽窄一致。	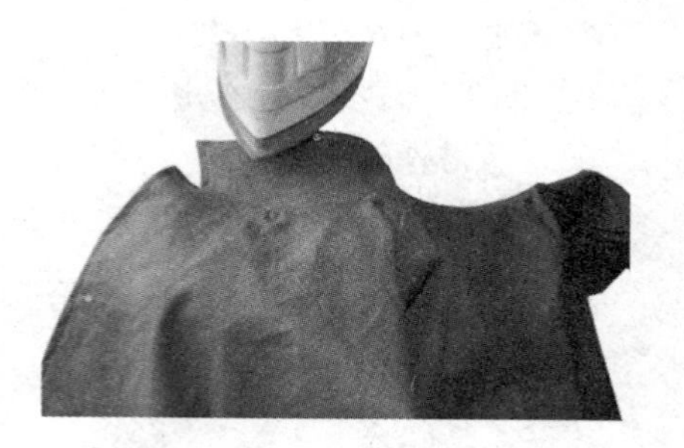 8. 工序名称：整烫 工序要点：将领子烫平服。领口、驳头在熨烫时要使用熨烫馒头，使领子有窝势。驳口线一般不要烫死，不应影响领子线条的流畅。

二、西服领

西装领款式在衬衫、西装、外套、套装及大衣中应用广泛，既可采用有里布制作，也可采用无里布制作。有里布设计时制作方法相同，只要在挂面和领里处与衣片的里布缝合即可。以下介绍领面和领里分开的装领方法，款式图如图2—12所示。缝制工序流程、工序设备和缝制要点如下表所示。

图2—12　西服领

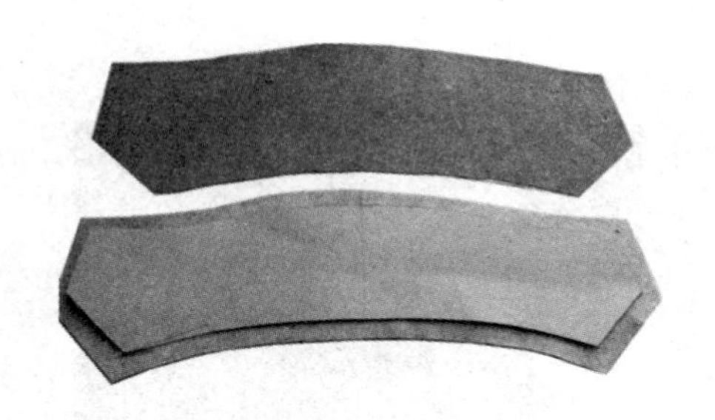 1. 工序名称：裁剪、烫粘合衬 工序要点：领面四周均放缝1 cm，领里放0.8 cm，串口线和领底线均放缝1 cm，在领面和领里的颈侧点、后领中点分别做对档标记，在领面的反面烫伤粘合衬。再按缝份要求分别裁剪领面和领里。	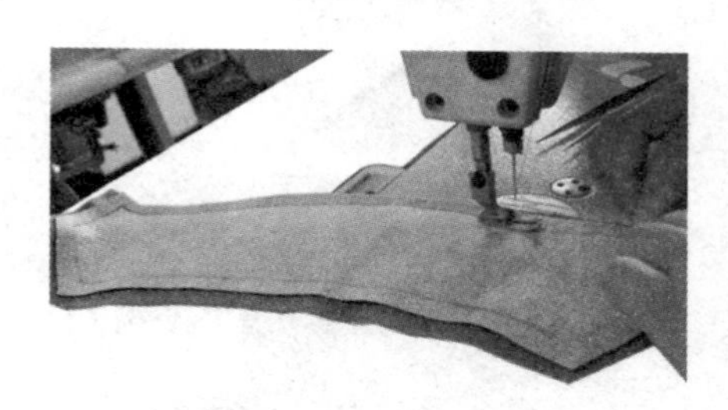 2. 工序名称：缝合领子 工序要点：将领面和领里正面相叠，缝合领子，沿着领子的净样缝合领里和领面。注意在领面领角处要放吃势量。

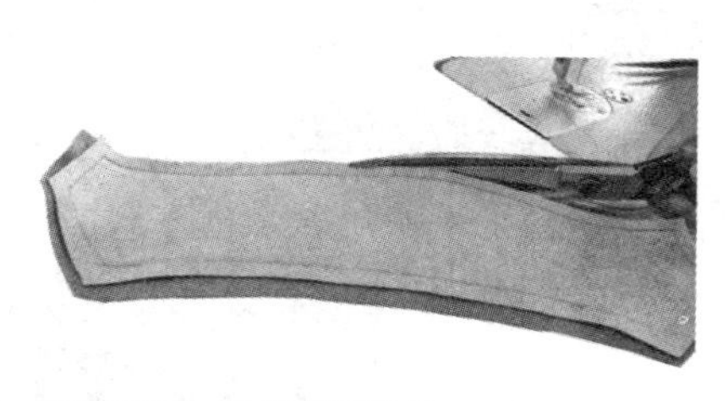

3. 工序名称：修剪领子缝份

工序要点：将领子缝份修剪，将止口分开烫平。

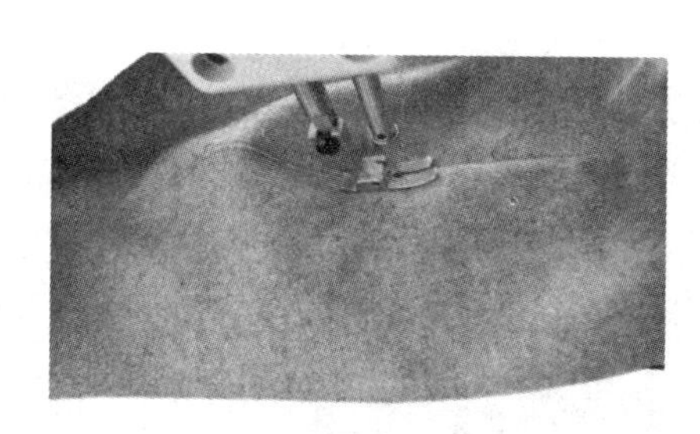

4. 工序名称：领里缉线

工序要点：将领子缝份与领里压线，止口线0.1 cm。

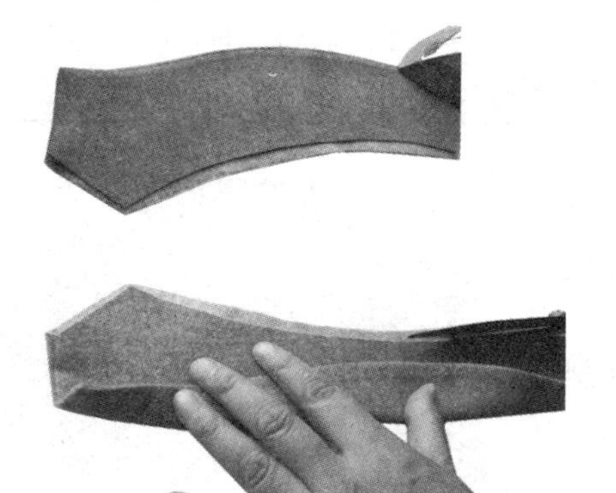

5. 工序名称：翻烫领子

工序要点：将领子翻出，领角要翻平、正、方。领面坐出0.1 cm，熨平、烫煞。

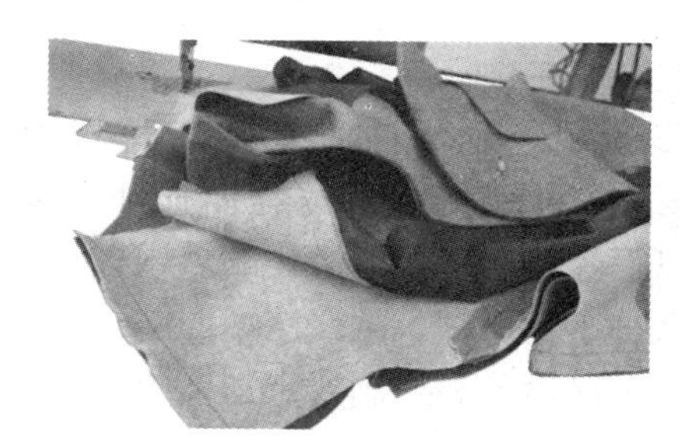

6. 工序名称：缝合肩缝

工序要点：缝合肩缝，并分开缝烫开。

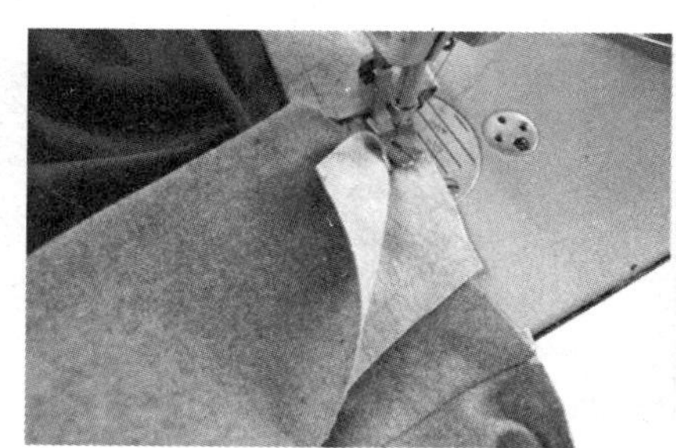

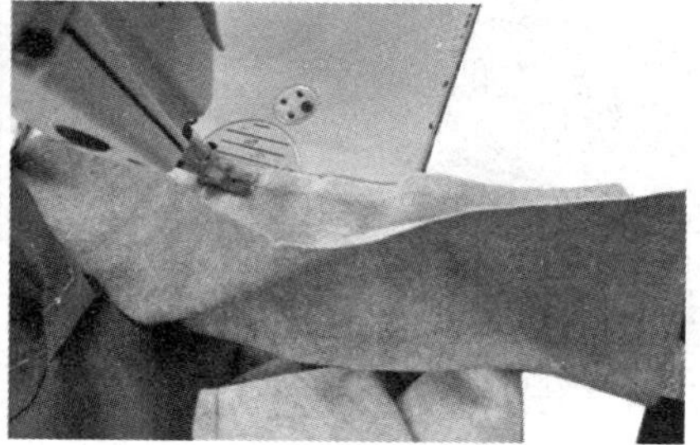

7. 工序名称：装领里

工序要点：将衣片和领里正面相对，衣片领圈的转角处剪口，对准后领中点、颈侧点，从一侧的装领止点缝至另一侧的装领止点。在前衣片的装领缝份上，距肩线3 cm处剪口，再将缝份分开烫平，将后装领线的缝份修剪留0.5 cm，并剪口，再将缝份往领里的一侧烫倒。

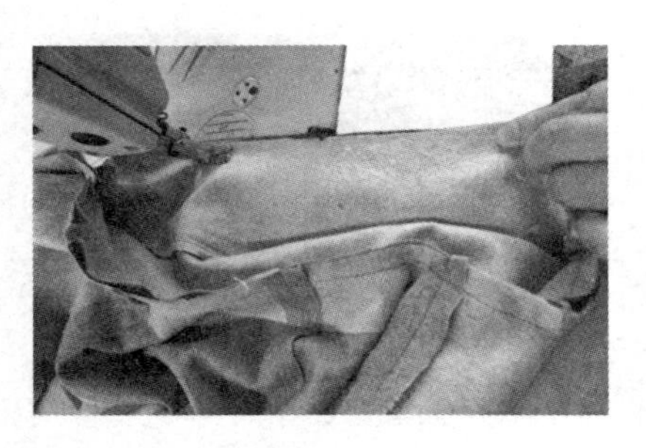 8．工序名称：装领面 工序要点：将领面串口与挂面串口缝正面叠合，缺嘴位对准，注意缺嘴、领角要符合规格，并且左右对称，然后车缉。	 9．工序名称：分烫装领缉缝 工序要点：前领左右领低的弯势处各放眼刀，将领面、领里的串口缝及领里的装领缝放在铁凳上分开烫煞。大身串口缝与大身缭牢，挂面的串口内缝与大身串口内缝用扎线定牢。

三、燕子领

燕子领因为前领翻折后似燕子展翅的形状而得名，也称翼领。此领的后领与挂面连裁，装领的方法有多种，以下介绍的是挂面拼接的装领方法。此领的缝制方法也适合于青果领，款式图如图 2—13 所示。缝制工序流程、工序设备和缝制要点如下表所示。

图 2—13 燕子领

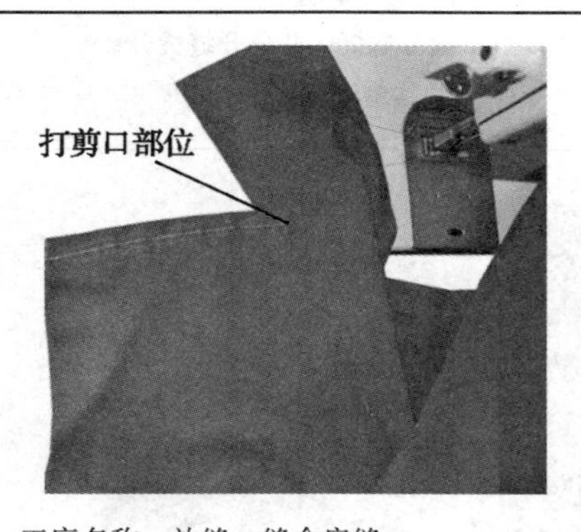 1．工序名称：放缝、缝合肩缝 工序要点：连挂面的领面四周均放缝 1 cm，翻折点以下的前门襟止口处放缝 0.8 cm，后领中线由于连裁故不放缝；领里除领底线放缝 1 cm 外，其余放缝 0.8 cm；在连挂面的领面和领里的颈侧点、后领中点分别做对档标记。缝合肩缝，在肩点部位打剪口。	 2．工序名称：拼接挂面 工序要点：挂面的上下两部分分别烫上粘合衬，挂面的上下两端正面相对，按净样线车缝后分缝烫开。

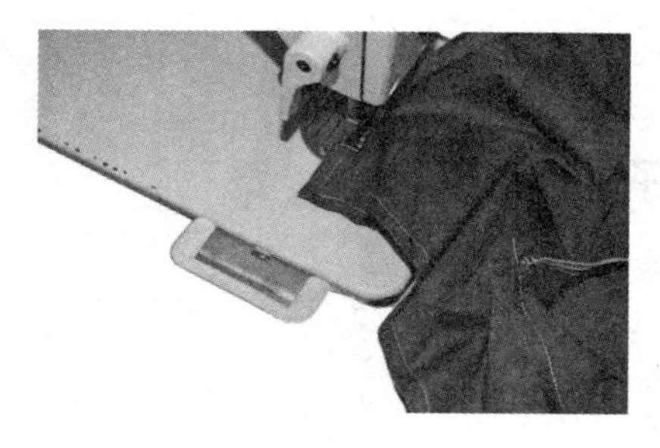

3. 工序名称：领里与衣身缝合

工序要点：将领里与衣片正面相对，领里的后领中点、颈侧点对准衣片领圈的相应点，按净样线车缝。在前衣片的装领缝份上，距肩线 5 cm 处剪口，再将缝份分开烫平，将后装领线的缝份修剪留 0.5 cm，并剪口，再将缝份往领里一侧烫倒。

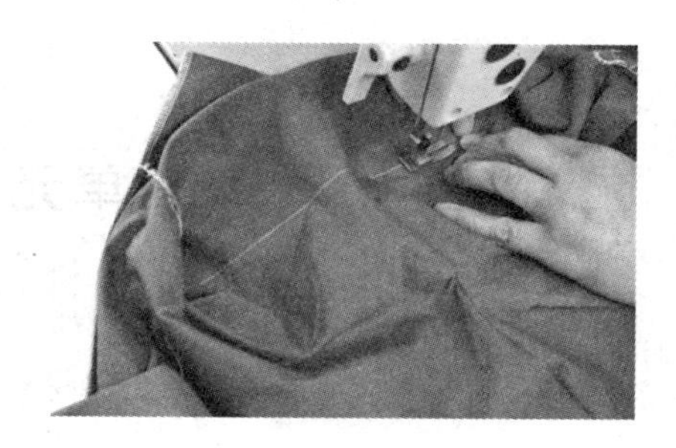

4. 工序名称：领里缉线

工序要点：将领子缝份与领里压线，止口线 0.1 cm。

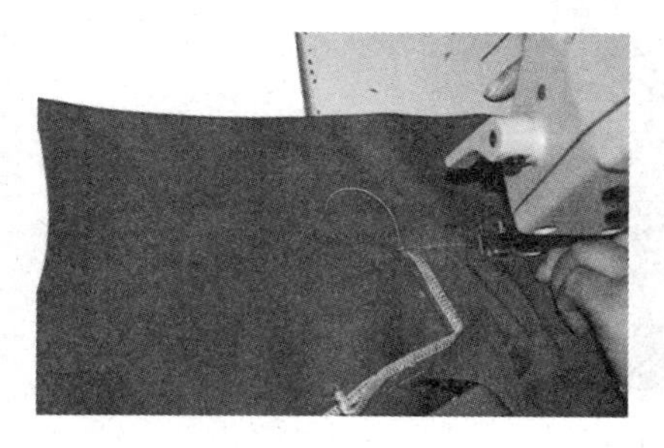

5. 工序名称：挂面、领及衣片缝合

工序要点：将挂面与衣片及领里正面相对，对准领子翻折点及各对位点，在领角处要求领面略松领里稍紧，压缉 0.1 cm。将缝合线的缝份修剪留 0.5 cm，领角处折叠烫平。

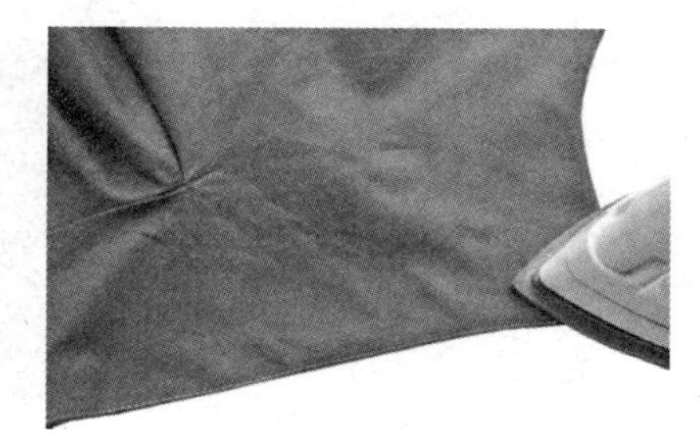

6. 工序名称：翻烫整理

工序要点：将领子翻到正面，翻折点以上领里推进 0.1 cm 烫成里外匀，翻折止点以下的门襟部位，挂面推进 0.1 cm 烫成里外匀。在连挂面的领面上距肩线 5 cm 处剪口进 1 cm 深，折进挂面侧边 1 cm，车缝 0.1 cm 固定折边。

第三单元　袖 子 缝 制

模块一　无 袖 缝 制

一、里贴边无袖

里贴边无袖一般用于无袖衬衫、背心等服装款式。利用贴边处理的圆袖窿，在缝制时容易使袖窿转弯处松弛，故要特别引起注意。款式图如图 3—1 所示。缝制工序流程、工序设备和缝制要点如下表所示。

图 3—1　里贴边无袖

 1. 工序名称：烫粘合衬 工序要点：贴边的袖围缝份要比衣片少 0.1 ~ 0.2 cm，这是为了使袖围里外匀，不让贴边外露。	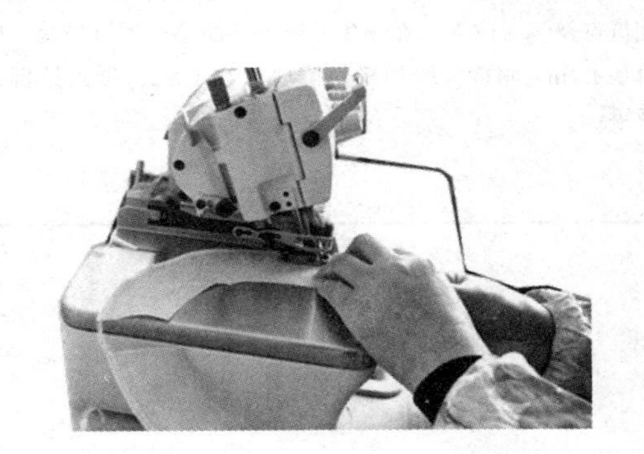 2. 工序名称：锁边 工序要点：袖里贴边锁边，贴边其他部位不需要锁边。

<table>
<tr>
<td>
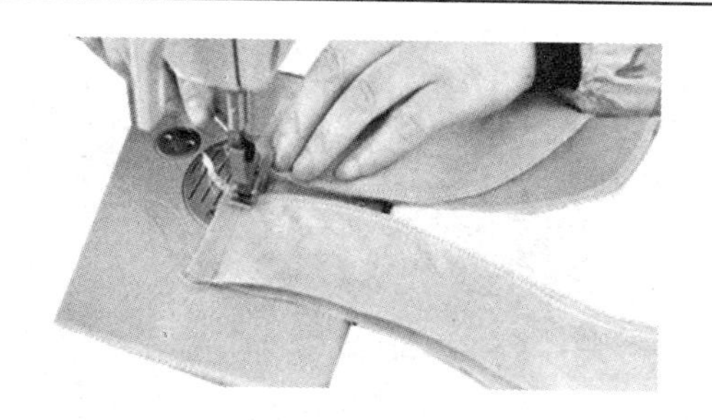

3. 工序名称：拼贴边

工序要点：将贴边拼接，注意缝份和宽度。将缝份分开熨平。
</td>
<td>
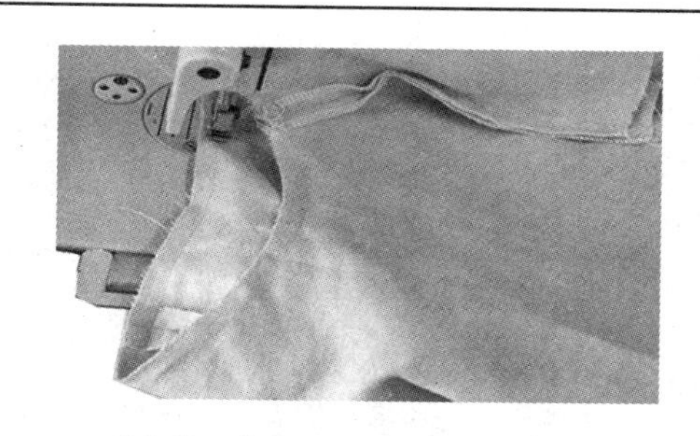

4. 工序名称：装贴边

工序要点：把衣片与贴边对正缝合，对正袖窿的裁剪边缘后缝合，缝份 0.7 cm。在袖窿转弯处剪口，贴边翻折后，袖窿应平整服帖。
</td>
</tr>
<tr>
<td>
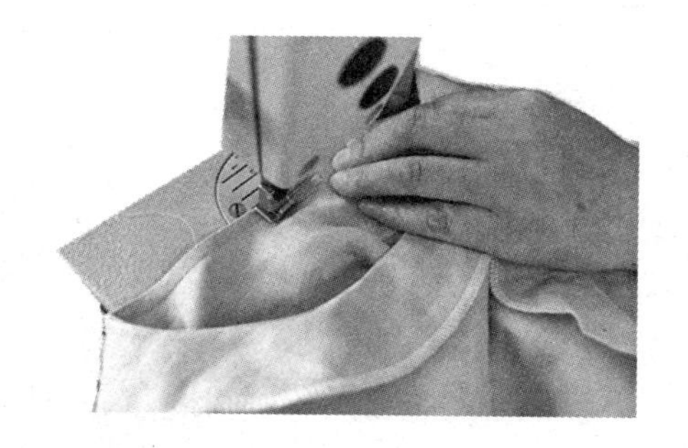

5. 工序名称：袖窿压线

工序要点：用熨斗把衣片袖窿向内侧烫进 0.1 cm，以形成里外匀，沿着袖窿外围压线一圈，根据款式定止口线宽度。
</td>
<td>
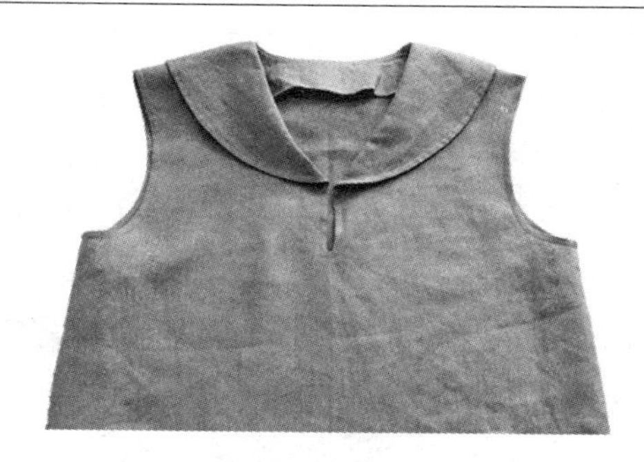

6. 工序名称：整烫贴边形成里外匀

工序要点：贴边的肩线、侧缝要用手针缝在衣片的相应位置，最后整烫。
</td>
</tr>
</table>

二、加边法式袖

加边法式袖的袖口布另加，故袖口布不直接在衣片上裁出，一般用于背心、夏季连衣裙、衬衫等款式中。款式图如图 3—2 所示。缝制工序流程、工序设备和缝制要点如下表所示。

图 3—2　加边法式袖

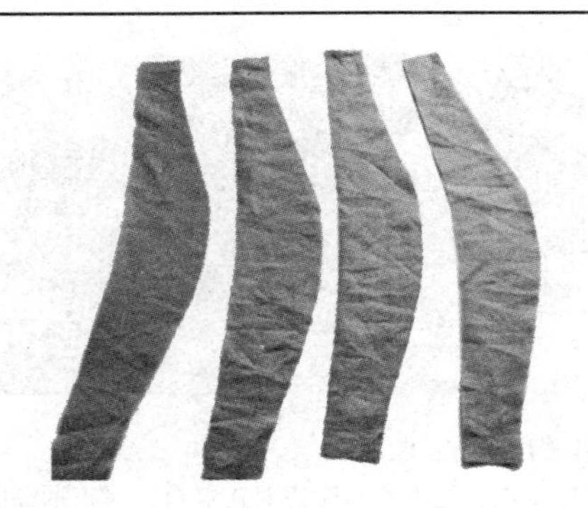 1. 工序名称：加边裁片准备 工序要点：加边放缝，袖口可以烫一条 1 cm 宽的粘合衬。	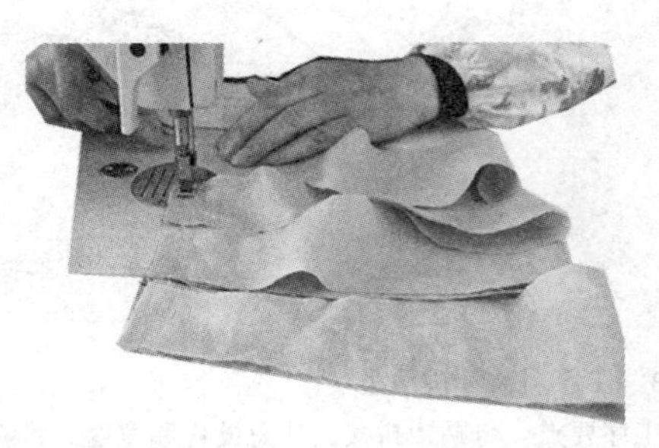 2. 工序名称：缝合衣片、肩线和袖底缝 工序要点：缝份拼合后，用熨斗分开烫平。
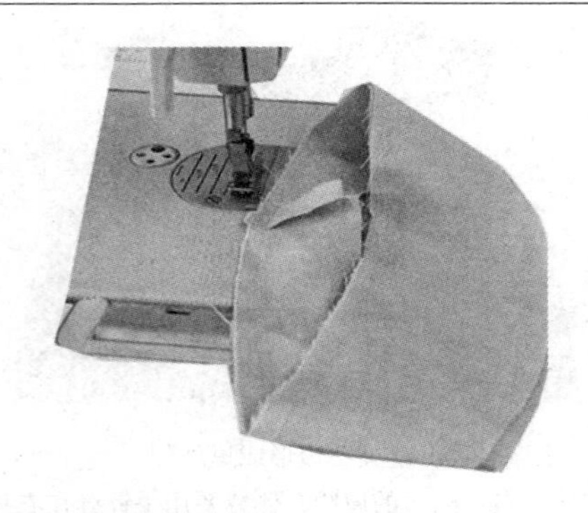 3. 工序名称：做加边袖 工序要点：把衣片与贴边对正缝合，对正袖窿的裁剪边缘后缝合，缝份 0.7 cm。在袖窿转弯处剪口，以使贴边翻折后袖窿平整服帖。	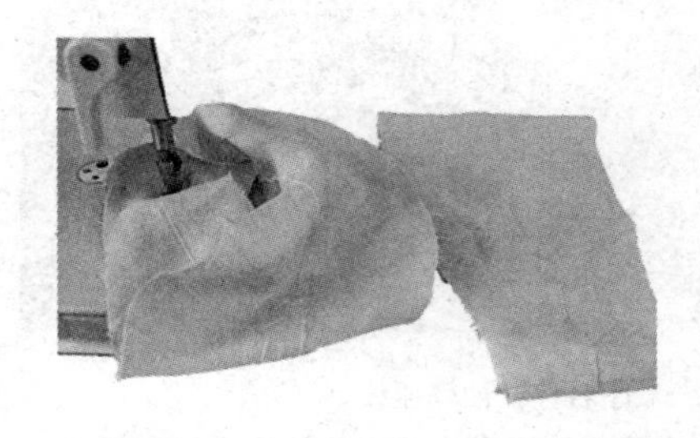 4. 工序名称：加边袖外口固定 工序要点：沿着加边袖外口的里口边压止口线 0.1 cm，将缝份压住固定，袖口不外吐。
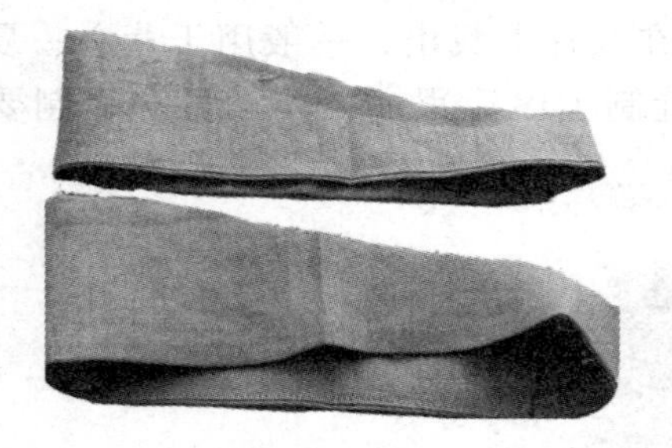 5. 工序名称：整烫加边袖 工序要点：整烫加边袖，注意袖口不外吐，袖山弧线根据净样板修剪，留缝份 1 cm。注意袖山中点有对档记号。	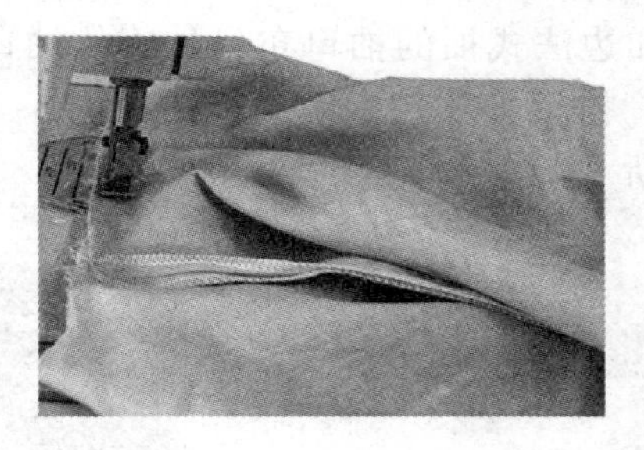 6. 工序名称：装袖 工序要点：拼合袖窿弧线与袖山弧线，注意袖山中点与肩份的对位，袖山弧线略有吃势。

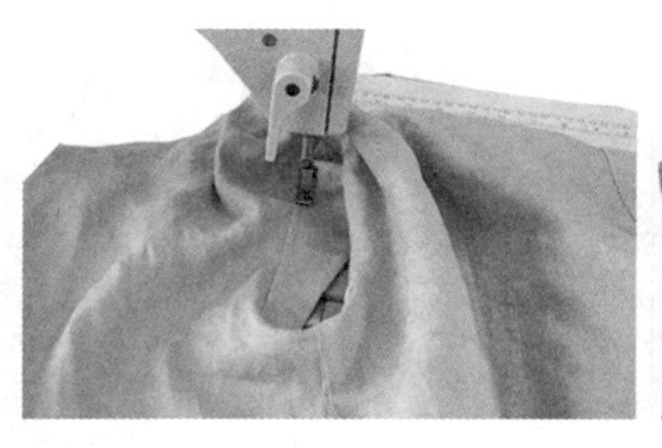

7．工序名称：袖窿缝锁边，压线后整烫

工序要点：袖窿缝份锁边，根据款式在袖圈上压线，可以压在衣片上，也可以压在袖窿上。止口线可以是0.4 cm、0.6 cm等。最后整烫。

三、包边式无袖

包边式无袖的袖口布另加，不需要裁剪袖口布，只需要裁剪斜丝绺的包边布，一般用于背心、夏季连衣裙、衬衫等款式中。款式图如图3—3所示。缝制工序流程、工序设备和缝制要点如下表所示。

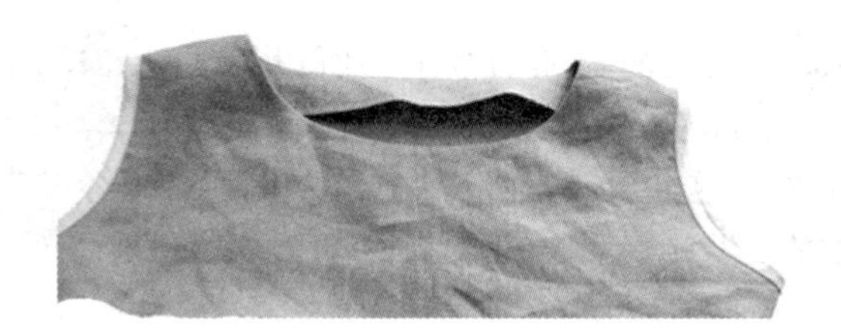

图3—3　包边式无袖

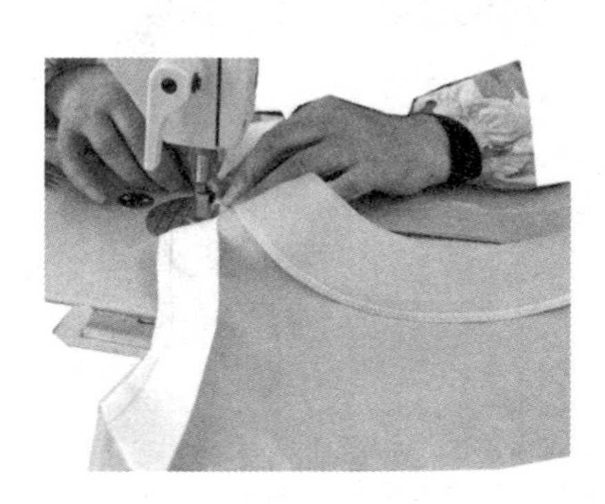

1．工序名称：斜条与袖圈缝合

工序要点：将斜条与袖圈正正相对，缝合，并修剪缝份0.4 cm。

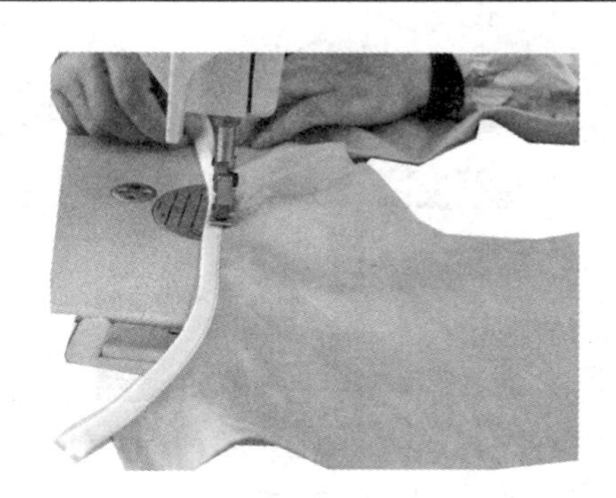

2．工序名称：斜条固定压线

工序要点：将斜条包住袖窿边，在正面压线0.1 cm。

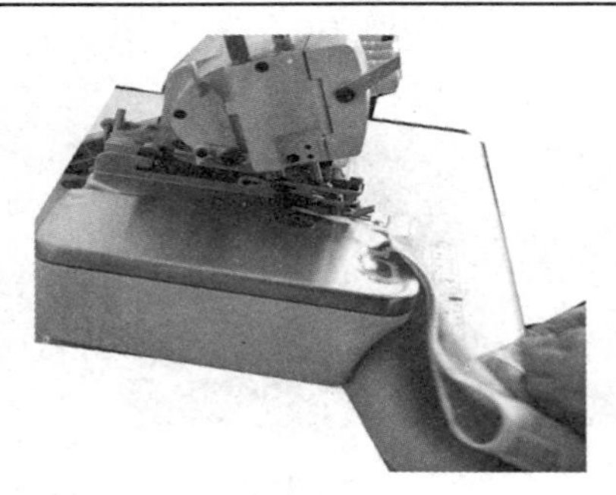 3．工序名称：腋下缝锁边 工序要点：将腋下缝锁边，锁边线留出一段。	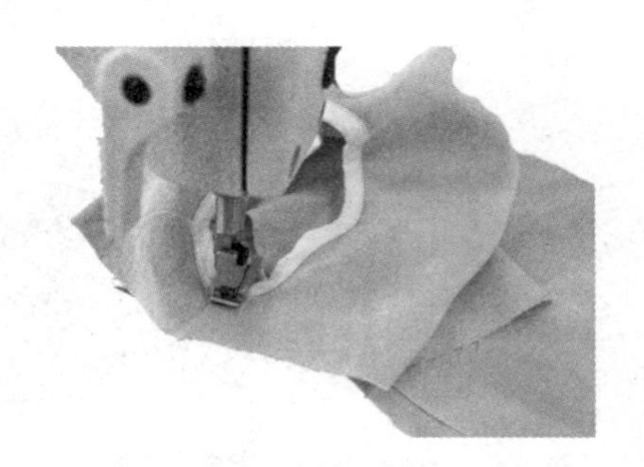 4．工序名称：腋下缝固定 工序要点：将缝份朝后片倒，夹住锁边留出的一截线头，来回固定几道线。

模块二　一片袖缝制

一、男式衬衫袖

男式衬衫袖主要特征表现在袖头和袖衩上，所以男式衬衫袖的重点放在这两个部位，袖窿处较为简单，在后面的衬衫制作中有介绍，这里不赘述。款式图如图3—4所示。缝制工序流程、工序设备和缝制要点如下表所示。

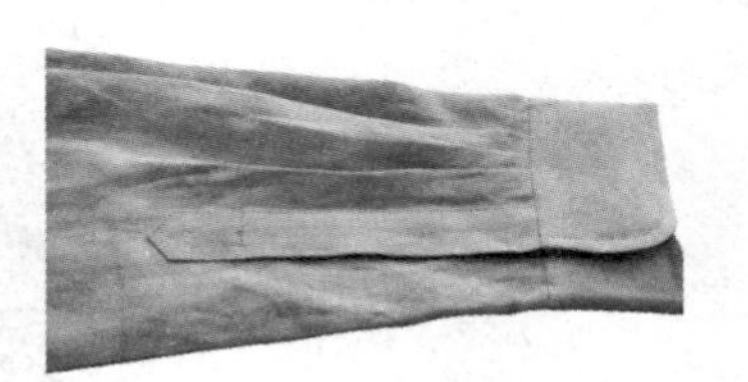

图3—4　男式衬衫袖

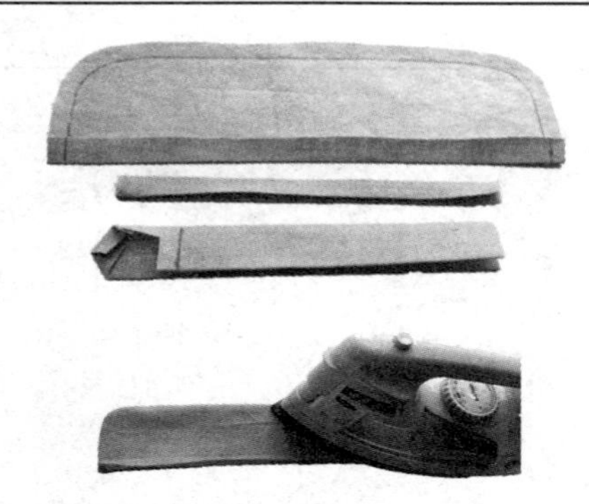 1．工序名称：袖头、袖衩折烫 工序要点：将袖片放缝、折烫袖口贴边，袖口扣烫0.8 cm的折份。 小袖衩折烫，一面虚出0.1 cm；按照大袖衩净样板扣烫，一面虚出0.1 cm。	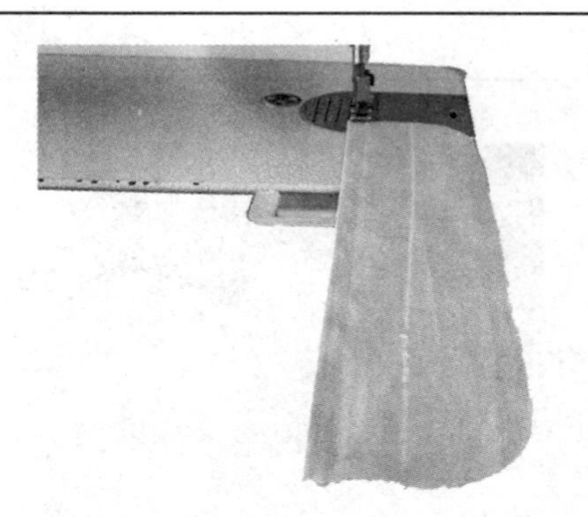 2．工序名称：袖头里压线 工序要点：在袖头里上压线0.7 cm。

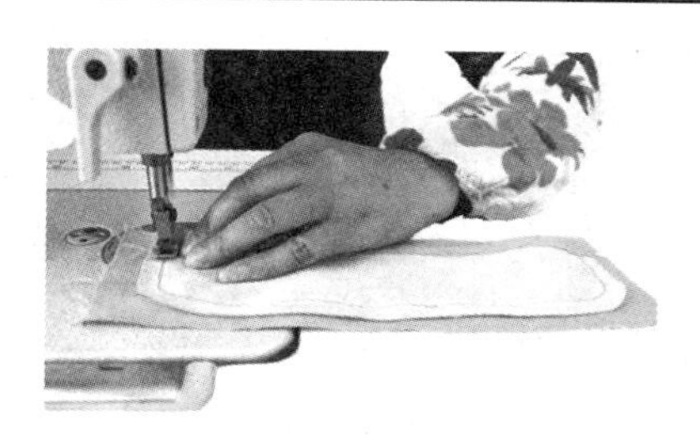

3. 工序名称：做袖头

工序要点：在袖头反面粘上粘合衬，将里外袖头正正相对，可以用定型样板缉袖头。注意圆角圆顺，大小相同，夹里不能有层势。

翻烫袖头，修剪圆顺，留0.3 cm缝份，将圆头翻足，烫顺，夹里下口沿下口包转扣烫，再塞进夹层。整个袖头要平整、里外匀窝势，止口不外吐。

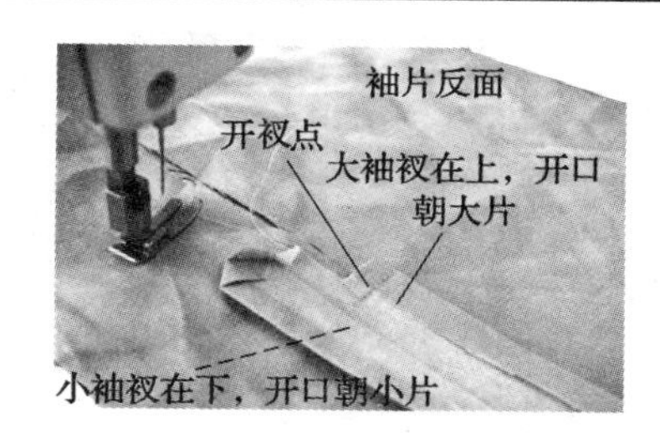

4. 工序名称：装袖衩第一步

工序要点：将袖片按照袖衩位置开衩，开衩将袖片分成大和小的两边；

摆放袖衩，小袖衩开口朝小片，虚出的一边在下面；大袖衩在上开口朝大片。小袖衩在大袖衩正下面。缝份平齐。

将大袖衩、小袖衩和袖片合缉。起点为大袖衩开口边沿，经过开衩点，止点为小袖衩边沿。起落针回针。

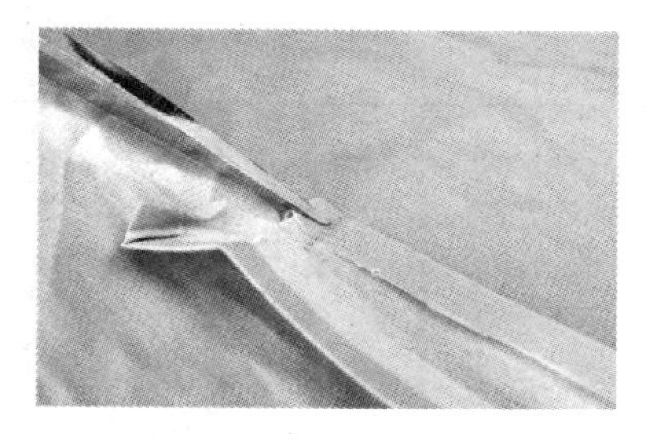

5. 工序名称：打剪口

工序要点：沿着缉线位置，打三角剪口。剪口一边到大袖衩边沿，一边到小袖衩边沿，刚好剪到缉线位置。剪口要干净利落，恰到好处，才能保证翻过来夹缝份不毛出。

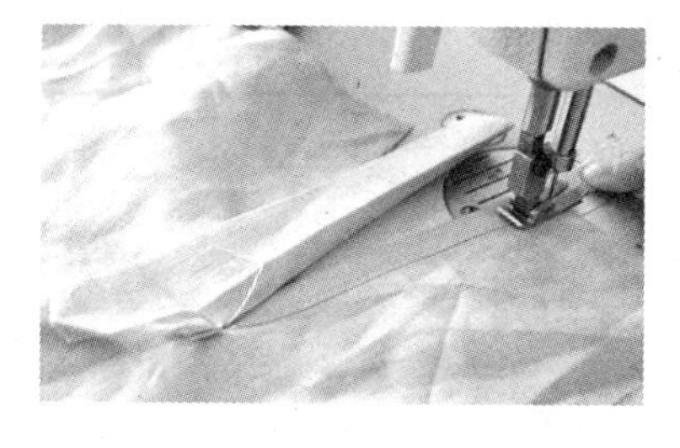

6. 工序名称：袖衩压线

工序要点：将缝份塞进小袖衩开口，压线0.1 cm。

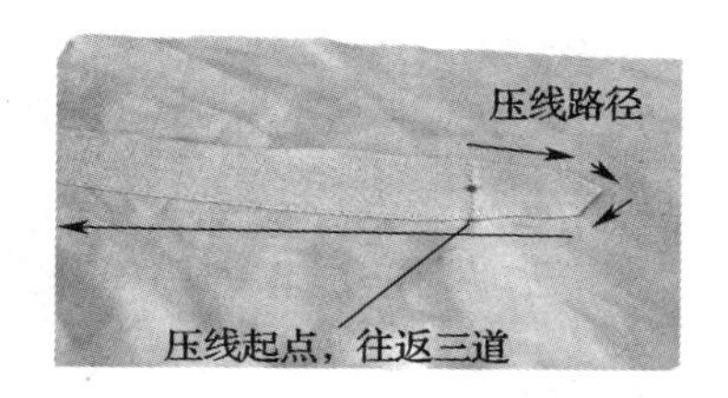

7. 工序名称：大袖衩压线

工序要点：大袖衩从起点开始压线，在封口部位往返三道，再沿着压线路径压0.1 cm的止口线。

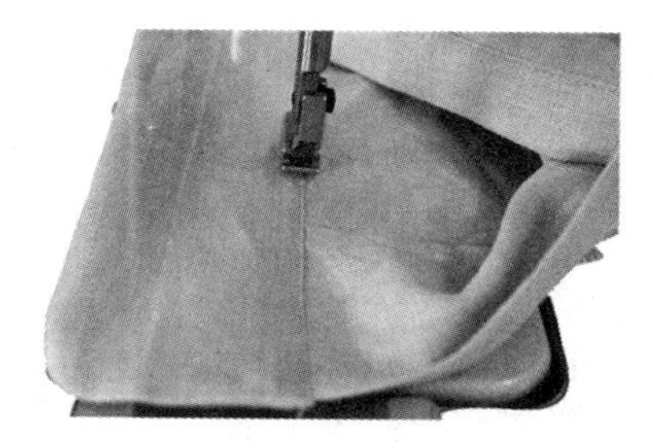

8. 工序名称：装袖头

工序要点：可以用夹缉法装袖头，装袖头一边缉线0.1 cm止口线。注意袖衩两边门里襟都要放平。

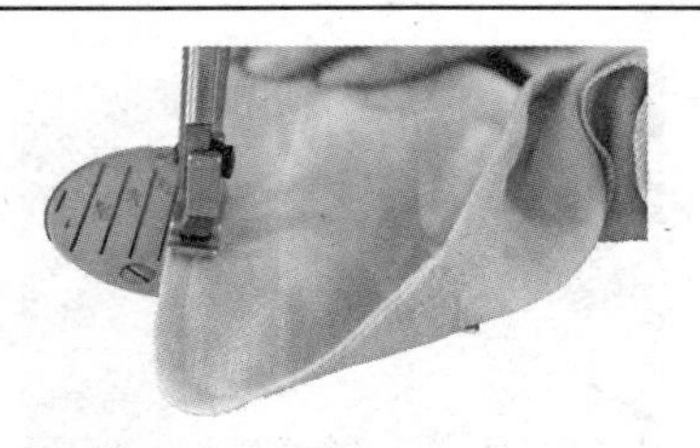 9. 工序名称：袖头压线 工序要点：根据款式需要在袖头外口压 0.6 cm 止口线。	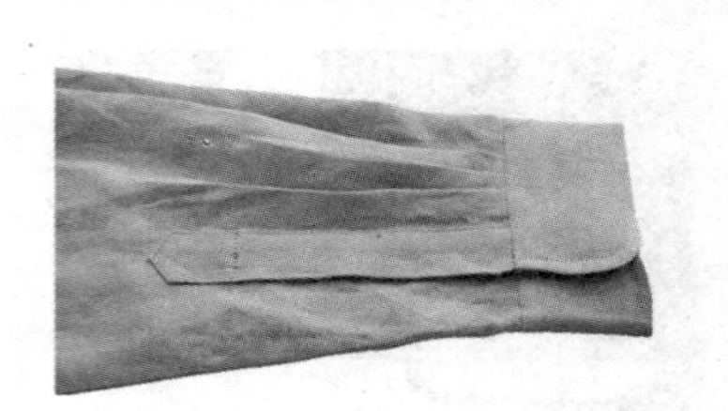 10. 工序名称：整烫 工序要点：清除线头及污渍，然后整烫，保证袖头圆顺、平服、无毛出、无烫黄。

二、女式衬衫袖

女式衬衫袖主要特征表现在袖头和袖衩上，所以女式衬衫袖的重点放在这两个部位，袖窿处较为简单，在后面的衬衫制作中有介绍，这里不赘述。该款女式衬衫袖装花边，包边型开衩，如图 3—5 所示。缝制工序流程、工序设备和缝制要点如下表所示。

图 3—5　女式衬衫袖

 1. 工序名称：做花边 工序要点：根据花边宽度裁剪斜丝，宽 2 cm，两边卷边压 0.1 cm 止口线。在中间缉线拉底线抽褶裥。褶裥要均匀。	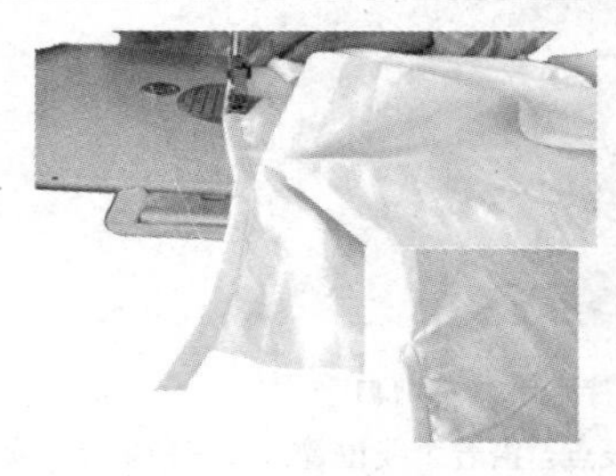 2. 工序名称：做袖衩、封袖衩 工序要点：用 1.5 cm 斜丝将袖衩包住开衩口，正面压缉 0.1 cm 止口线。袖子沿袖衩正面对着，袖口平齐，袖衩转弯处向袖衩外口斜下 1 cm 缉来回针三道。
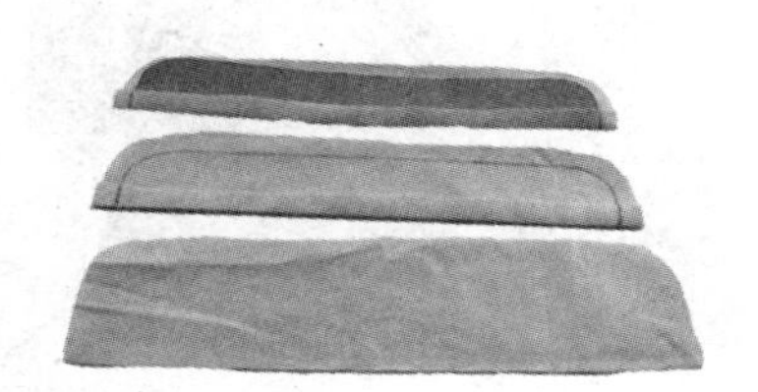 3. 工序名称：烫袖头 工序要点：沿着净样板修剪袖头，扣烫袖里。	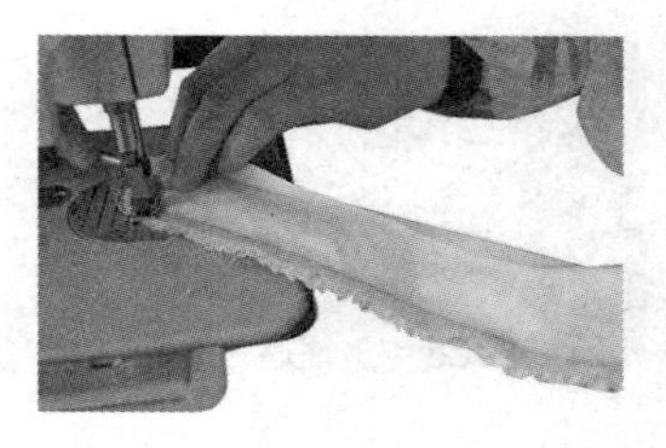 4. 工序名称：做袖头 工序要点：袖头正面相叠，将花边夹在袖头两层中间，压 1 cm 缝份，压线后，翻转后熨平、烫煞。

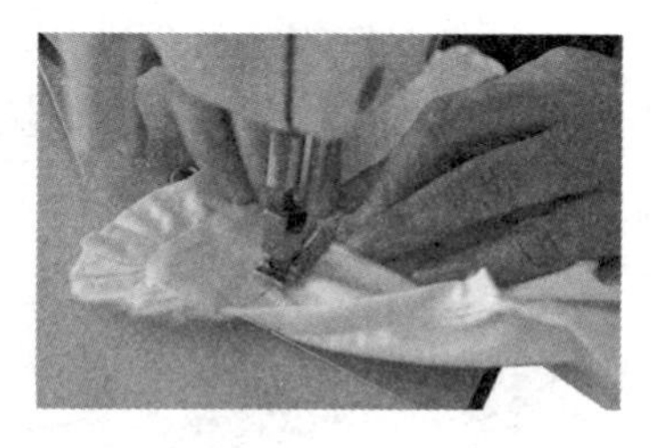 5. 工序名称：装袖头 工序要点：将袖口细裥抽均匀，袖衩门襟要折转，袖片的袖口大小与袖头长短一致。将袖头夹里正面与袖片反面相叠，袖口放齐，压缉 0.1 cm。	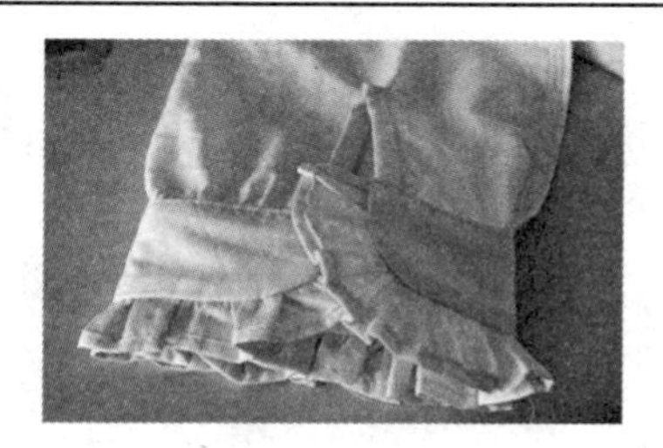 6. 工序名称：整烫 工序要点：将袖头及花边进行整烫。

三、泡泡袖

泡泡袖由于其外形抽许多细褶而成泡泡状得名，它给人以活泼可爱的感觉，常用于童装和女装上。泡泡袖有长、短之分，但缝制方法是一样的，现以短袖袖口包边款式进行说明。款式图如图 3—6 所示。缝制工序流程、工序设备和缝制要点如下表所示。

图 3—6　泡泡袖

 1. 工序名称：袖片、袖头放缝 工序要点：袖片、袖头制图；袖片、袖头放缝；在做褶裥部位做好标记。	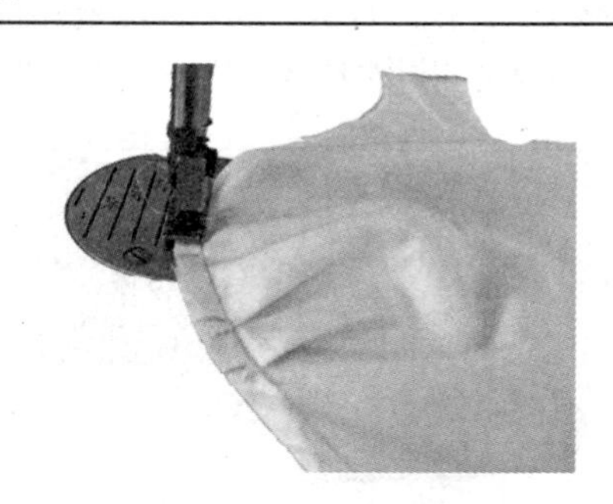 2. 工序名称：袖山弧线和袖口弧线抽褶 工序要点：先沿袖山弧线边缘 0.7 cm 处手针假缝或长针距车缝第一道线，第二道线距第一道线 0.2 cm，再在袖口缝两道线，方法同上。将袖山弧线上的假缝线抽紧成细褶状，要求以袖中线为中心两边均匀抽线。也可以根据褶裥位置收褶裥。

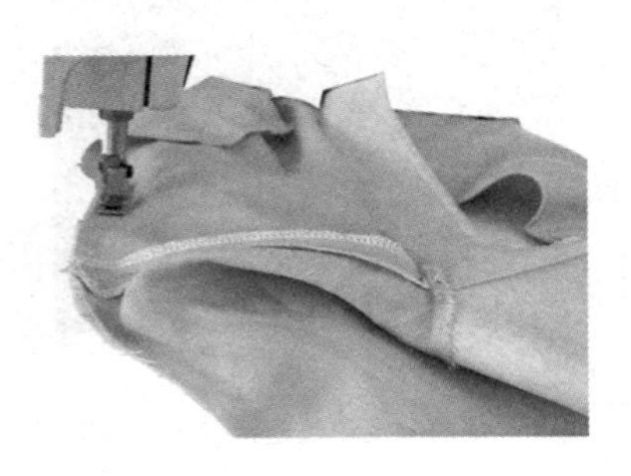

3. 工序名称：装袖子

工序要点：先缝合衣片的肩缝，再把袖片与衣片正面相对，袖窿与袖山线对齐，袖中线刀眼对准衣片肩缝，离边缘 1 cm 车缝。

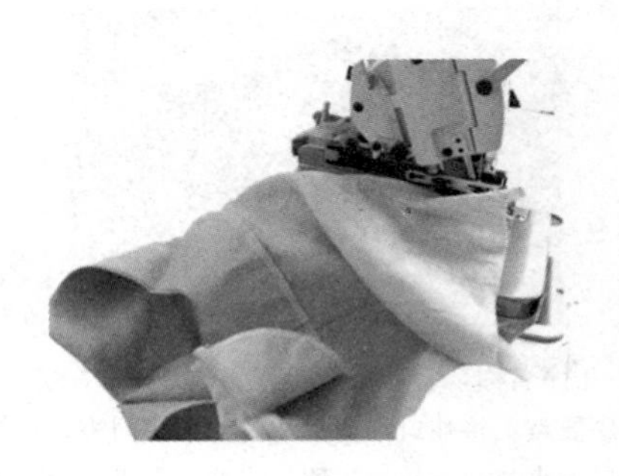

4. 工序名称：袖窿、袖山合锁边

工序要点：将装袖缝份往袖片折倒后（注意不能用熨斗烫平），并锁边。

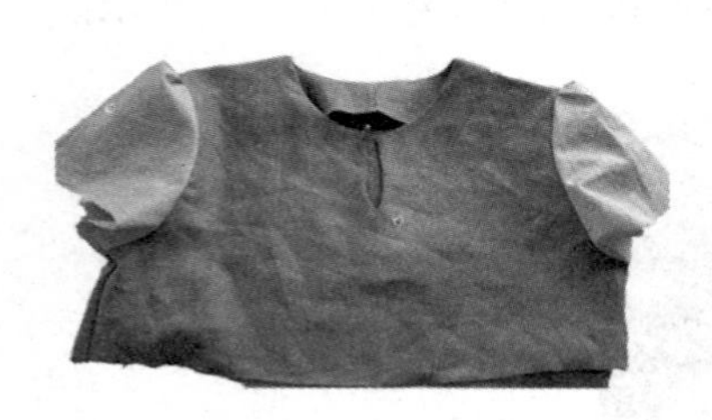

5. 工序名称：合前后衣片的侧缝和袖底线

工序要点：缝合前后衣片的侧缝和袖底线到袖口的开口止点，并在此处用倒回针固定，然后将缝份分开熨平。

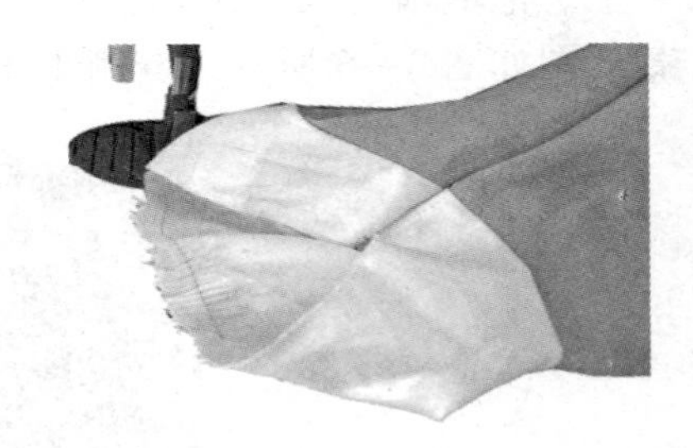

6. 工序名称：袖口抽褶裥

工序要点：先将袖口车假缝线，缝份为 0.1 cm，再把袖口的两道假缝线抽紧成细褶状。

7. 工序名称：拼接袖口包边条

工序要点：裁剪斜丝的袖口包边条，然后拼接包边条，包条长度和袖口大小应一致。

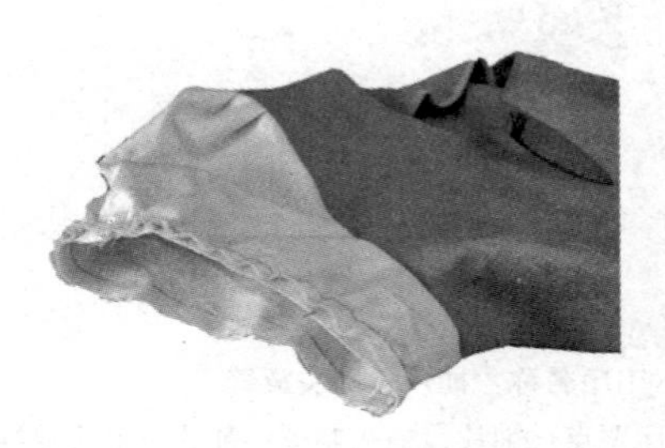

8. 工序名称：缝合袖口和包边条

工序要点：将袖口和包边条正面相对，然后缝合，后修剪缝份。

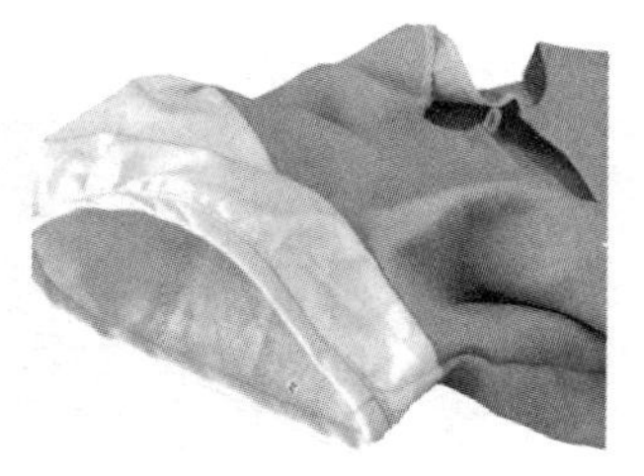
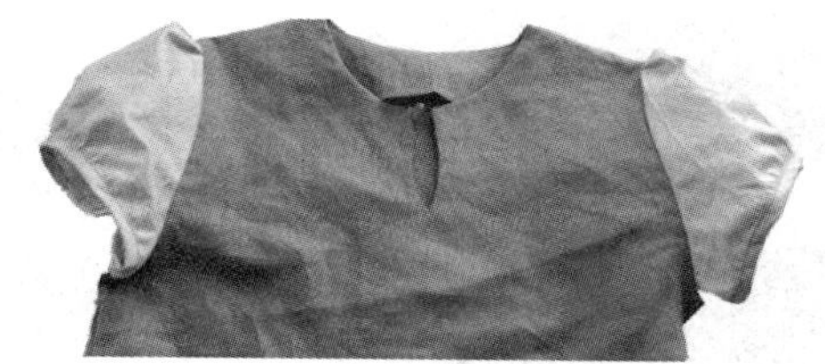

9. 工序名称：袖口包边并整烫

工序要点：将袖口条包过来，压0.1 cm止口线。最后整烫。

模块三　两片袖缝制

一、两片西装袖

两片西装袖由于其外形合体，常用于套装或西服中。其袖口开衩有两种处理方法，一种是袖衩封闭型，一种是袖衩开放型；一般称真假开衩，根据款式不同有装里子的和没有装里子的两种。现以无里子袖衩封闭型西装袖进行说明，款式图如图3—7所示。缝制工序流程、工序设备和缝制要点如下表所示。

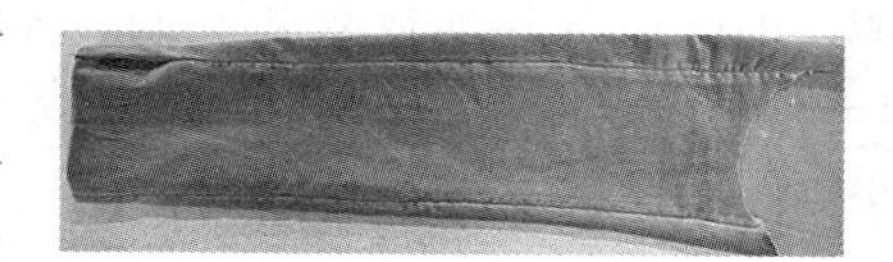

图3—7　两片西装袖

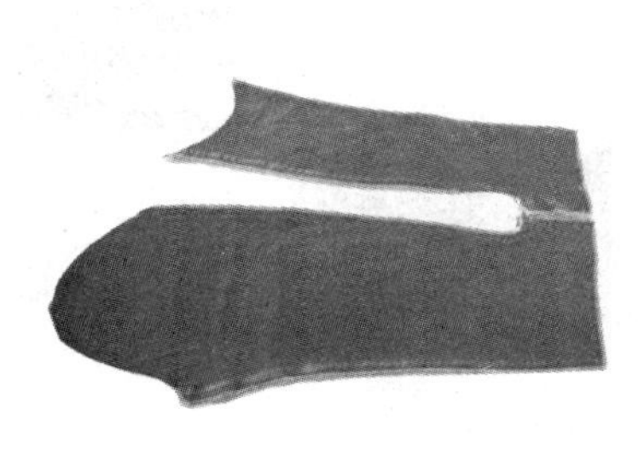

1. 工序名称：裁剪袖片并锁边

工序要点：裁剪袖片，注意袖衩部位的放缝。袖侧缝和袖口缝锁边。

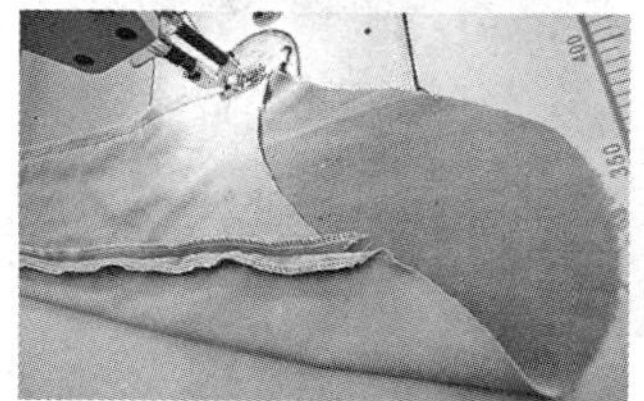

2. 工序名称：合袖片

工序要点：缝合袖缝线，在开衩止点剪口，开衩贴边折向外袖片。

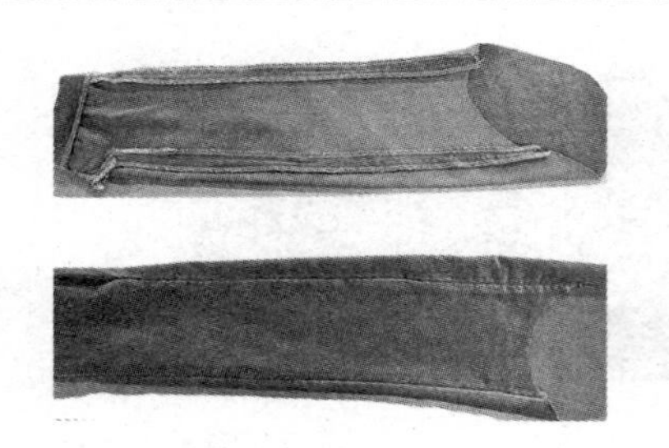 3. 工序名称：整烫 工序要点：将拼缝分缝熨开，袖口折转整烫。袖衩位置保持平服。	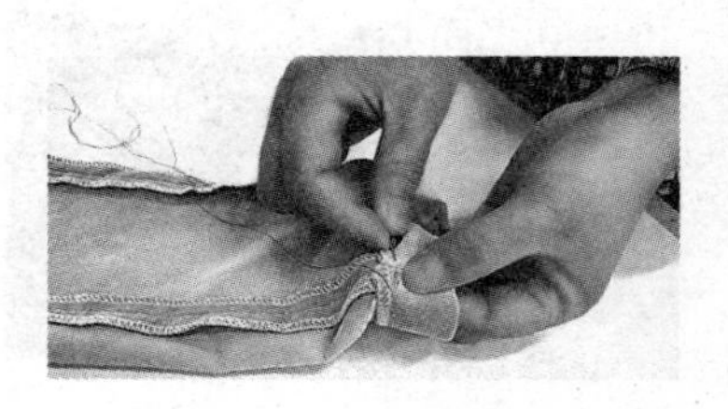 4. 工序名称：袖口三角针 工序要点：不装里子的袖口一般手工缲三角针。

二、有袖衩有里布西装袖

有袖衩有里布西装袖是经典西服的袖子，要求装袖圆顺，前圆后登，袖衩长短相符，不搅不豁。款式图如图3—8所示。缝制工序流程、工序设备和缝制要点如下表所示。

图3—8 有袖衩有里布西装袖

 1. 工序名称：修剪袖衩 工序要点：将已经归拔的大小袖衩角去除多余的折边量。	  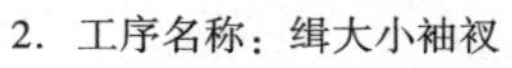 2. 工序名称：缉大小袖衩 工序要点：将大小袖衩按袖口折边正面相对车缉，小袖衩勾缉时，上口留0.8 cm，不要缉到头。将小袖衩分缝熨平。正面向外翻出，将袖衩贴边和袖口折边熨烫平整。

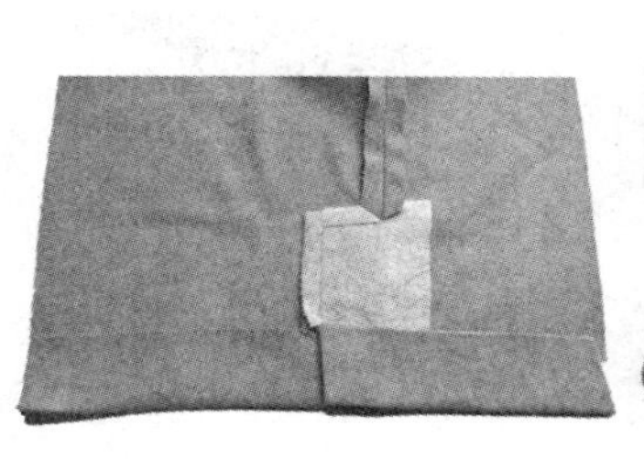
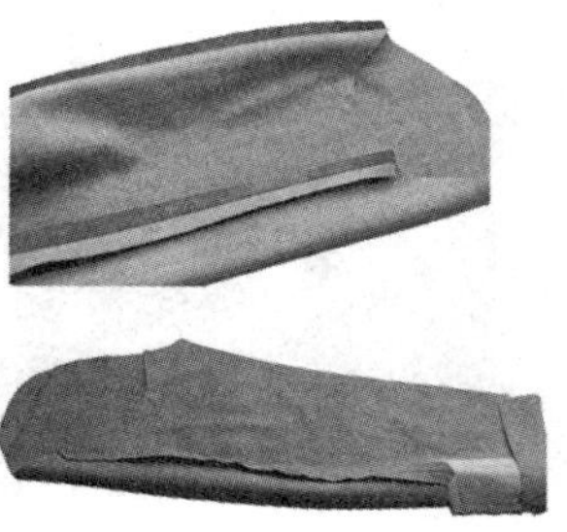

3. 工序名称：缉前后袖缝

工序要点：将大小袖片正面相叠，大袖放下层，袖衩处做好缝制标记，车缉后袖缝。大袖上端 10 cm 略放吃势。缉线要顺直，缝至距袖口 2.5 cm 左右处止。缉好后，在小袖袖缝与袖衩折角处打一眼刀，熨平分缝，使袖衩倒向大袖。正面翻出，自袖口向上 10 cm 处将袖衩折好，盖水布烫煞。

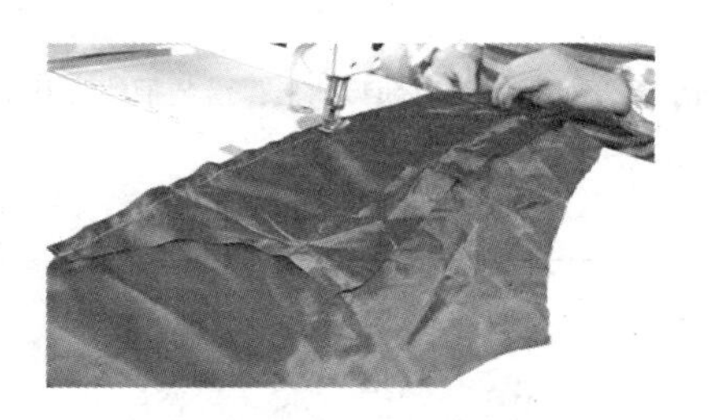

4. 工序名称：缉袖夹里

工序要点：将大小袖夹里正面相对，缉线顺直，缝份 0.8 cm，缉线后把缝份朝大袖片一面扣转烫坐倒缝。

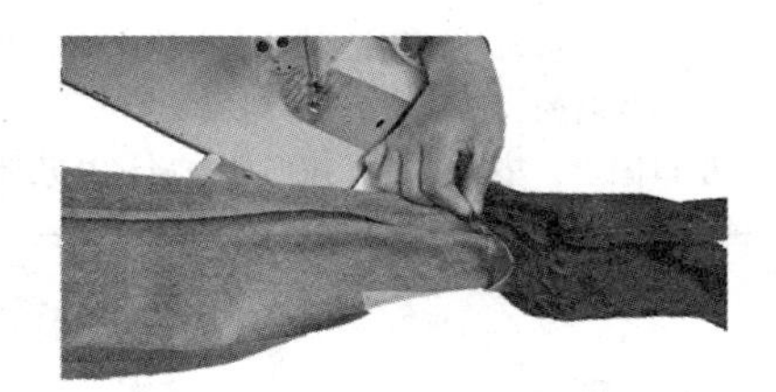

5. 工序名称：装袖夹里

工序要点：将袖夹里与袖片袖口套合在一起正面相对，袖衩处做好标记，前袖窿、后袖窿要对好位置，然后车缉袖口一圈。将袖口贴边翻转折缲好，袖夹里 1 cm 坐势烫好。把袖里和袖子缝份手针串牢，上下各留 10 cm 不缝。

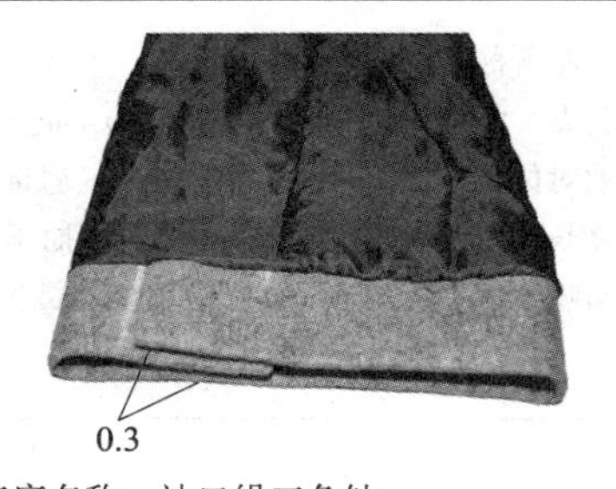

6. 工序名称：袖口缲三角针

工序要点：将袖口缝份用手工三角针缲牢，正面不得有线迹。袖口里布 1 cm 坐势。

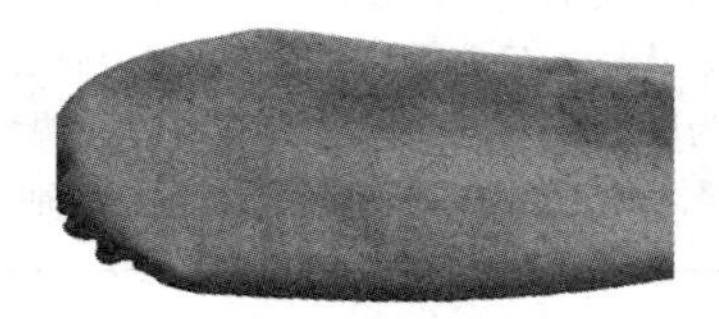

7. 工序名称：手工抽袖山头吃势

工序要点：袖山面用纳布头缝针手缝一道，缝份 0.6～0.7 cm，针距 0.3～0.4 cm。袖山里机缝一道，然后手拉吃势。吃势的多少与面料质地等因素有关，还要核对与袖窿装配的长度，一般前后袖山斜坡处吃势量略多，前袖山斜坡少于后袖山，袖山最高处少放吃势。小袖片一段横丝不可抽。抽好后将山头放在铁凳上烫圆顺。

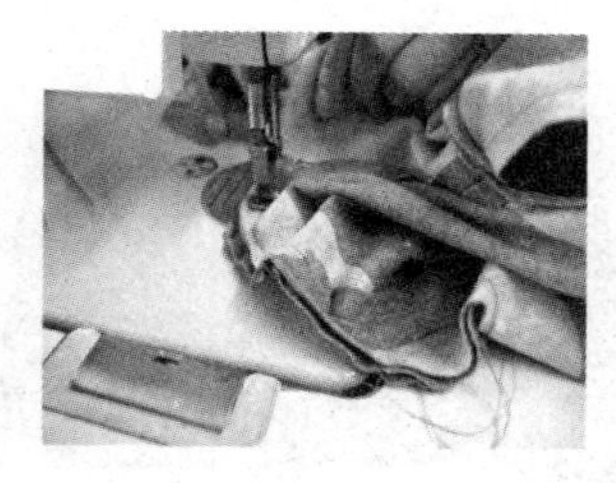

8. 工序名称：装袖子

工序要点：将袖子放上，缝份 0.8 cm，缉缝圆顺，不改变吃势，并在袖子一面沿袖山弧线装斜料绒布衬条，衬条宽 3 cm，长度以前袖缝开始至后袖缝向下 3 cm 为宜（也可在绒布上再加一层粗布衬），将袖窿衬条放准位置车缉，车缉线不能超过装袖线。

做好装垫肩的标记，垫肩对折，向前偏 1 cm，为对肩标记，装配时前短后长，同时在垫肩弧形边先做好相应的记号。

装垫肩外口，垫肩外口标记点对准肩缝比袖窿毛缝宽出 0.2 cm，两端处平，垫肩翘势朝上，沿装袖线外扎线，注意手缝时后袖窿略松，使成衣肩部窝服。

垫肩里口固定，垫肩放平，弧形处与肩缝扎几针固定。

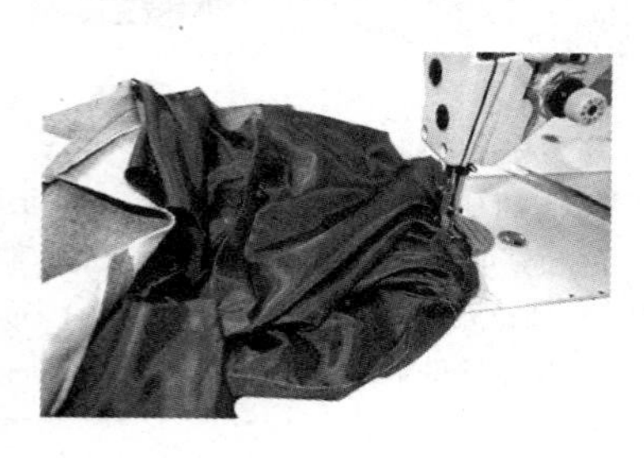

9. 工序名称：装袖子夹里

工序要点：将夹里袖山与大身里子袖窿正面相叠，按装袖的对应点装袖夹里，缝份 0.8 cm，缝份倒向袖山。前后袖缝暗缝 1 cm 后分烫，后袖缝袖衩为假袖衩，开口长8 cm。为里子装袖方便，里子前袖缝合缉时中间留 30 cm 空洞，里面均为圆筒袖装袖，缝份倒向袖子。

10. 工序名称：整烫

工序要点：将面子上袖山部位缉 2.5 cm 宽棉条，棉条长为后袖对位点下 3 cm 至前袖对位点，肩棉手缝，放置位置前略长 1 cm，弧形按肩部要求。将袖子不平服处垫上布馒头喷水熨平，袖口、袖衩处盖水布烫煞熨平。

模块四　袖 口 缝 制

一、外贴边袖口

外贴边袖口常用于衬衫袖口、儿童裤脚口，它是采用在袖口外贴边上增加装饰明线宽度的方法取得，装饰明线的宽度根据款式而定。外贴边可以是活动的外翻边，也可以是固定的外贴边。该款式是固定的外贴边，如图 3—9 所示。缝制工序流程、工序设备和缝制要点如下表所示。

图 3—9　外贴边袖口

<table>
<tr>
<td>
1．工序名称：裁片
工序要点：画好净样线后，裁剪好袖片，外贴边裁片，在四周放缝，并做好对位记号，将贴边上口沿着净样扣烫。</td>
<td>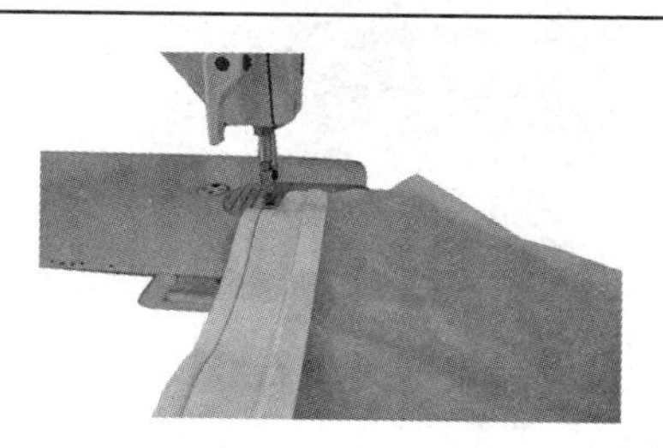
2．工序名称：缝制袖口
工序要点：外贴边正面与袖口反面相对，合缉，缝份 1 cm。注意缉线均匀，没有吃势量。</td>
</tr>
<tr>
<td colspan="2">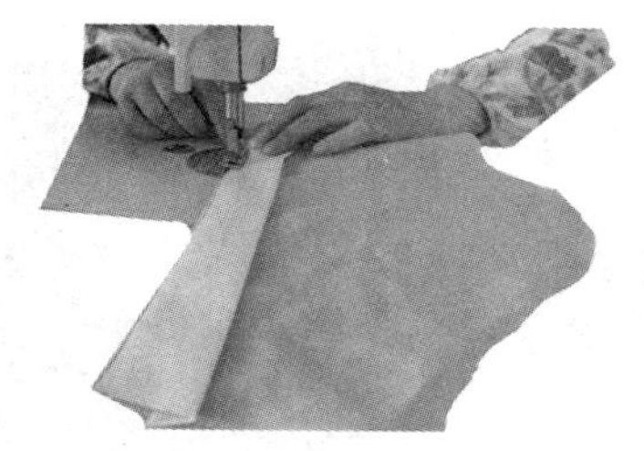 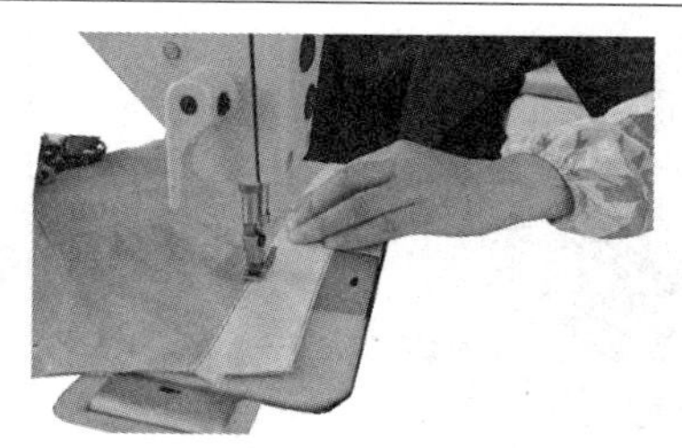
3．工序名称：外贴边压线
工序要点：将袖口扣烫，外口坐出 0.1 cm，盖住里口；沿着外贴边下口和上口分别压 0.1 cm 止口线。修剪袖底缝多余的量。</td>
</tr>
<tr>
<td colspan="2"> 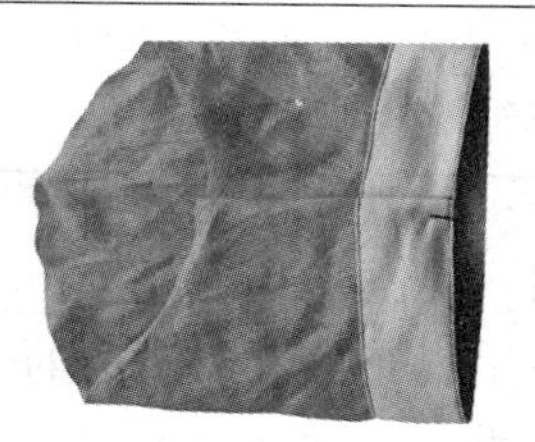
4．工序名称：缝合袖下线
工序要点：缝合袖下线，并锁边，后来回针固定边端，将锁边线尾端夹进。</td>
</tr>
</table>

二、加边袖口

加边袖口没有开口，所有的缝份都向袖侧折倒，适合于泡泡短袖，可呈现蓬松的外形，也可用于短袖袖口等款式。款式图如图 3—10 所示。缝制工序流程、工序设备和缝制要点如下表所示。

图 3—10　加边袖口

 1. 工序名称：裁片、袖克夫烫粘合衬 工序要点：根据款式裁片，并在袖克夫反面全部烫上薄粘合衬后，将其对折，用熨斗熨平。	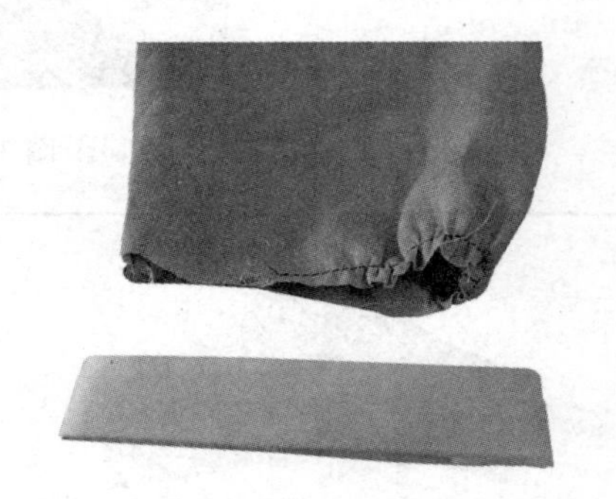 2. 工序名称：做袖克夫 工序要点：打开袖克夫，将两端缝合，然后将缝份烫开、对折。
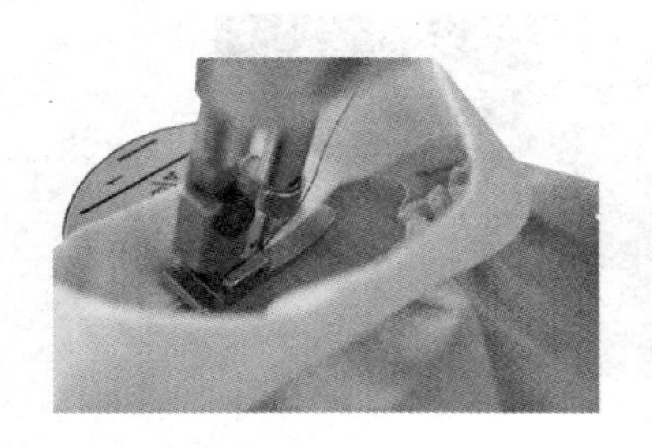 3. 工序名称：装袖克夫 工序要点：先将袖子的袖下线缝合，用假缝将袖口的细褶加以固定，然后将袖克夫与袖子一起缝合。缝合时注意一边用锥子推送细褶，一边缝合。	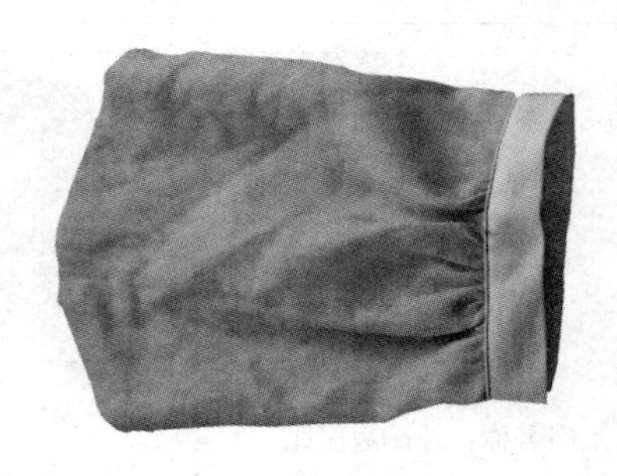 4. 工序名称：整理袖克夫 工序要点：修剪线头，整烫成型。

三、斜条包边袖口

斜条包边袖口布采用斜布条，用滚边的方法固定袖口，款式简洁大方，一般用于夏季短袖、无袖、长袖袖口包边。该款袖口不开衩，如图 3—11 所示。缝制工序流程、工序设备和缝制要点如下表所示。

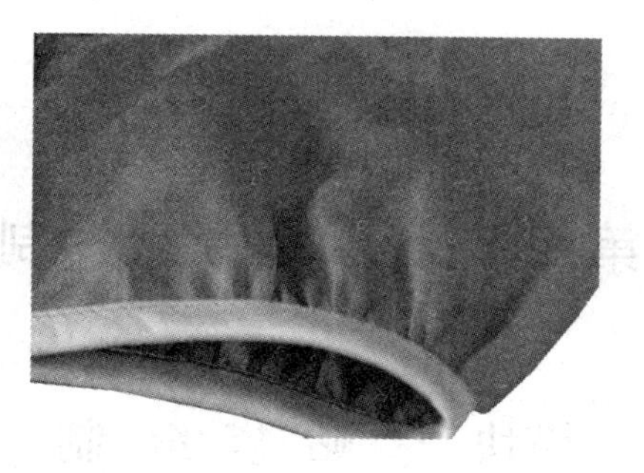

图 3—11　斜条包边袖口

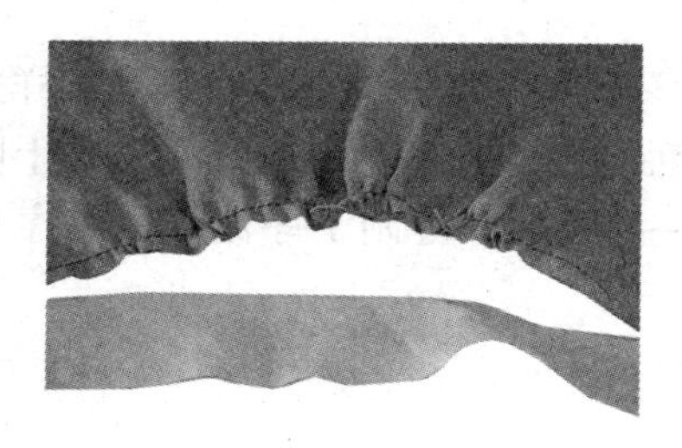 1. 工序名称：裁剪袖口布 工序要点：根据袖口滚边布的厚薄裁剪，滚边布的宽度 = 两个包边宽度 + 两个包边缝份 + 滚边布厚度。袖口根据需要抽细裥。	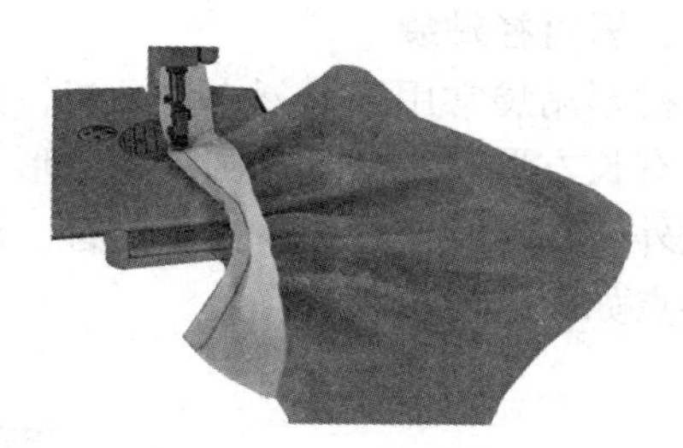 2. 工序名称：袖口滚边布与袖子缝合 工序要点：将袖口抽成细褶，将袖口斜条放在上面缝合。注意袖口布为斜裁，所以要放在上面车缝；里侧是否多出 0.2 cm 的量，不足时，要拉出缝份来调整。
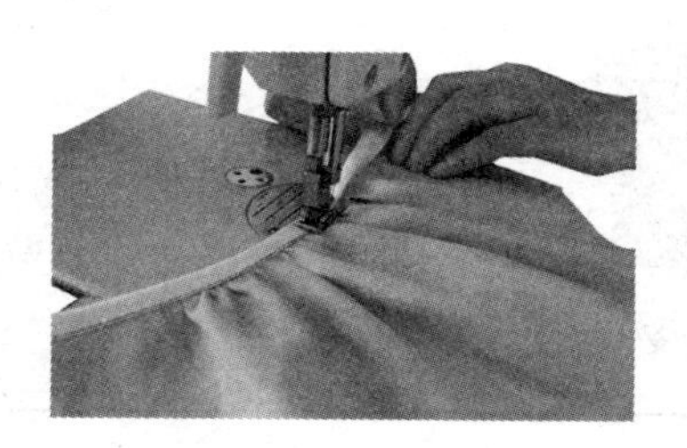 3. 工序名称：包边压线 工序要点：修剪缝份留 0.3 cm，袖口斜条布包过缝份，正面压线漏落缝，将斜条布固定。	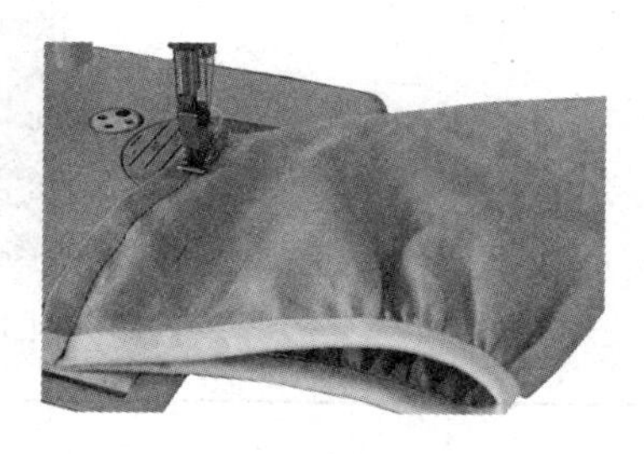 4. 工序名称：缝合底缝、整理袖口滚边布 工序要点：缝合底缝，并锁边，将这露出的部分塞入滚边布内。从表面沿接缝线边沿车缝来回针，固定袖口滚边布。

第四单元　口 袋 缝 制

模块一　贴 袋 缝 制

一、男衬衫贴袋

男衬衫贴袋常用于衬衫中。贴袋，是在服装的某一部位贴缝一块袋布而成。它样式种类繁多，有长方形、斜形、椭圆形、圆形、三角形等各种几何图形的平贴袋。在贴袋上除可附加袋盖外，还可做嵌线、折裥等装饰。款式图如图 4—1 所示。缝制工序流程、工序设备和缝制要点如下表所示。

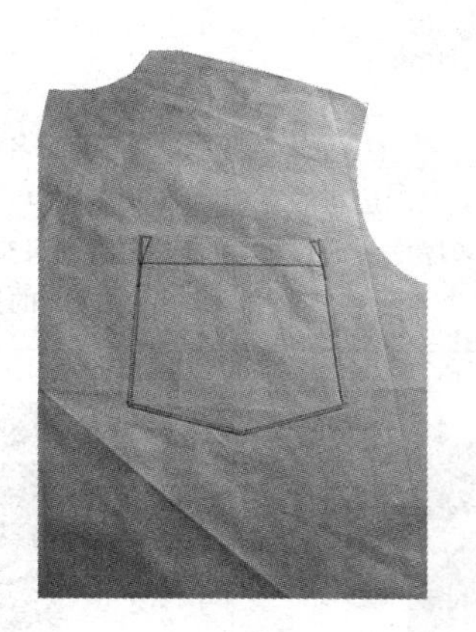

图 4—1　男衬衫贴袋

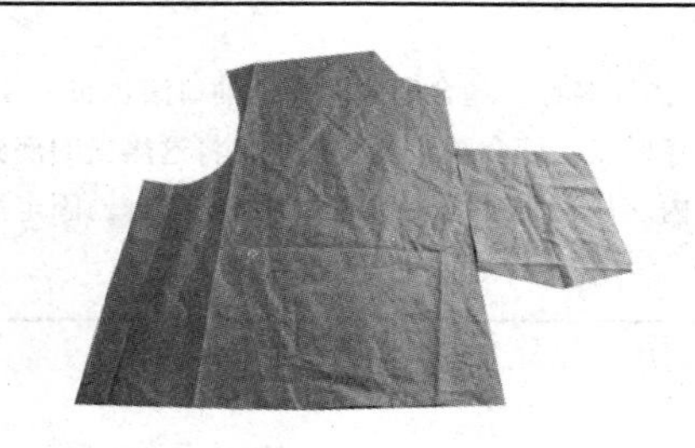 1. 工序名称：裁剪袋布、衣片 工序要点：按净样板、袋口贴边放缝 3.5 cm，其余三边放缝 1 cm，最后按缝线裁剪。	 2. 工序名称：扣烫贴袋缝份 工序要点：按净样板扣烫贴袋缝份。

 3. 工序名称：车缝袋口贴边 工序要点：车缝固定袋口贴边，向内缉线2.5 cm。	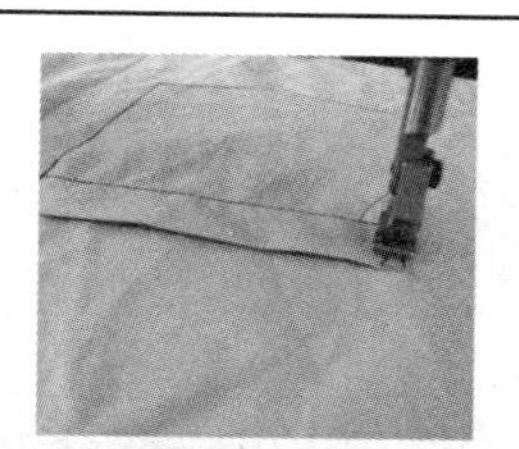 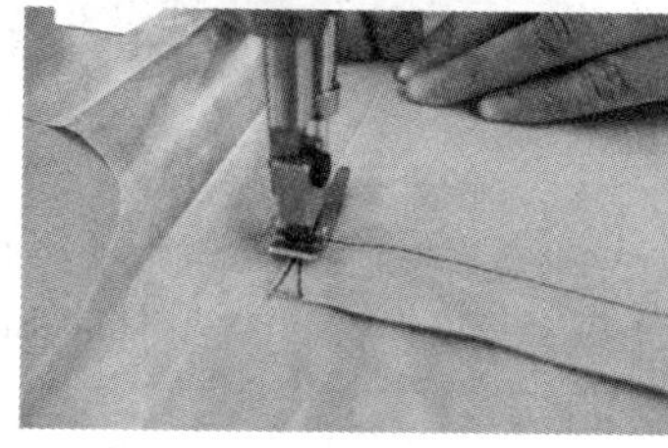 4. 工序名称：装贴袋 工序要点：在贴袋布边缘车缝0.1 cm明线，袋口两侧角部缝来回针固定。

二、明褶裥贴袋

明褶裥贴袋常用于休闲类外衣、裤子等服装中。在袋面上做褶裥可增强视觉装饰效果。款式图如图4—2所示。缝制工序流程、工序设备和缝制要点如下表所示。

图4—2 明褶裥贴袋

 1. 工序名称：缝制明褶裥 工序要点：对折袋布，按褶裥线车缝。	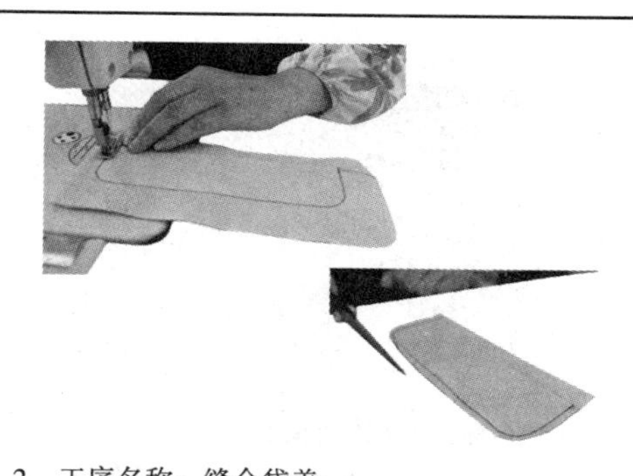 2. 工序名称：缝合袋盖 工序要点：将表、里袋盖正面相对，并对其四周，缝合后将缝份修剪为0.5 cm。

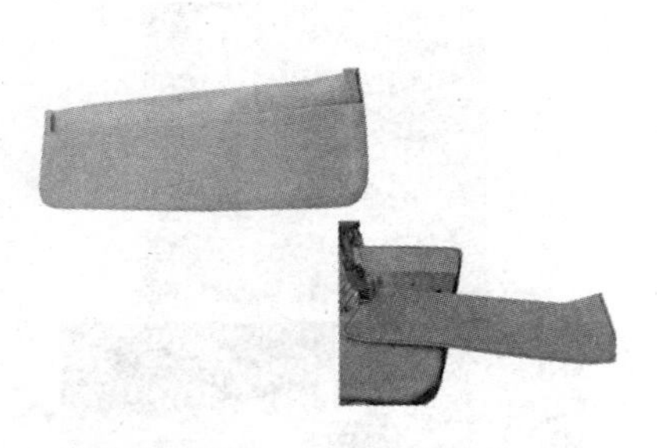 3. 工序名称：翻烫、夹缉袋盖 工序要点：将袋布翻到正面，熨平袋盖的止口，要求袋盖退进0.1 cm烫成里外匀。沿袋边缉0.1 cm明线。	 4. 工序名称：扣烫袋布 工序要点：按褶裥位置扣烫，车缝固定上下裥位，放长针距车缝两圆角。
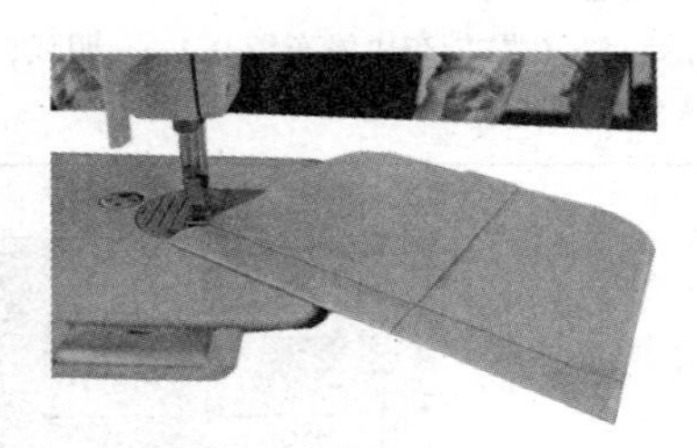 5. 工序名称：车缝袋口贴边 工序要点：车缝固定袋口贴边，向内缉线2.5 cm。	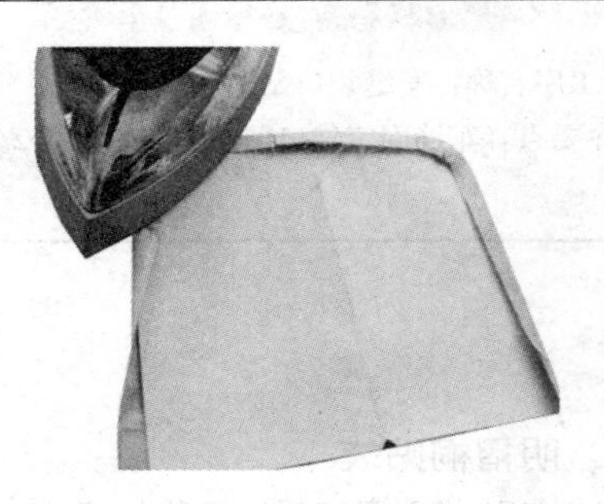 6. 工序名称：扣烫贴袋缝份 工序要点：圆角按净样板抽紧面线，扣烫角部的圆度。
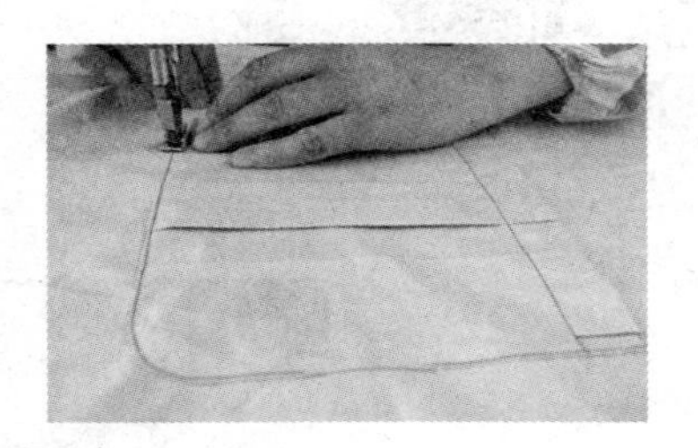 7. 工序名称：车缝固定袋布 工序要点：在衣片上画出袋盖和袋布的位置，将贴袋放在袋位上，距边0.5 cm沿三边车缝固定袋布。	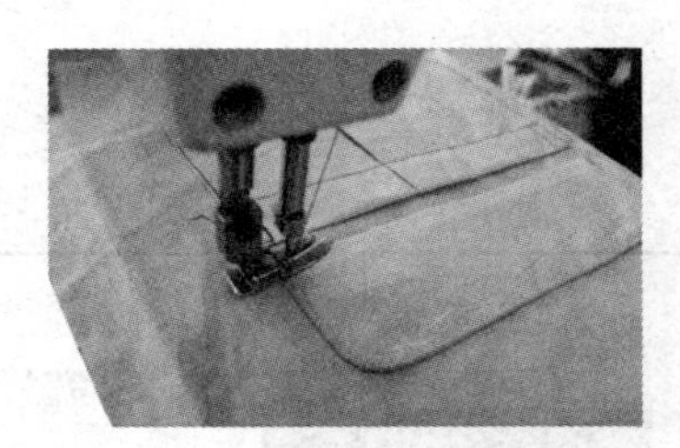 8. 工序名称：固定袋盖 工序要点：使里袋盖朝上，距边1 cm车缝固定袋盖，再修剪缝份留0.3 cm。然后将袋盖翻下，使表袋盖朝上，在表袋盖上距第一次车缝合线车0.5 cm固定袋盖。

三、明线贴袋

此贴袋周围车明线，常用于有里布的上衣、外套、大衣中。款式图如图 4—3 所示。缝制工序流程、工序设备和缝制要点如下表所示。

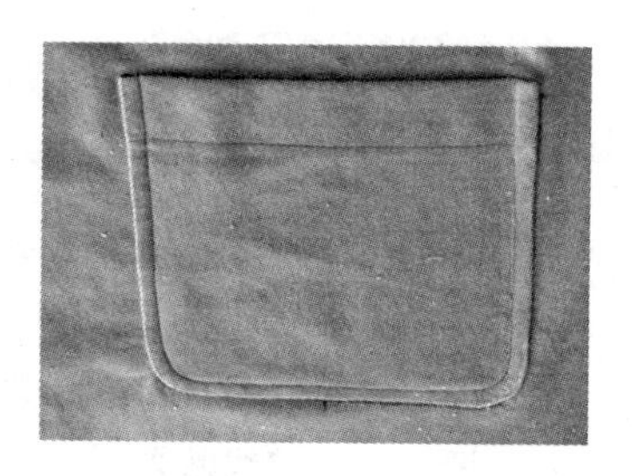

图 4—3　明线贴袋

 1. 工序名称：车缝袋口贴边 工序要点：车缝固定袋口贴边，向内缉线 2.5 cm。	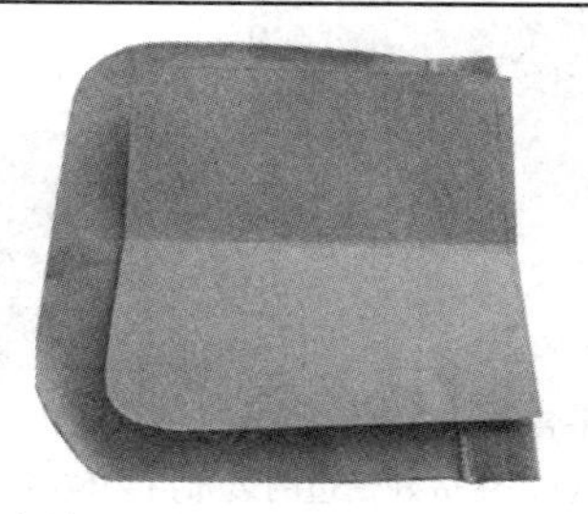 2. 工序名称：画出袋布净样 工序要点：按净样板画出袋布净样。
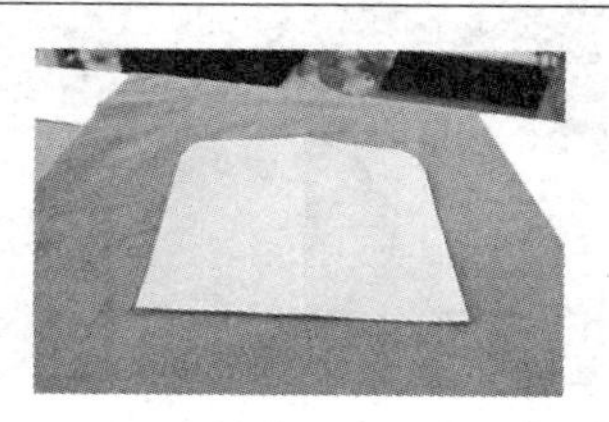 3. 工序名称：画出衣片袋位 工序要点：按净样板在衣片上画出袋位。	 4. 工序名称：装贴袋 工序要点：将袋布与衣片正正相叠，沿净样线车缝，可用镊子加以辅助。
 5. 工序名称：熨烫贴袋 工序要点：将缝合后的贴袋熨烫平服。	 6. 工序名称：缉明线 工序要点：沿贴袋边缉 0.5 cm 明线。

四、暗线贴袋

此贴袋周围无明线，常用于有里布的男女西服、外套、大衣中。款式图如图 4—4 所示。缝制工序流程、工序设备和缝制要点如下表所示。

图 4—4　暗线贴袋

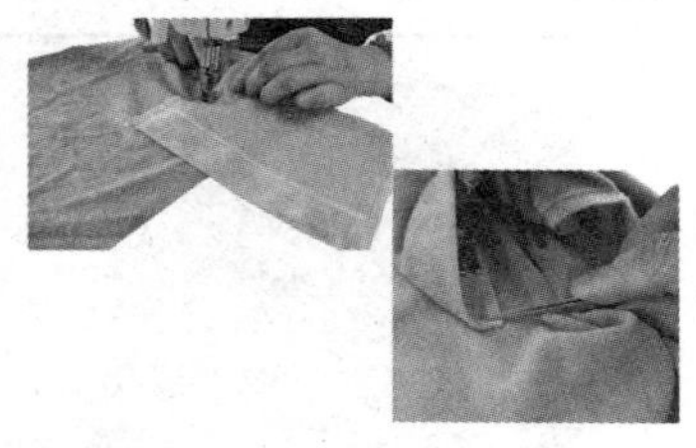 1．工序名称：装贴袋 工序要点：将烫好贴边的袋布沿袋位线合缉，缝制袋口时，可用镊子加以固定。	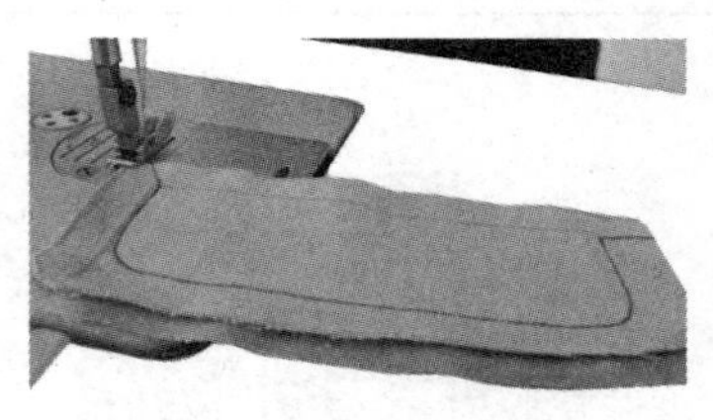 2．工序名称：缝制袋盖 工序要点：将袋盖表、里正面相对，里袋盖两侧拉出 0.2 cm，使表袋盖略松。袋盖缝份留 0.9 cm。
 3．工序名称：熨烫袋盖 工序要点：将袋盖翻到正面，里袋盖两侧退进 0.1 cm，两侧烫成里外匀。	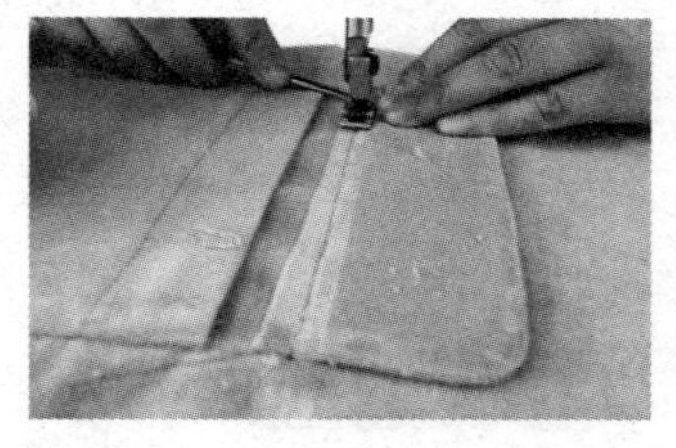 4．工序名称：袋盖与衣片缝合 工序要点：将缝制好的袋盖按袋盖位置与衣片车缝固定。
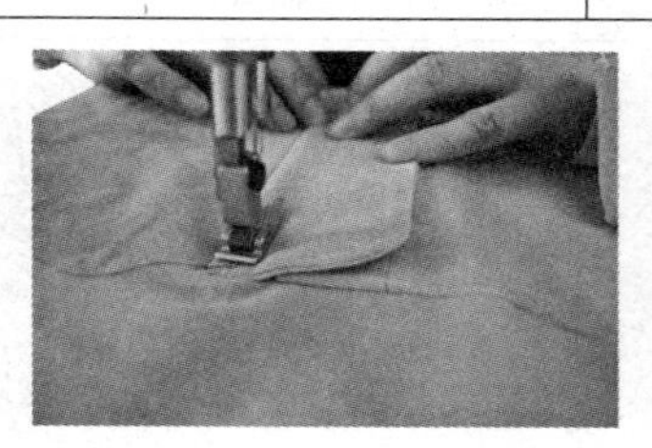 5．工序名称：车缝固定袋盖 工序要点：将袋盖翻折后，在袋盖上缉 0.5 cm 明线固定。	

五、立体贴袋

此贴袋采用一片式袋布和袋盖组合而成。四周均缉明线，袋底和两侧张开，形成立体效果。款式图如图 4—5 所示。缝制工序流程、工序设备和缝制要点如下表所示。

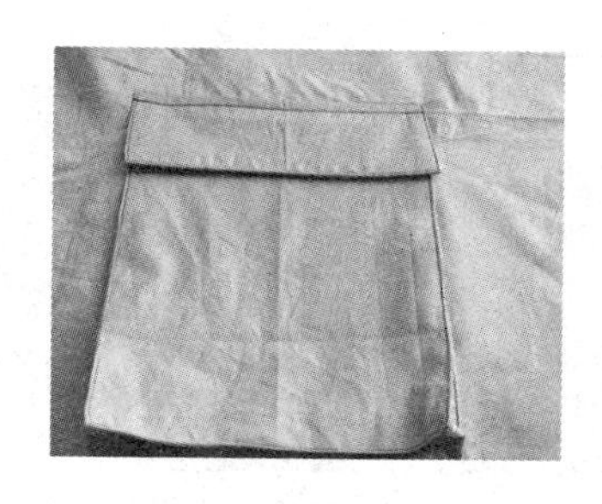

图 4—5　立体贴袋

<table>
<tr><td>
1. 工序名称：车缝袋口贴边
工序要点：车缝固定袋口贴边，向内缉线 2.5 cm。</td><td>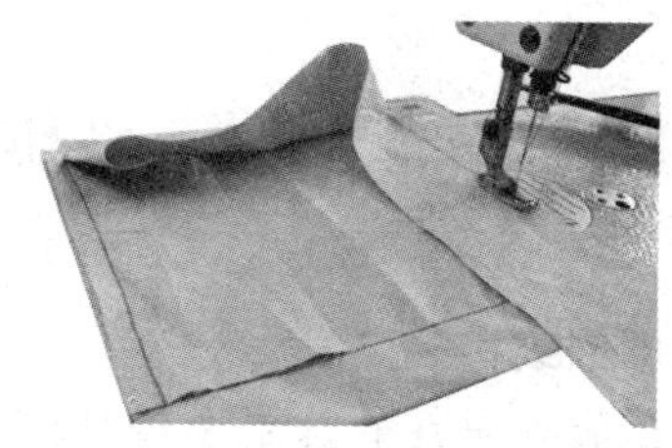
2. 工序名称：缝合袋布
工序要点：缝合袋面与侧边、底边。</td></tr>
<tr><td>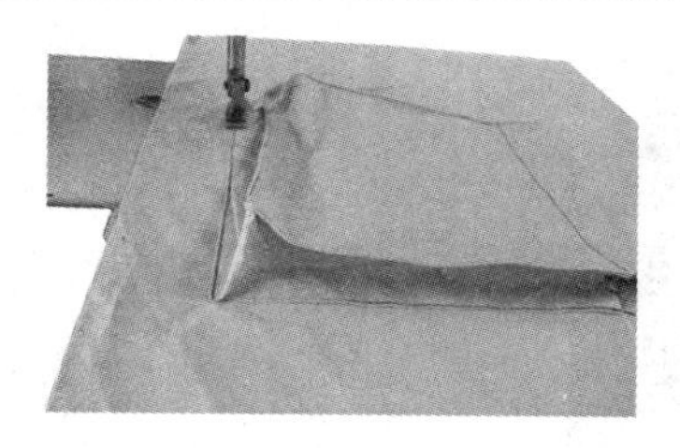
3. 工序名称：缉袋布明线
工序要点：缉袋布两侧以及底部明线。通过缉线，使之形成袋面与袋侧面的立体效果。</td><td>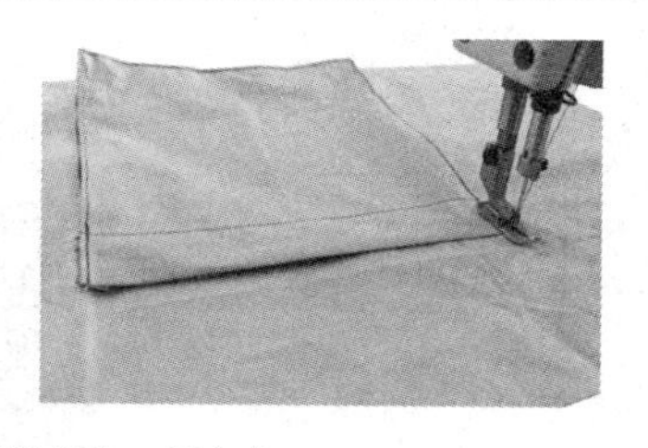
4. 工序名称：固定袋口
工序要点：固定袋布两边与衣片，并预留一缝份不缉到头。</td></tr>
<tr><td>
5. 工序名称：缝制袋盖
工序要点：将表、里袋盖正面相对，并对其四周缝合，后将缝份修剪为 0.5 cm。</td><td>
6. 工序名称：缉袋盖明线
工序要点：沿袋盖边缉 0.1 cm 明线。</td></tr>
</table>

 7. 工序名称：缝合袋盖与衣片 工序要点：将缝制好的袋盖按袋盖位置与衣片车缝固定。	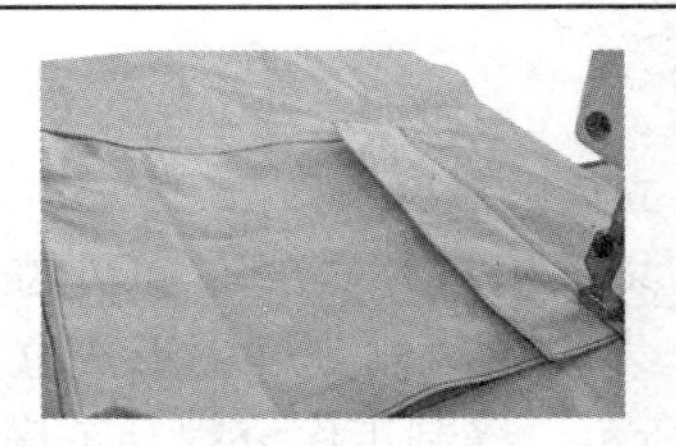 8. 工序名称：车缝固定袋盖 工序要点：将袋盖翻折后，在袋盖上缉 0.5 cm 明线固定。

模块二　挖袋缝制

一、单嵌线挖袋

所谓挖袋就是在衣片上通过开剪口，在衣片反面连接袋布完成袋的制作，分为袋口布四周无明线和袋口布四周车明线。款式图如图 4—6 所示。缝制工序流程、工序设备和缝制要点如下表所示。

图 4—6　单嵌线挖袋

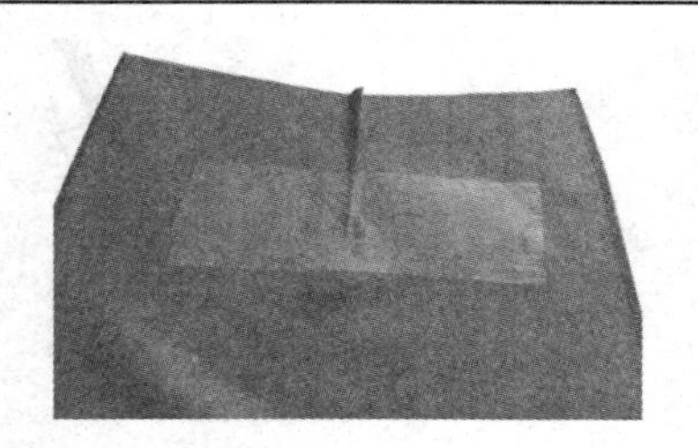 1. 工序名称：烫粘合衬 工序要点：在裙片反面袋位处烫上粘合衬，宽为袋盖 +2 cm，高为嵌线宽 +2 cm。	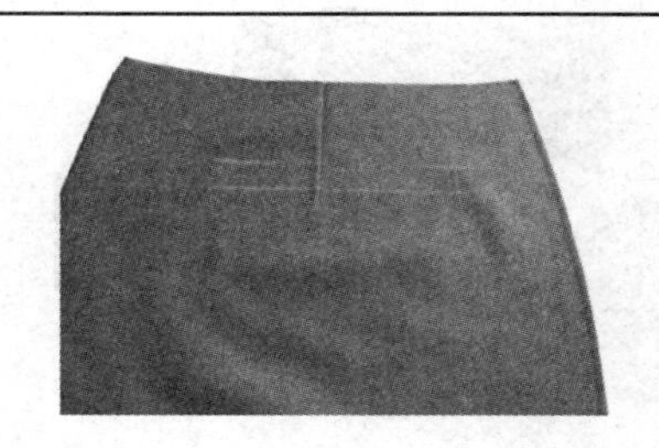 2. 工序名称：画出袋位 工序要点：在裙片正面画出袋位。

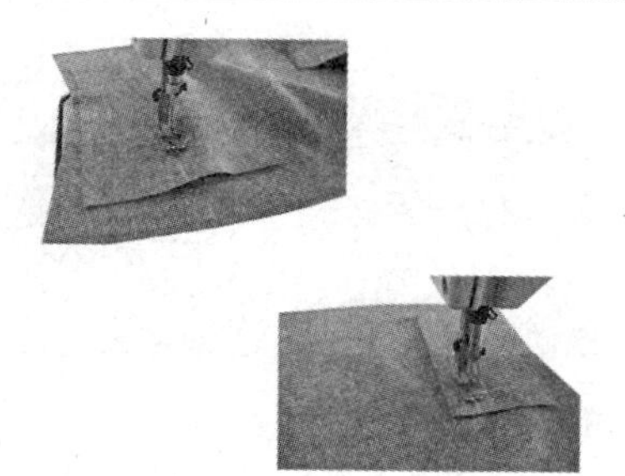 3. 工序名称：装挖袋 工序要点：袋布与嵌线布的正面与衣片的正面相叠，按所画标记车缝。	 4. 工序名称：剪开袋口 工序要点：在上下车缝线迹中心处横向剪开，至距两侧车缝线迹0.5 cm处，分别向两边拐角方向剪开，至线迹0.1～0.2 cm处。
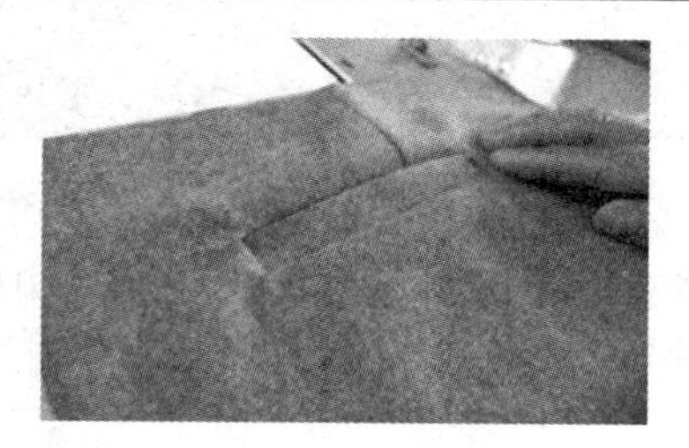 5. 工序名称：翻折袋布 工序要点：在裙片正面，将袋布掀起连同嵌线布一起插入袋口的剪口处。	 6. 工序名称：车缝三角剪口 工序要点：将裙片正面左右分别掀起，熨斗熨烫整理三角剪口，再车来回针固定。
 7. 工序名称：熨烫 工序要点：将缝制好的口袋熨烫平服。	

二、双嵌线挖袋

双嵌线挖袋指袋口装有两根嵌线的口袋。款式图如图4—7所示。缝制工序流程、工序设备和缝制要点如下表所示。

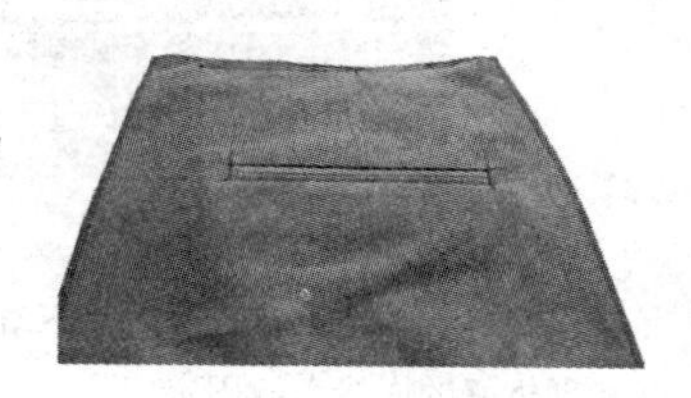

图4—7　双嵌线挖袋

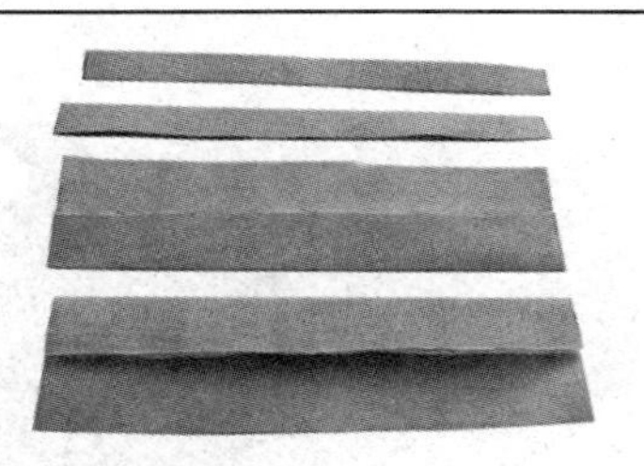

1. 工序名称：烫粘合衬

工序要点：在各个零部件上烫上粘合衬。

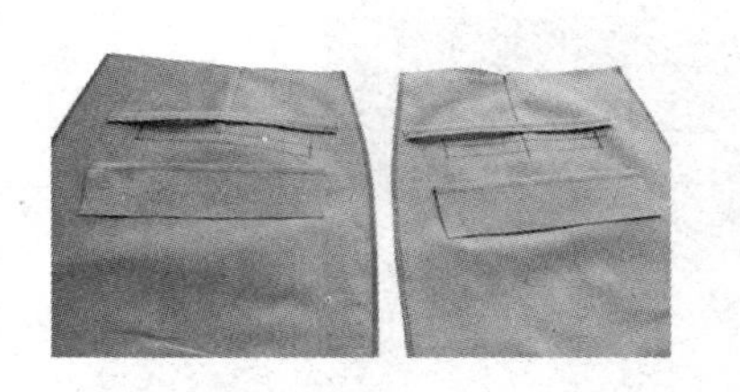

2. 工序名称：画袋位

工序要点：在裙片上画出挖袋位置，并做好记号。

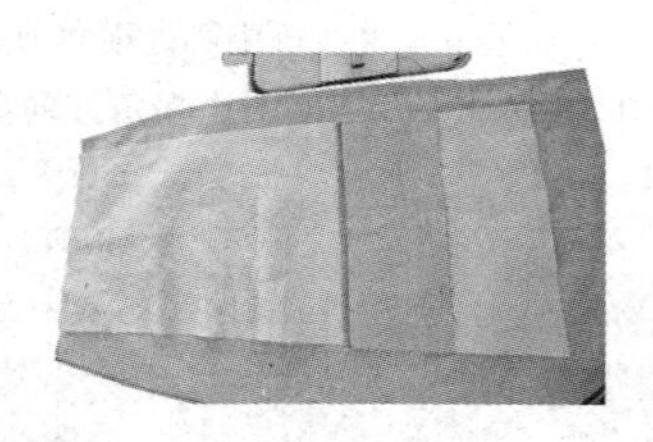

3. 工序名称：缝制袋布

工序要点：将袋口贴边按标记与袋布缝合，口袋上口与裙片上口平齐，如图所示，按照口袋位置放在裙片上。

4. 工序名称：缝制嵌线布

工序要点：将嵌线布正面对着裙片对面，对好标记，沿标记车缝。

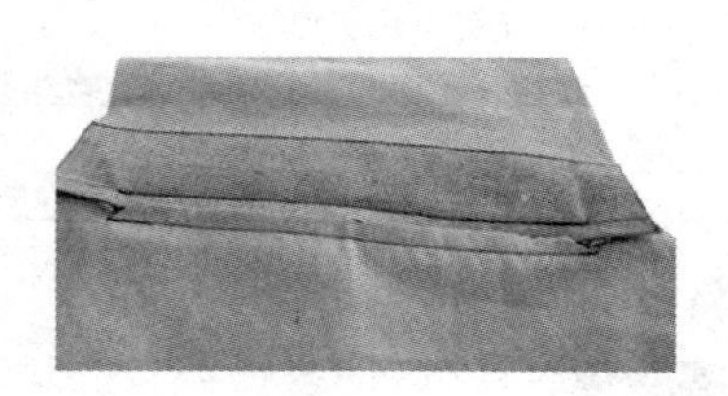

5. 工序名称：翻折嵌线布

工序要点：将袋布掀起插入袋口的剪口处，连同嵌线布一起翻折到衣片反面。

6. 工序名称：缝合三角剪口

工序要点：将裙片左右分别掀起，熨斗熨烫整理三角剪口，使嵌线两侧平衡，再车来回针固定。

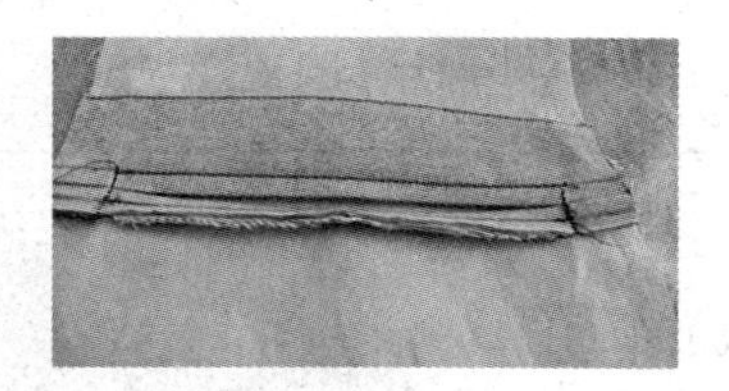

7. 工序名称：车缝嵌线

工序要点：在衣片正面掀起下端，将露出衣片袋口做缝和翻折好的嵌线车缝固定。

8. 工序名称：车缝袋布

工序要点：对齐车缝嵌线和袋布，缝合上下袋布。

三、有袋盖挖袋

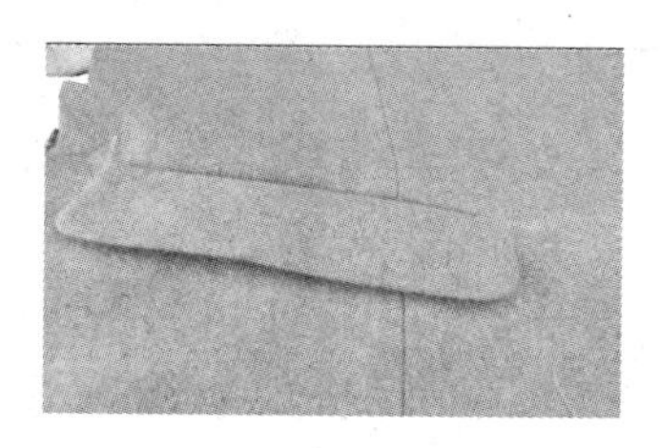

图 4—8　有袋盖挖袋

有袋盖挖袋指装有袋盖的挖袋。款式图如图 4—8 所示。缝制工序流程、工序设备和缝制要点如下表所示。

<table>
<tr>
<td>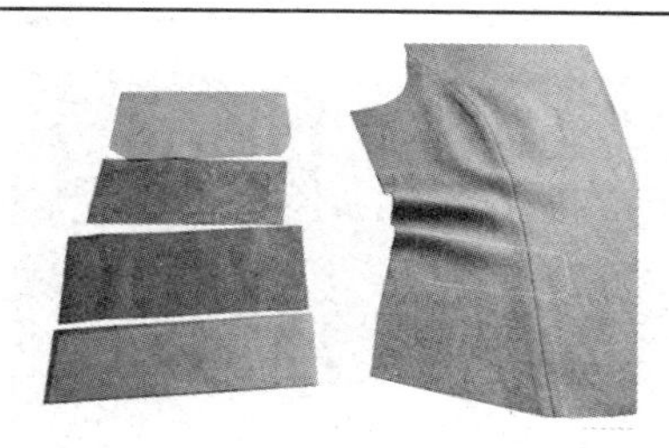
1. 工序名称：烫粘合衬
工序要点：在衣片定出袋口位置，做好标记，并在各个零部件上烫上粘合衬。</td>
<td>
2. 工序名称：做袋盖
工序要点：将袋盖表、里正正相叠，然后车缝，同时将缝份修剪为 0.3 cm。缝份向袋盖里侧倒烫，倒烫线迹过车缝线迹 0.1 cm。准备翻烫。</td>
</tr>
<tr>
<td>
3. 工序名称：翻折、熨烫袋盖
工序要点：将袋盖翻至正面，在袋盖里烫出 0.1 cm 的吐出量。</td>
<td>
4. 工序名称：缝制袋布
工序要点：将袋口布与袋布缝合，车 0.1 cm 明线。</td>
</tr>
<tr>
<td>
5. 工序名称：烫粘合衬
工序要点：在衣片正面把做好的袋盖里按口袋线标记车缝，并在此车缝线下 1 cm 处和袋口布反面上端 0.5 cm 处车缝，车缝线迹左右均截止在袋口标记处 0.4 ~ 0.5 cm 处。</td>
<td>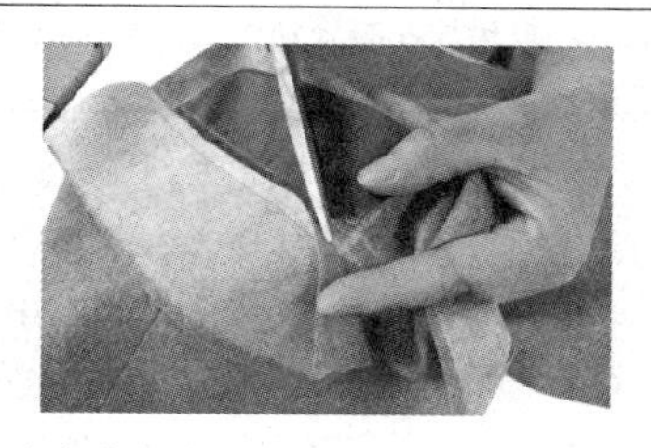
6. 工序名称：剪出袋口
工序要点：在两道缝合线中间横向剪开，两侧剪至距袋口宽 0.4 ~ 0.5 cm 位置，分别向下纵向和向上斜开剪口。</td>
</tr>
</table>

 7. 工序名称：烫缝合线 工序要点：劈缝烫袋口下端的缝合线。	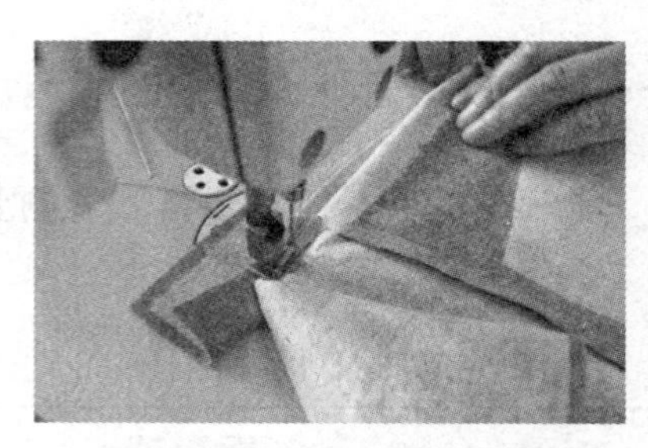 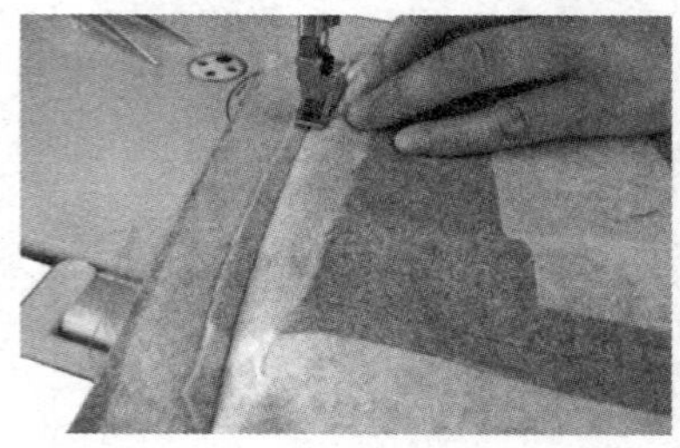 8. 工序名称：车缝嵌线 工序要点：衣片正面上端下翻，将露出的袋盖缝份和口袋布一起车缝。
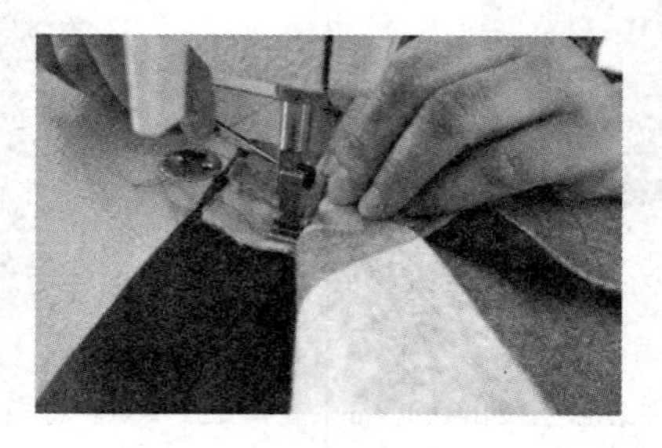 9. 工序名称：缝合三角剪口 工序要点：将裙片左右分别掀起，熨斗熨烫整理三角剪口，使嵌线两侧平衡，再车来回针固定。	

模块三　插 袋 缝 制

一、外套斜插袋

插袋是一种处在前后衣片、裤片、裙片缝合线之间或裁片边缘的口袋。此款插袋为直线型斜插袋，款式图如图 4—9 所示。缝制工序流程、工序设备和缝制要点如下表所示。

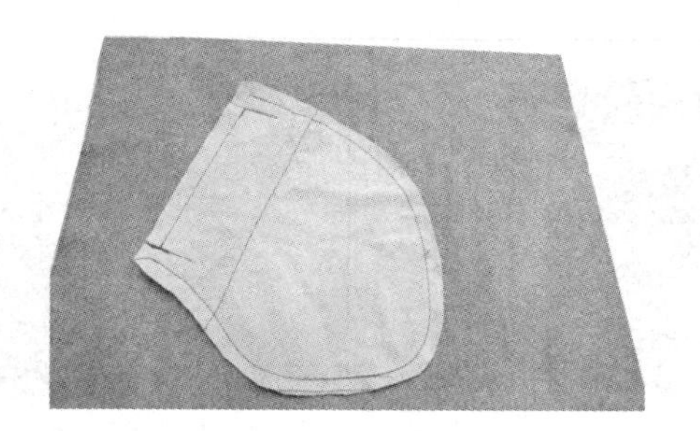

图 4—9　外套斜插袋

<table>
<tr><td>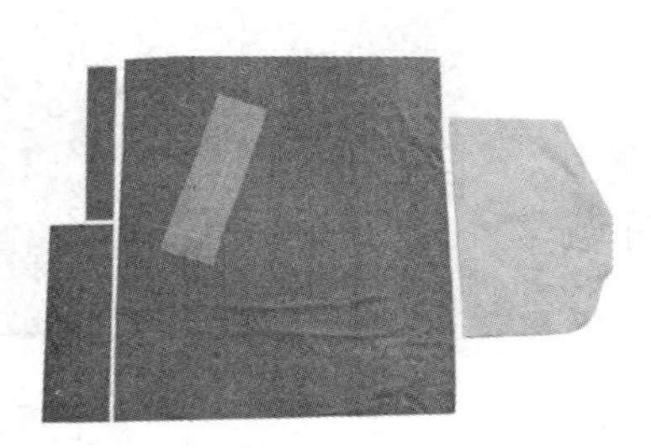
1. 工序名称：烫粘合衬
工序要点：袋口与各个零部件烫上粘合衬，并画出袋位。</td><td>
2. 工序名称：缝合贴边
工序要点：将衣片袋口贴边与袋布缝合。</td></tr>
<tr><td>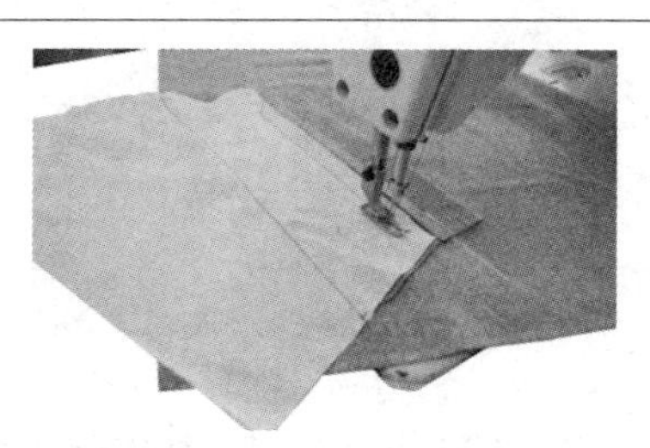
3. 工序名称：缝制嵌线布及袋口
工序要点：在裤片上做出袋口大小和位置的标识线，沿标识线车缝上嵌线及袋口，注意缝线两端需回针固定。</td><td>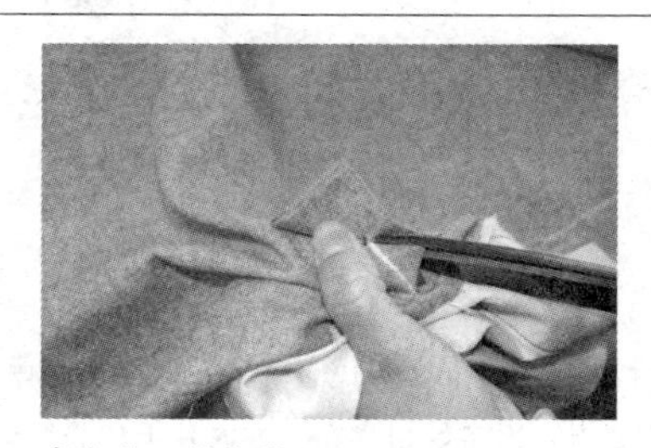
4. 工序名称：剪出袋口
工序要点：将嵌线布中线剪到底，中线剪开至另一侧距边 0.5 cm 为止。</td></tr>
<tr><td>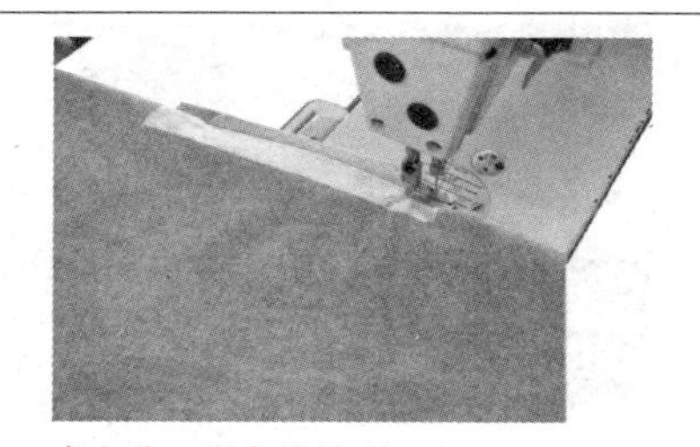
5. 工序名称：固定缝份
工序要点：先将缝合的嵌条与裤片缝份分烫，再将分烫后衣片的缝份与嵌线布沿边车缝固定。</td><td>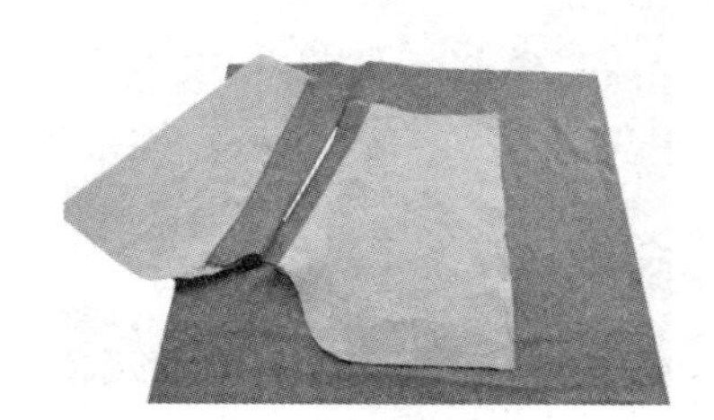
6. 工序名称：翻折插袋
工序要点：从剪口处将嵌线布翻到反面。</td></tr>
</table>

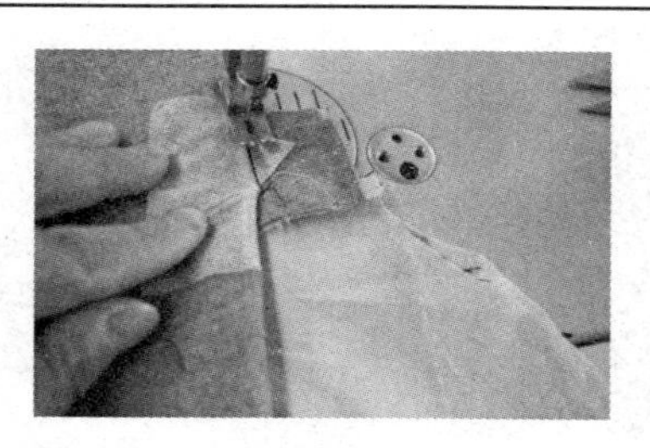 7．工序名称：缝合三角剪口 工序要点：三角处车来回针固定。	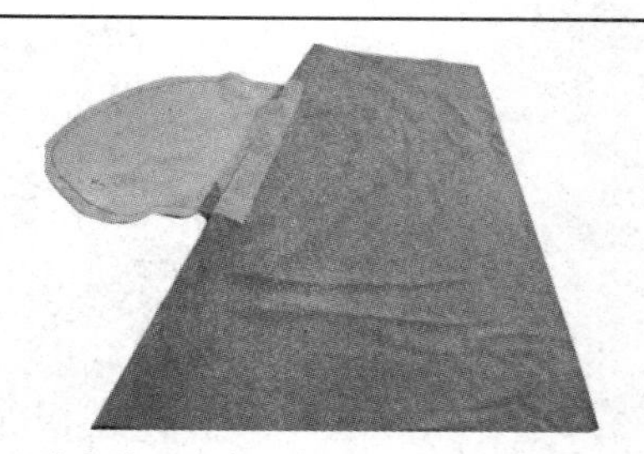 8．工序名称：缝合袋布 工序要点：按划线缝合两片袋布。

二、拼缝直插袋

拼缝直插袋是利用衣片的拼接线作为袋口，使袋布坐在衣片里面的袋。款式图如图 4—10 所示。缝制工序流程、工序设备和缝制要点如下表所示。

图 4—10　拼缝直插袋

 1．工序名称：准备裁片，烫粘合衬合并衣片 工序要点：准备好口袋布，在衣片上口袋缝合处留出 2 cm 缝份，在衣片反面袋口处烫粘合衬，并拼合衣片，留出口袋位。	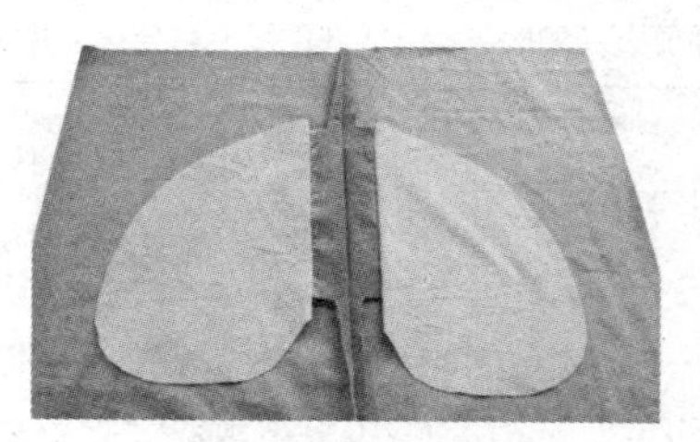 2．工序名称：缝合袋布与衣片 工序要点：将袋布与衣片缝合，缝合线迹距线钉标记 0.5 cm，上下两端分别留 1 cm 不缝合。
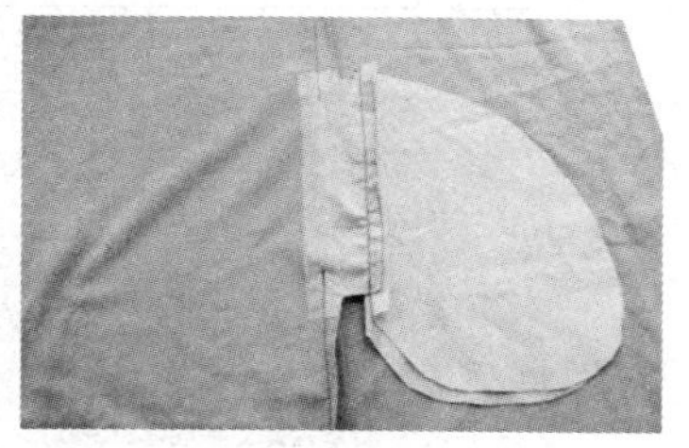 3．工序名称：车缝口袋布 工序要点：将袋布相叠车缝口袋。	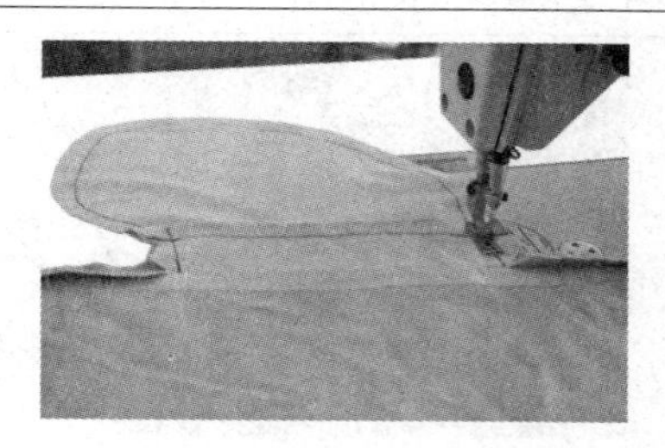 4．工序名称：车来回针 工序要点：缝合时注意在缝纫点上车来回针，使开口牢固。

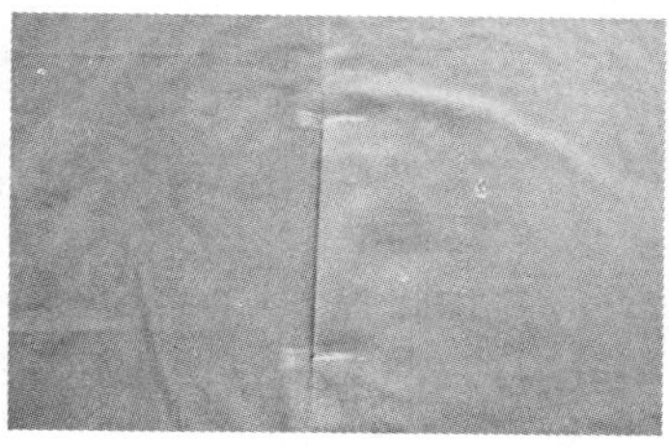

5. 工序名称：固定开口

工序要点：在上下开口处横向车缝固定，车缝时要在衣片正面进行。

三、西裤斜插袋

直线形斜插袋常应用于裤子中，款式图如图 4—11 所示。缝制工序流程、工序设备和缝制要点如下表所示。

图 4—11　西裤斜插袋

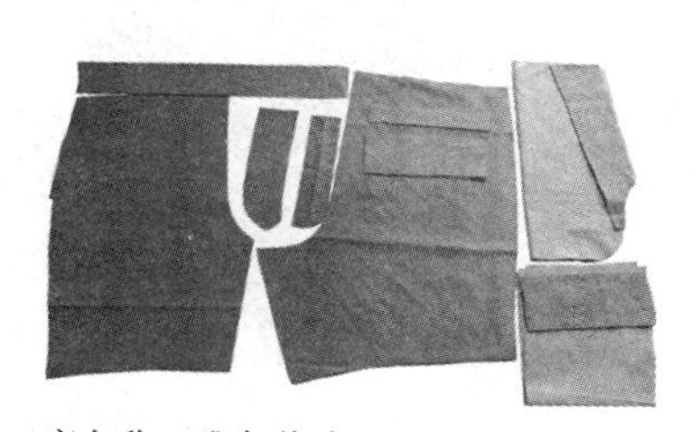

1. 工序名称：准备裁片

工序要点：裁剪裤片及插袋零部件。准备缝制。

2. 工序名称：烫粘合衬

工序要点：将贴边和裤前片烫粘合衬。

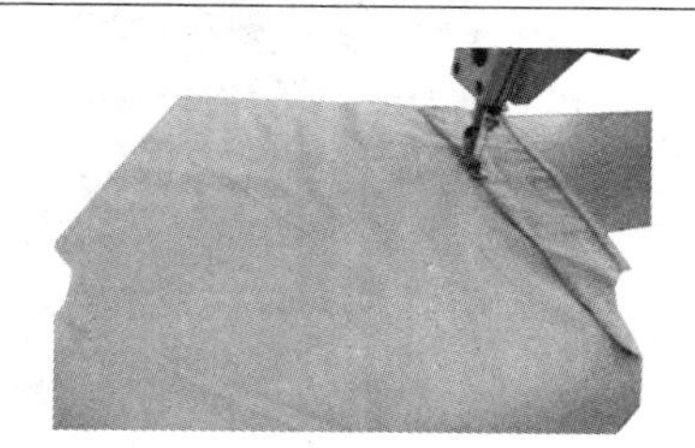

3. 工序名称：缝制贴边

工序要点：将裤片袋口贴边与袋布对齐后缝合。

4. 工序名称：缝合袋布

工序要点：将两片袋布对准后缝合。

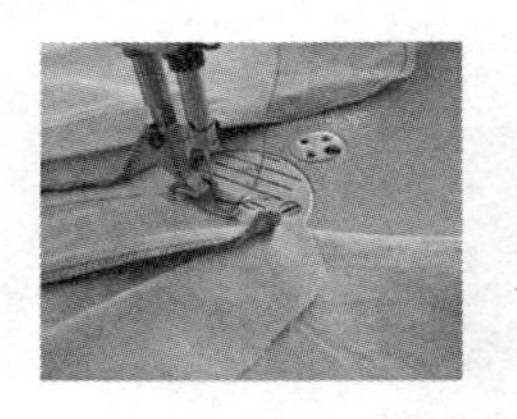  5. 工序名称：缉袋布明线 工序要点：沿袋布外口缉 0.3 cm 明线。	 6. 工序名称：折烫袋口 工序要点：按袋口线折烫袋口。
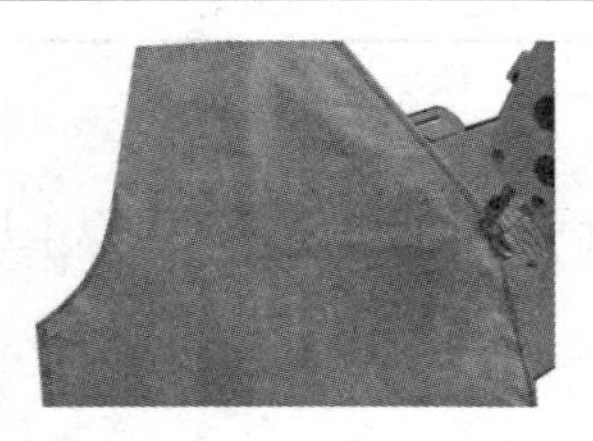 7. 工序名称：缉止口线 工序要点：在前裤片正面袋口处缉止口线，止口宽度可根据设计选择。	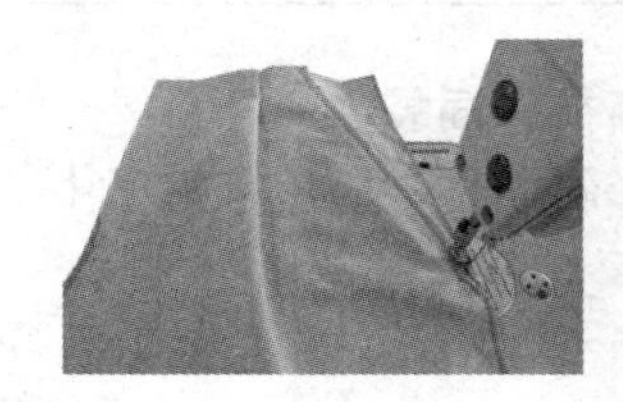 8. 工序名称：固定袋口 工序要点：裤前片正面平整放在袋布的正面上，对齐各部位标记，再车缝固定裤腰处及侧缝处。

四、牛仔裤插袋

牛仔裤插袋也就是弧线形斜插袋。弧线形斜插袋在袋口处加袋口贴边，贴边上缝有零钱口袋。款式图如图 4—12 所示。缝制工序流程、工序设备和缝制要点如下表所示。

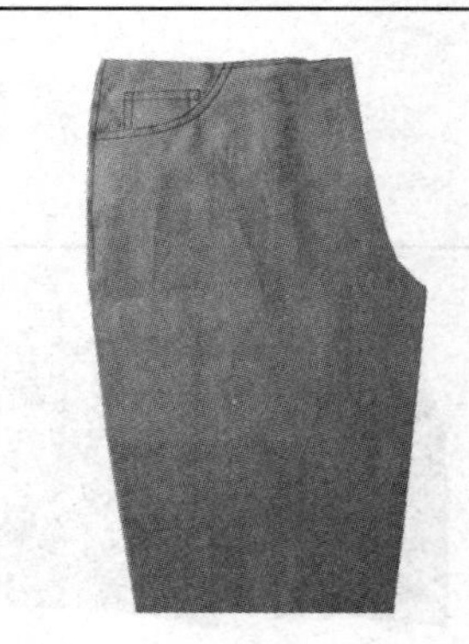

图 4—12　牛仔裤插袋

 1. 工序名称：袋布锁边 工序要点：将袋布转弯处锁边。	 2. 工序名称：缝制零钱袋 工序要点：零钱袋口折光缉 0.5 cm 明线。

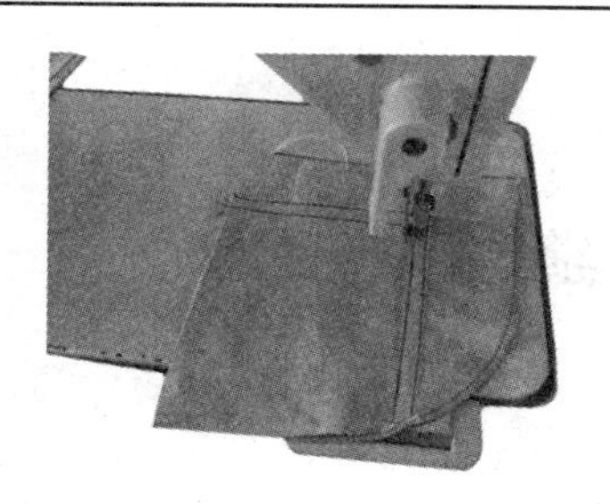 3. 工序名称：装零钱袋 工序要点：将零钱袋按所画标记车缝双缉线。	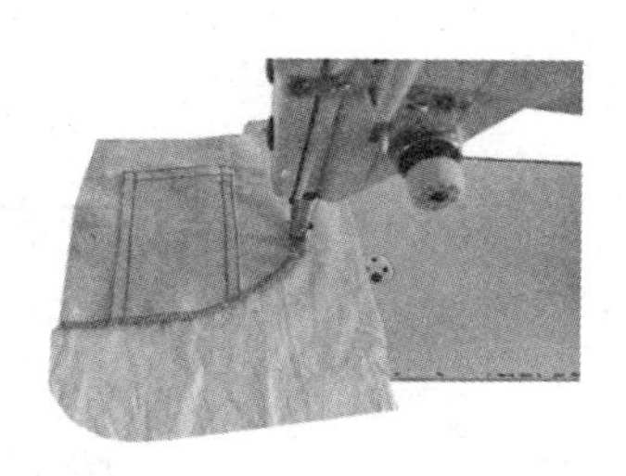 4. 工序名称：拼合袋布 工序要点：将装有零钱袋的零部件与袋布按标记拼合。
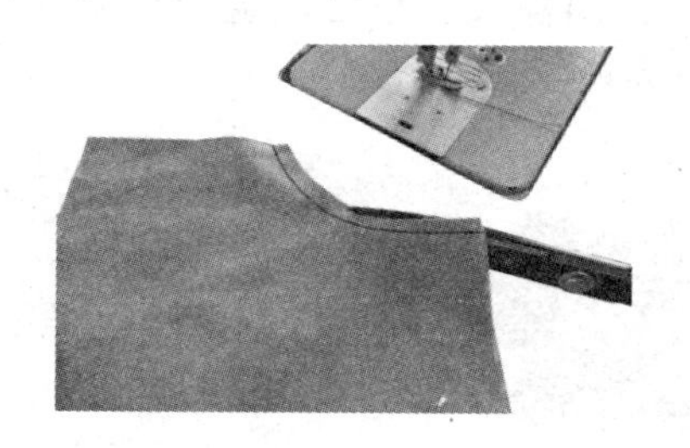 5. 工序名称：缝制袋口 工序要点：将贴边与袋布正面相对缝合后，修剪缝份为0.5 cm。	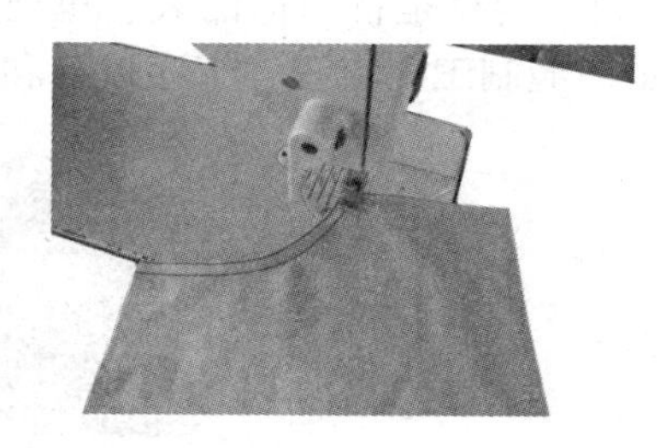 6. 工序名称：缉双止口线 工序要点：把袋口按弧形熨烫，烫成里外匀，然后在裤片的袋口处缉双止口明线。
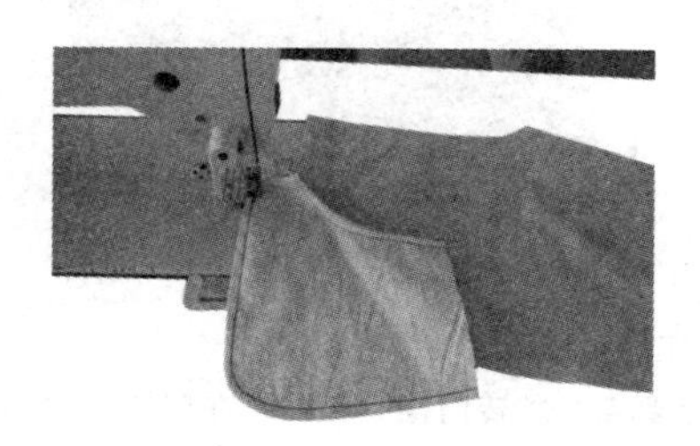 7. 工序名称：缝合袋布 工序要点：将两块袋布对齐标志后缝合，缝份为0.5 cm。	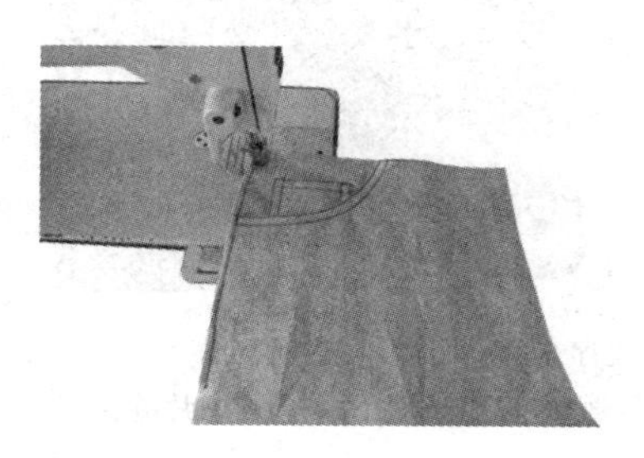 8. 工序名称：固定口袋 工序要点：将侧缝与袋布对齐后缝合。

第五单元　开 口 缝 制

模块一　门 襟 缝 制

一、外夹衬衫门襟

外夹衬衫门襟是将门襟的表、里连裁，把衣片夹在门襟表、里之间缝合。款式图如图5—1 所示。缝制工序流程、工序设备和缝制要点如下表所示。

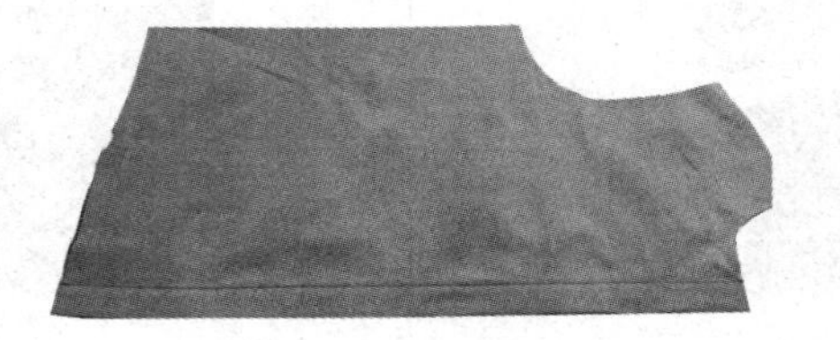

图 5—1　外夹衬衫门襟

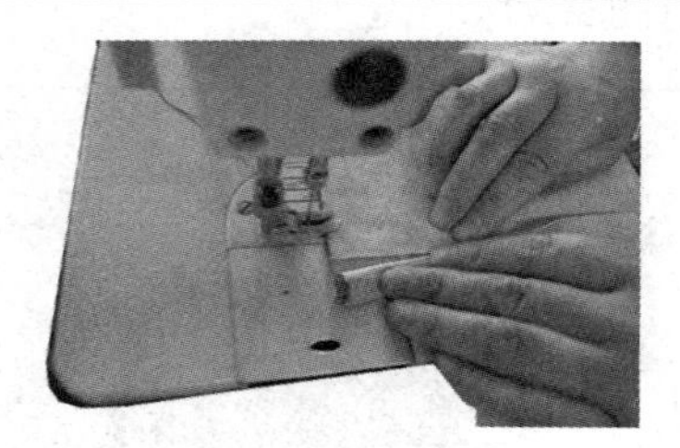 1. 工序名称：门襟与衣片缝合 工序要点：将翻门襟的一侧与衣片缝合。	 2. 工序名称：门襟缉线固定 工序要点：翻转门襟到正面，在门襟的两侧车缝固定，要求门襟与衣片的装夹处、表里门襟均要车缝住。

二、外贴边衬衫门襟

外贴边衬衫门襟是将衣片与门襟分开裁剪，门襟外贴在衣片上缝制。款式图如图5—2 所示。缝制工序流程、工序设备和缝制要点如下表所示。

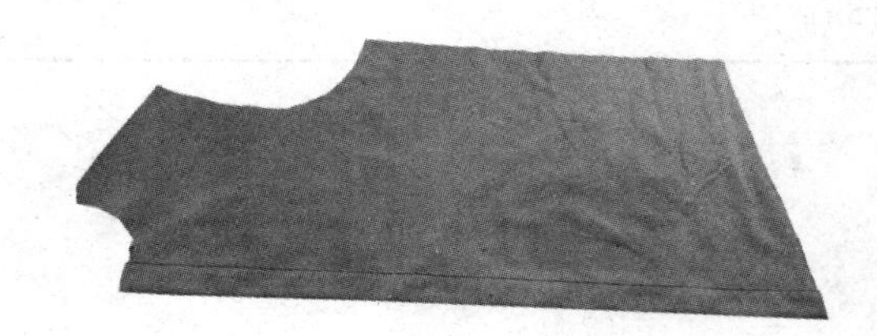

图 5—2　外贴边衬衫门襟

 1. 工序名称：扣烫翻门襟布 工序要点：将翻门襟布按净样板向内扣烫。	 2. 工序名称：缝制门襟 工序要点：将翻门襟布正面与衣片的反面相对，对齐门襟止口线车缝。
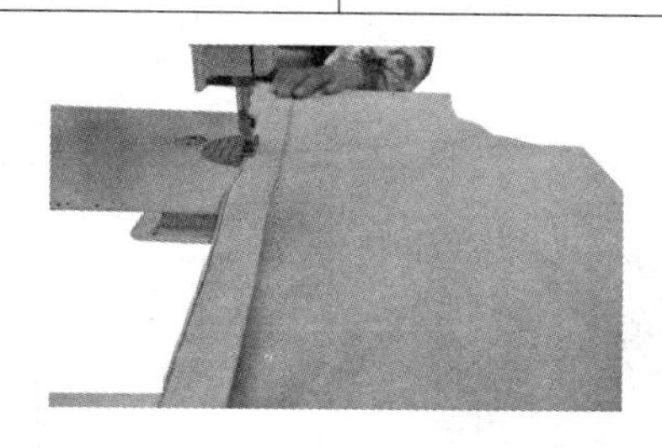 3. 工序名称：缉门襟明线 工序要点：将门襟翻到正面熨烫，在门襟边缘车缝明线，缉线宽度为 0.1 ~0.3 cm。	

三、T 恤款门襟

T 恤款门襟是把门襟缝合处的缝份分开熨平，所以缝制后的门、里襟显得较为平整。款式图如图 5—3 所示。缝制工序流程、工序设备和缝制要点如下表所示。

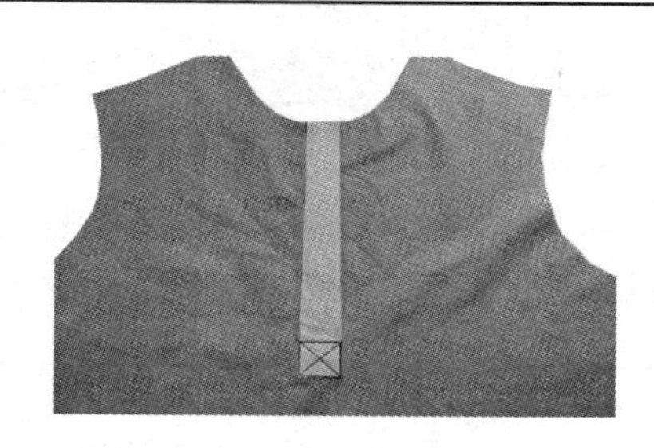

图 5—3　T 恤款门襟

 1. 工序名称：准备裁片 工序要点：准备衣片及各个零部件，并做好门襟标记。	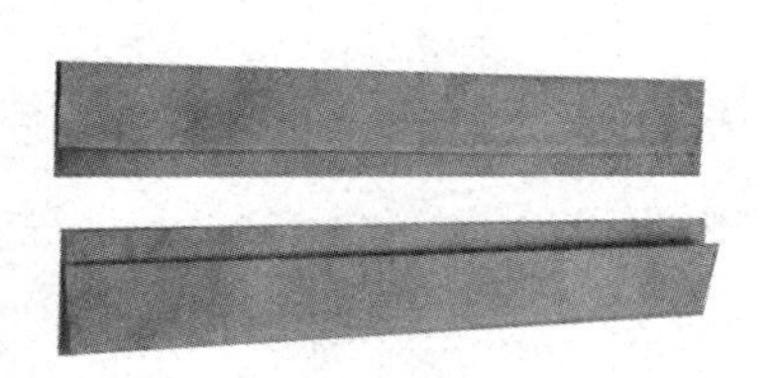 2. 工序名称：扣烫门、里襟 工序要点：分别将门、里襟正面相对折后熨烫，留 1 cm 的缝份。

3. 工序名称：缝制贴边

工序要点：将领口贴边与衣片正正相对，领口按净样缉线缝合。

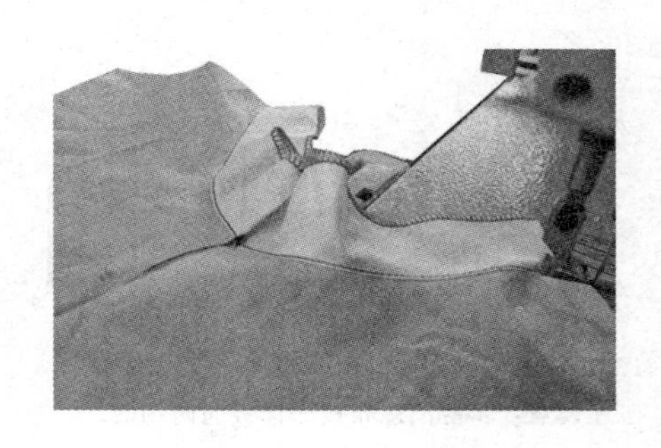

4. 工序名称：固定贴边

工序要点：将领口贴边翻起，缉 0.1 cm 明线，加以固定。

5. 工序名称：缝制门、里襟 1

工序要点：在门、里襟上端净样线外侧 0.2 cm 处缝合，这样翻转至表面时就相当平整。

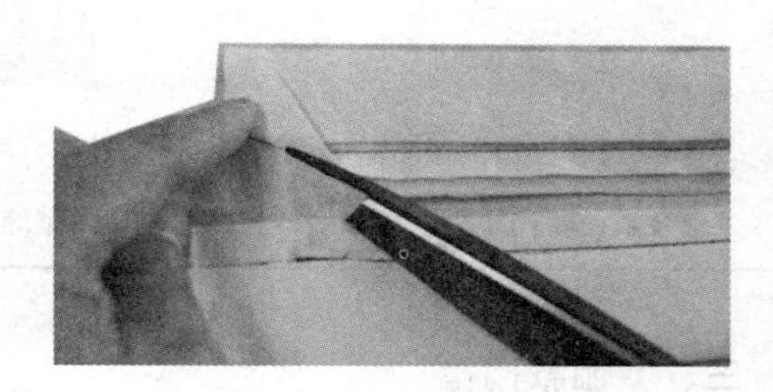

6. 工序名称：剪 Y 形刀口

工序要点：掀开门、里襟的缝份，在衣片的门襟开口位置剪 Y 形刀口。

7. 工序名称：缝制门、里襟 2

工序要点：把 Y 形剪口的三角布折入里侧，最后来回车缝固定门襟下端。

模块二　袖口开衩缝制

一、滚边式袖口开衩

滚边式袖口开衩是用扣烫好的袖衩条用滚边的方法夹住开衩车缝，不适合易毛或较厚的面料，常用于女式衬衫和童装中。款式图如图 5—4 所示。缝制工序流程、工序设备和缝制要点如下表所示。

图 5—4　滚边式袖口开衩

<table>
<tr>
<td>
1. 工序名称：剪开开衩部分
工序要点：在袖口开衩部分按标记剪开。</td>
<td>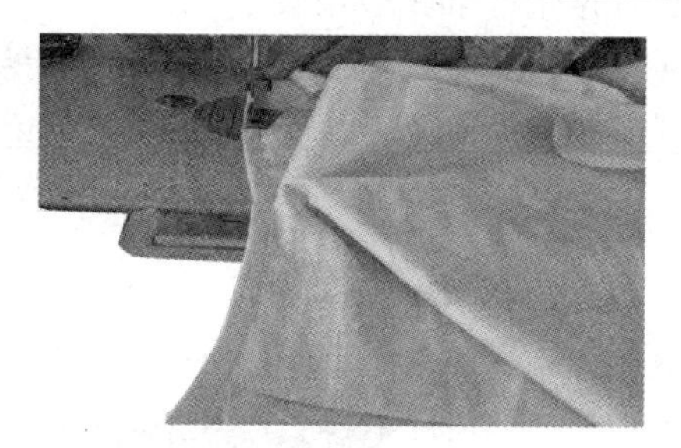
2. 工序名称：装袖衩条
工序要点：将袖片翻到正面，折转袖衩条盖住第一次缝线后车缝 0. 1 cm 固定。</td>
</tr>
<tr>
<td colspan="2">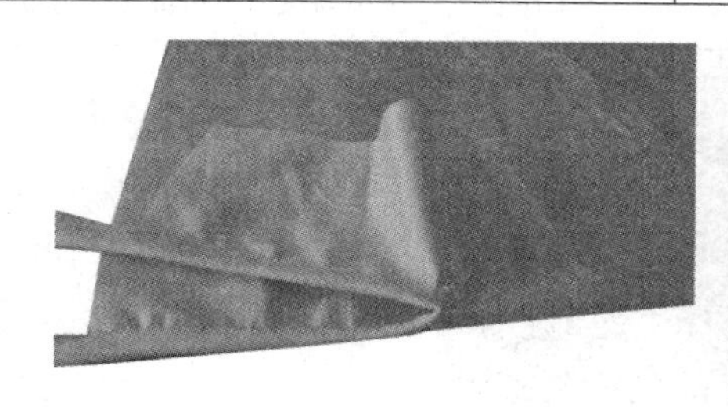 
3.. 工序名称：固定袖衩条顶端
工序要点：把袖衩条对折后顶端斜向车缝固定。</td>
</tr>
</table>

二、宝剑头袖口开衩

宝剑头袖口开衩常用于男、女衬衫中，其缝制方法有多种。款式图如图 5—5 所示。缝制工序流程、工序设备和缝制要点如下表所示。

图 5—5　宝剑头袖口开衩

 1. 工序名称：扣烫大小袖衩 工序要点：按净样板扣烫大小袖衩，两侧缝份为 0.9 cm。	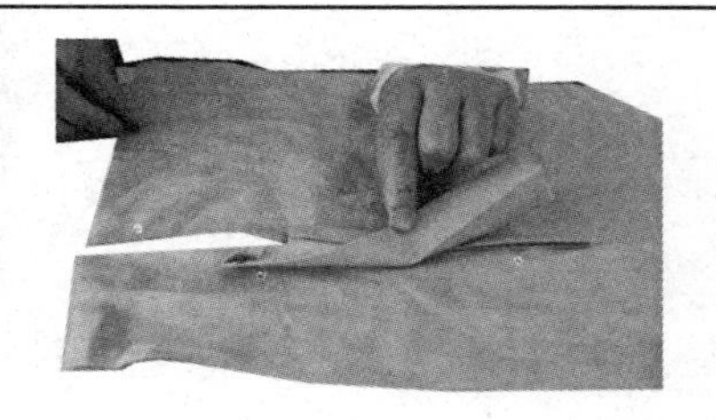 2. 工序名称：装袖衩 工序要点：先将袖片的袖衩位置按开口长度剪开，将大小袖衩正面对准袖片反面，小袖片在下、大袖片在上进行缝制。
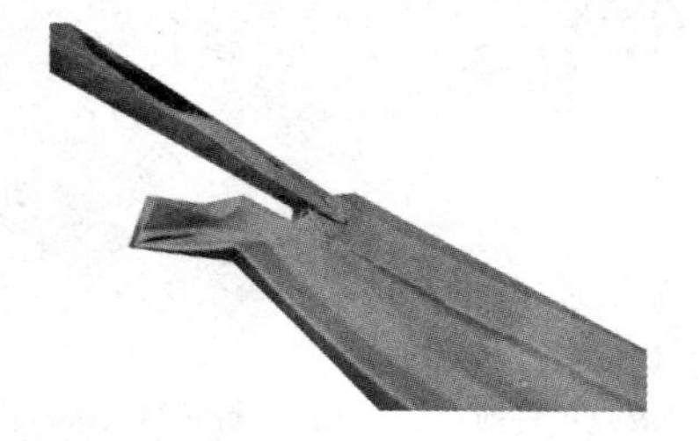 3. 工序名称：剪三角 工序要点：在距缝合处 1 cm 处斜向剪开，呈三角状。	 4. 工序名称：车缝固定小袖衩 工序要点：在小袖衩上沿折烫边车缝 0.1 cm 固定。
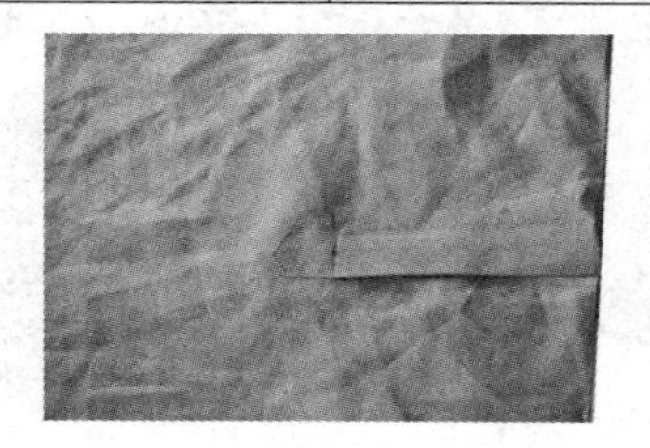 5. 工序名称：车缝固定袖衩 工序要点：把大袖衩翻到袖片正面，夹进袖片开口缝份 1 cm，在大袖衩上沿折烫边车缝 0.1 cm 至宝剑头处。	

三、西服袖真袖衩袖口开衩

西服袖真袖衩袖口开衩也称两片袖开衩。款式图如图 5—6 所示。缝制工序流程、工序设备和缝制要点如下表所示。

图 5—6　西服袖真袖衩袖口开衩

<table>
<tr>
<td>
1. 工序名称：大小袖衩烫粘合衬
工序要点：在大小袖衩反面烫上粘合衬。</td>
<td>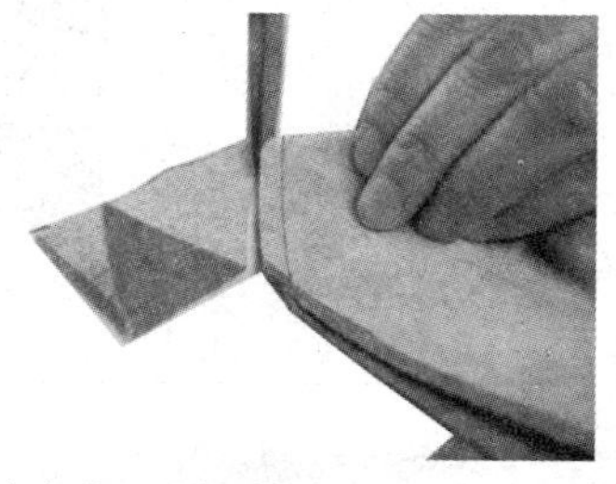
2. 工序名称：缝制袖衩 1
工序要点：以袖口线钉高度的点为基准对折，缝合，留 0.5 cm 缝份，余量剪掉。</td>
</tr>
<tr>
<td>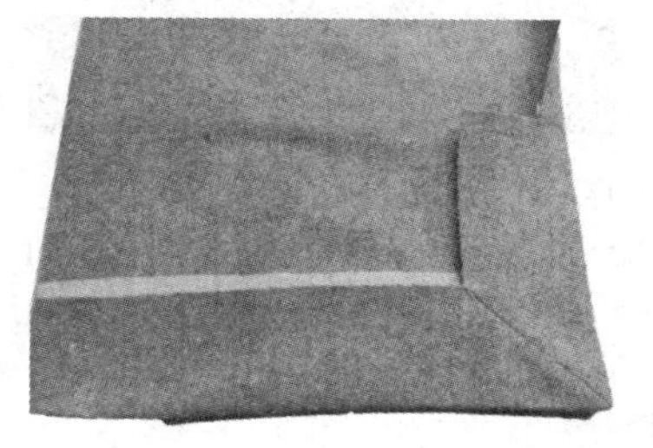
3. 工序名称：缝制袖衩 2
工序要点：将缝制的衩口缝份分开熨平，翻至正面，上翻袖口缝份，在小袖开衩的袖口缝份下 0.7 cm 处车缝。</td>
<td>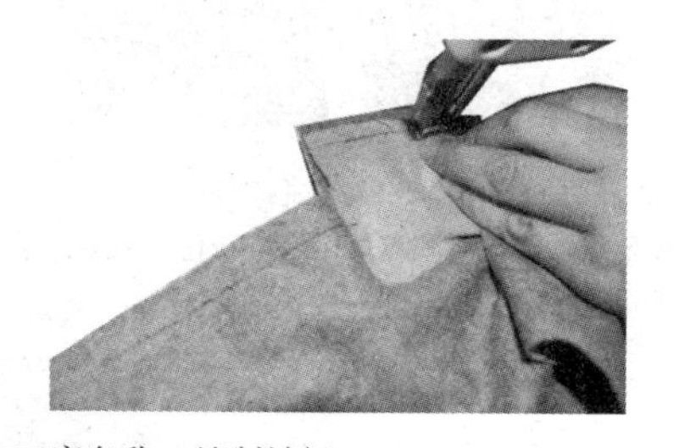
4. 工序名称：缝制袖衩 3
工序要点：将小袖开衩和大袖开衩位置缝合，车缝线止点在袖口缝份边缘下 0.7 cm 处。</td>
</tr>
<tr>
<td colspan="2">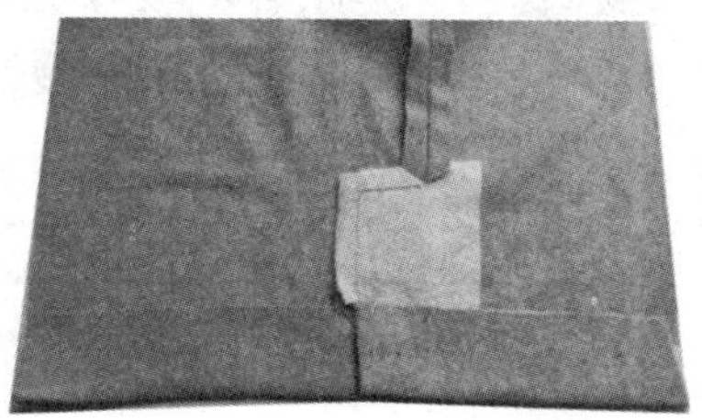
5. 工序名称：熨烫袖衩
工序要点：将缝制好的袖衩进行熨烫。</td>
</tr>
</table>

模块三　下摆开衩缝制

一、衬衫侧摆开衩

衬衫侧摆开衩是指在衬衫侧缝处开衩。款式图如图 5—7 所示。缝制工序流程、工序设备和缝制要点如下表所示。

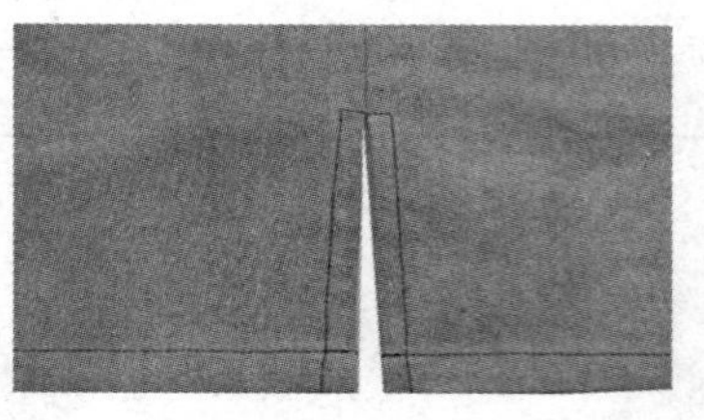

图 5—7　衬衫侧摆开衩

<table>
<tr>
<td>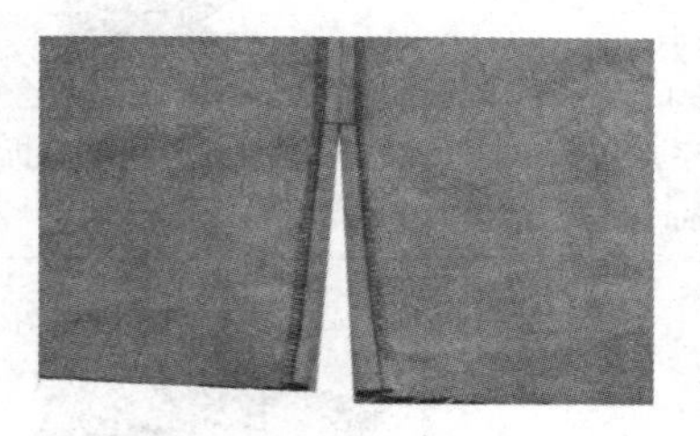
1．工序名称：留衩位、缝制开衩
工序要点：根据款式留好 10 cm 衩位；衣片缝合至衩位，在顶端来回缝固定。</td>
<td>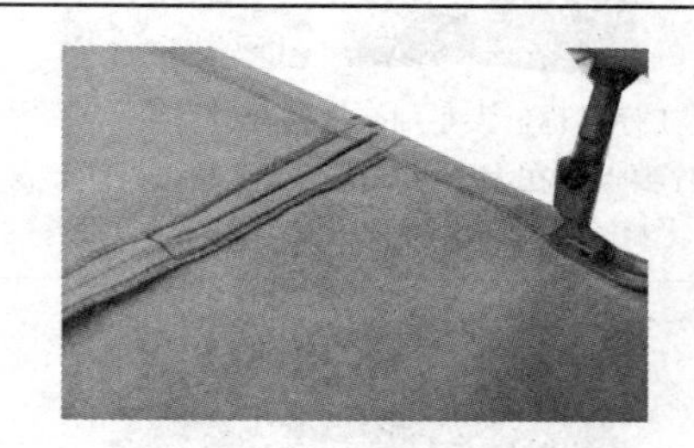
2．工序名称：底边包光
工序要点：底边按缝线卷起折光，压缉 0. 1 cm。</td>
</tr>
<tr>
<td colspan="2">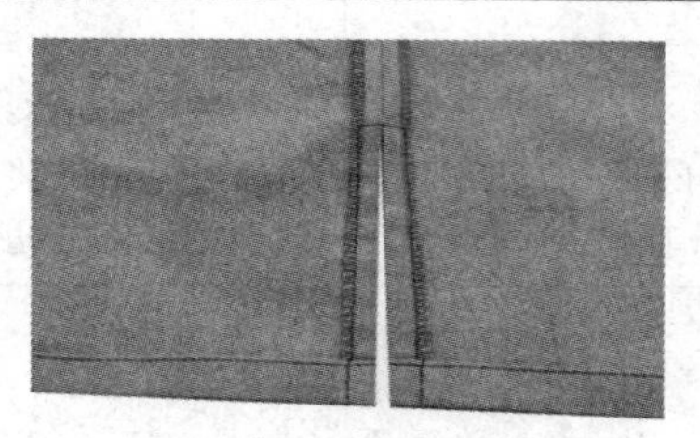
3．工序名称：熨烫
工序要点：将缝制好的开衩熨烫平服。</td>
</tr>
</table>

二、裙后下摆开衩

裙后下摆开衩是指在裙子后面进行开衩，其目的在于增加活动量，方便行动。款式图如图 5—8 所示。缝制工序流程、工序设备和缝制要点如下表所示。

图 5—8　裙后下摆开衩

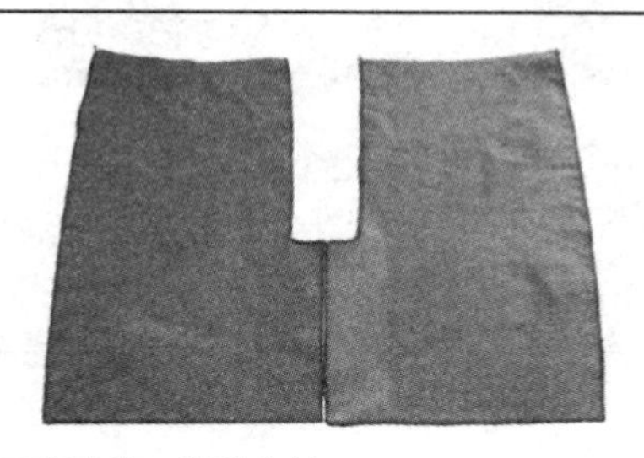 1．工序名称：烫黏合衬 工序要点：在开衩部分烫上黏合衬。	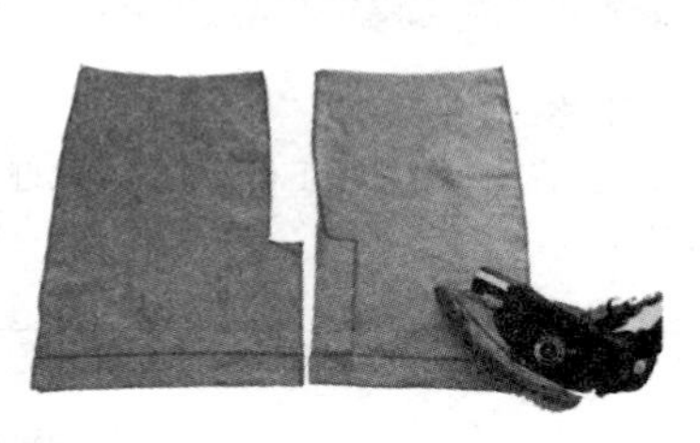 2．工序名称：扣烫开衩部位 工序要点：按净样扣烫开衩部位，底边盖住侧边开衩。
 3．工序名称：剪开开衩部分 工序要点：在底边开衩处缉 0.7 cm 缝份。	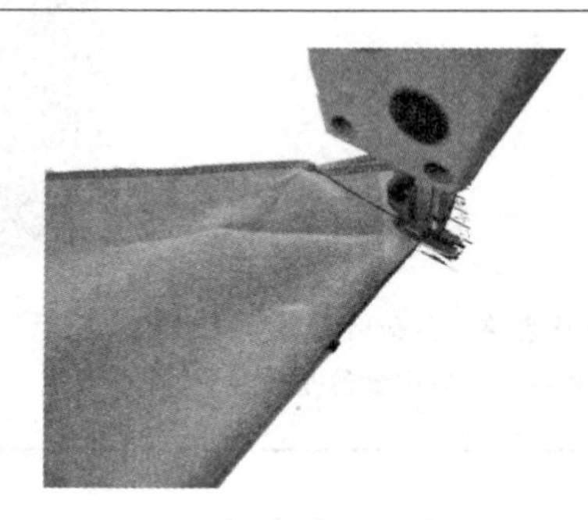 4．工序名称：缝制开衩 工序要点：以底摆线为基准对折，并缝合。
 5．工序名称：剪余量 工序要点：将缝合后的余量沿缝线剪去，留 0.5 cm 缝份。	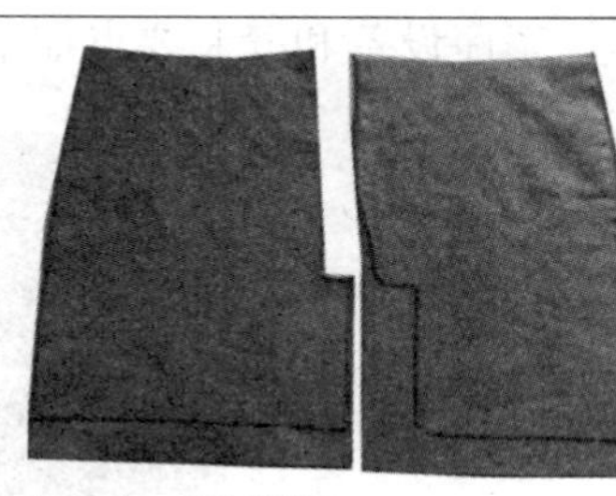 6．工序名称：翻折熨烫 工序要点：将缝制好的底边进行熨烫。

7. 工序名称：车缝裙片

工序要点：将左右裙片正正相叠车缝，线迹至开衩止点后横向缝合。

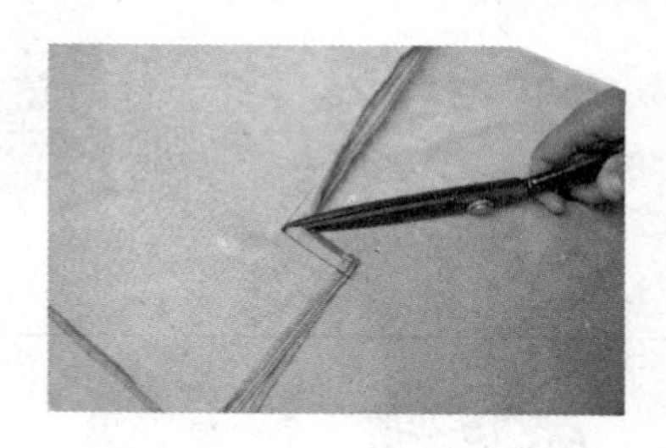

8. 工序名称：开剪口

工序要点：在开衩止口处开剪口。

9. 工序名称：熨烫后中缝

工序要点：将后中缝份左右分烫。

三、西服后中下摆开衩

西服后中下摆开衩是在无里布的基础上增添了里布的覆盖。款式图如图 5—9 所示。缝制工序流程、工序设备和缝制要点如下表所示。

图 5—9　西服后中下摆开衩

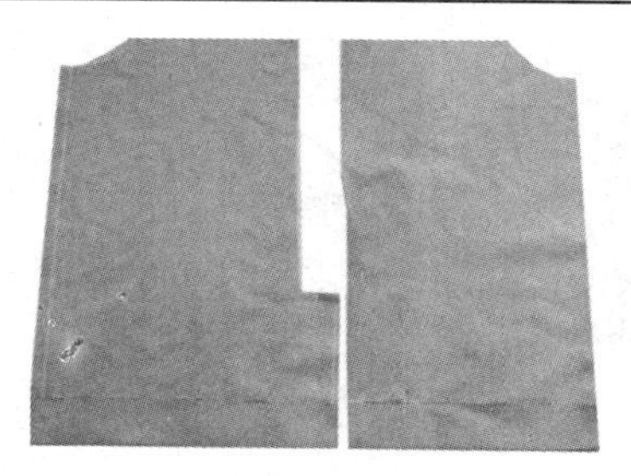

1. 工序名称：扣烫开衩部位

工序要点：按净样扣烫开衩部位，底边盖住侧边开衩。

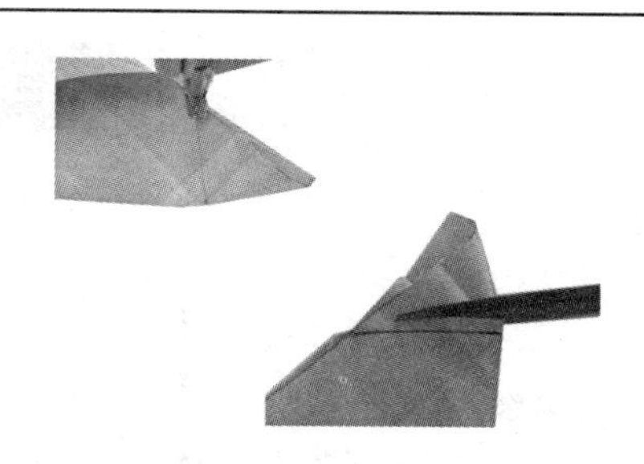

2. 工序名称：缝制开衩

工序要点：以底摆线为基准对折，并缝合。缝合后将缝合后的余量沿缝线剪去，留 0.5 cm 缝份。

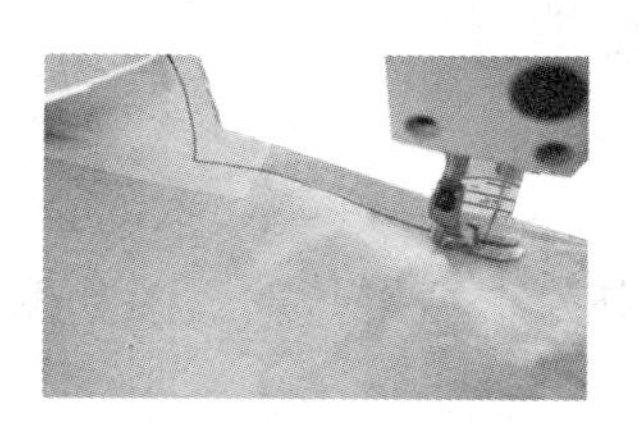

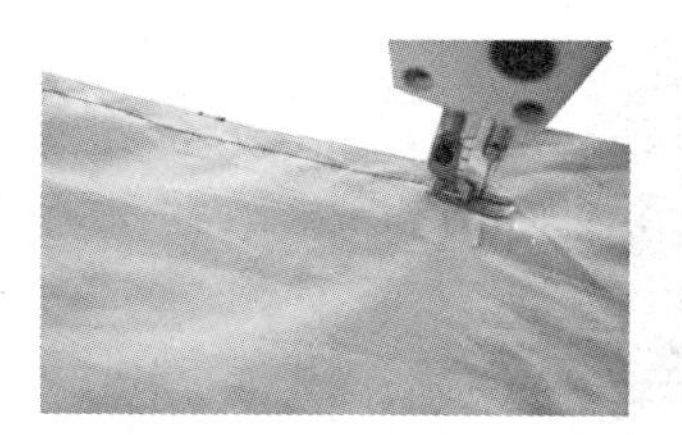

3. 工序名称：车缝衣片

工序要点：将左右衣片正正相叠车缝，线迹至开衩止点后横向缝合。里布也按衣片一样车缝。

4. 工序名称：衣片开剪口

工序要点：在衣片开衩止口处开剪口。

5. 工序名称：翻折熨烫

工序要点：将合并的衣片与里布的底边进行翻折熨烫。

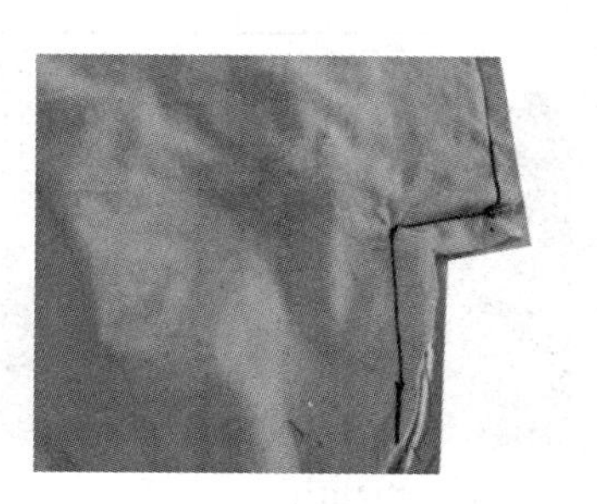

6. 工序名称：里布开剪口

工序要点：在里布开衩止口处开剪口。

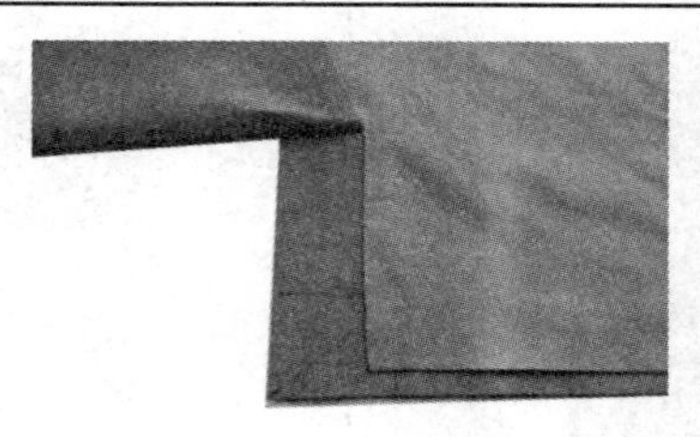

7. 工序名称：缝制开衩

工序要点：合并衣片与里布。整烫。

模块四　门襟拉链缝制

一、短裙隐形拉链

短裙隐形拉链是按板裁剪裙片，并将左右裙后片缝制隐形拉链。款式图如图 5—10 所示。缝制工序流程、工序设备和缝制要点如下表所示。

图 5—10　短裙隐形拉链

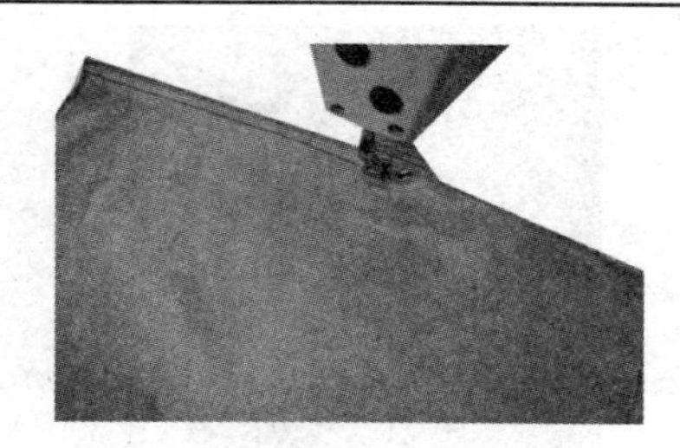 1. 工序名称：缝制裙片 工序要点：左右裙片正面相对，车缝线从开口止点开始至裙底边。	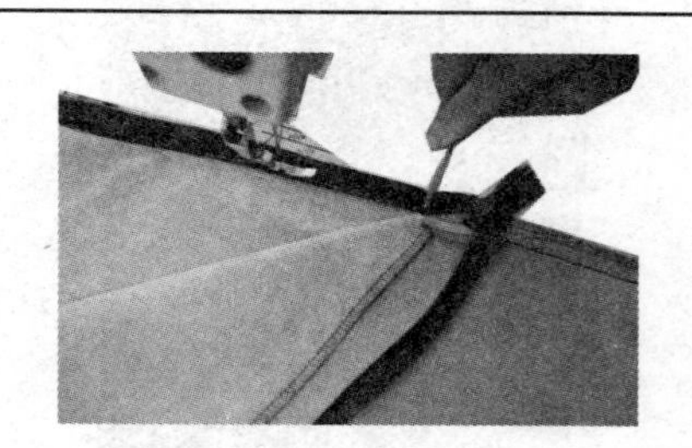 2. 工序名称：装拉链 工序要点：换用单边压脚，沿烫折线车缝拉链。在装拉链时需把拉链拉开，以便缝制。

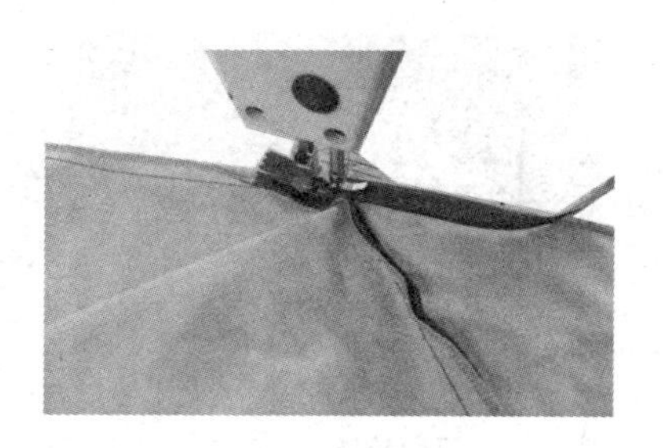 3．工序名称：固定拉链两侧 工序要点：装完两侧后，裙片反面拉链两侧固定。	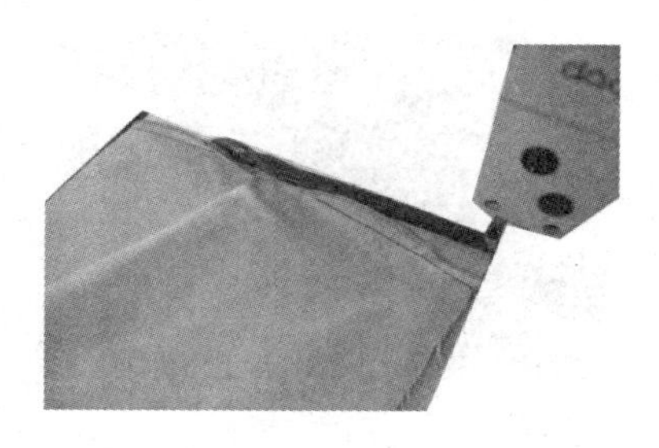 4．工序名称：修剪拉链 工序要点：将拉链装完后，修剪多余的拉链，长度与裙片一致。

二、裙子普通拉链

裙子普通拉链是按板裁剪裙片，并将左右裙后片缝拉链，周围缉线固定。款式图如图5—11所示。缝制工序流程、工序设备和缝制要点如下表所示。

图5—11　裙子普通拉链

 1．工序名称：缝制裙片 工序要点：在装拉链处烫上粘合衬，左右裙片正面相对，车缝线从开口止点开始至裙底边。	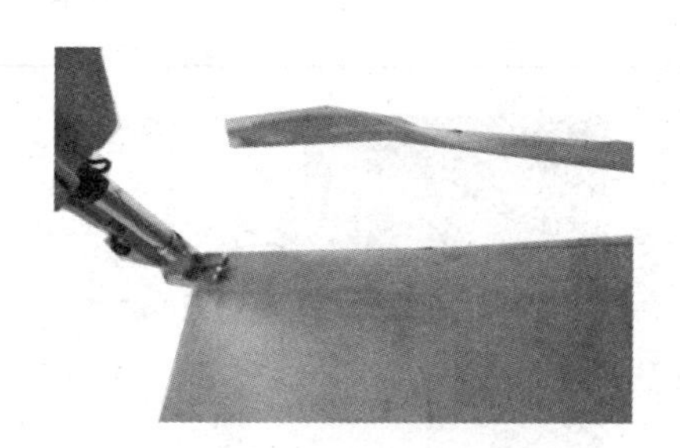 2．工序名称：装拉链 工序要点：在裙片正面装拉链，缝制时注意缝份要将拉链盖严。

<table>
<tr>
<td>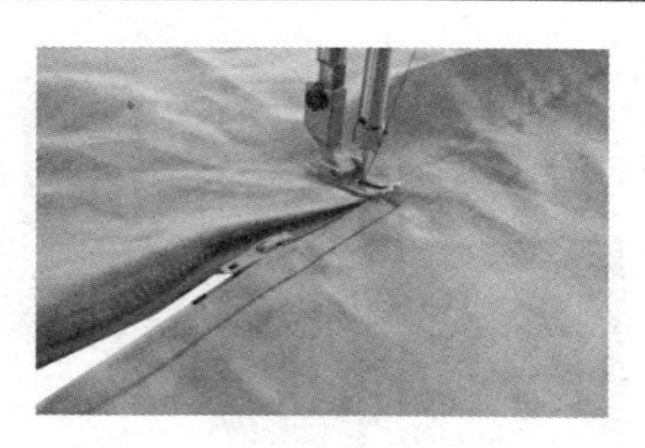
3．工序名称：固定底边
工序要点：缝制拉链底边时，缉直角固定。</td>
<td>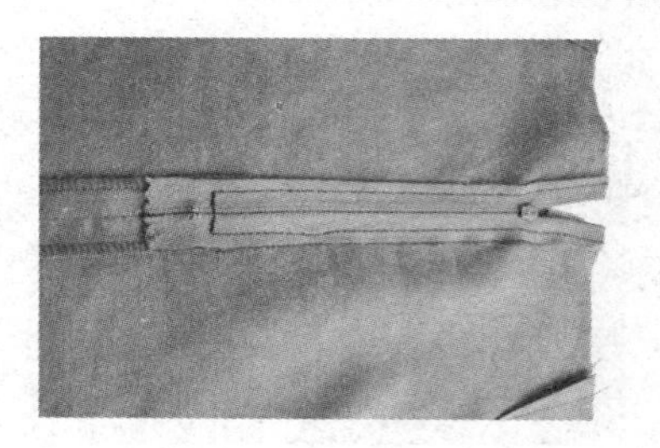
4．工序名称：修剪拉链
工序要点：将拉链装完后，修剪多余的拉链，长度与裙片一致。</td>
</tr>
</table>

三、连衣裙隐形拉链

连衣裙隐形拉链是在裙子的基础上，在拉链两边进行包边处理。款式图如图 5—12 所示。缝制工序流程、工序设备和缝制要点如下表所示。

图 5—12　连衣裙隐形拉链

<table>
<tr>
<td>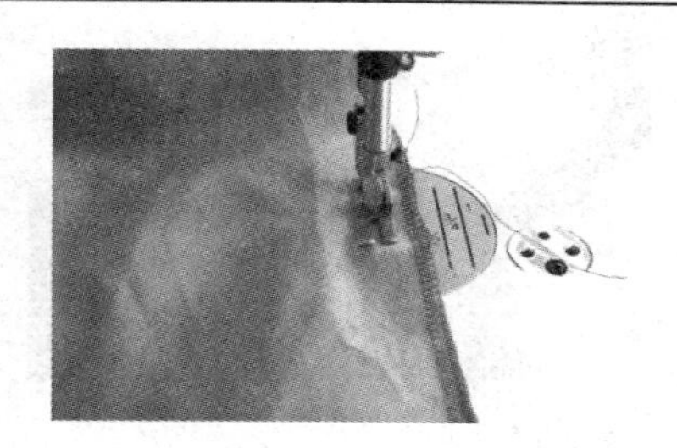
1．工序名称：缝制裙片
工序要点：在装拉链处烫上粘合衬，左右裙片正面相对，车缝线从开口止点开始至裙子底边。</td>
<td>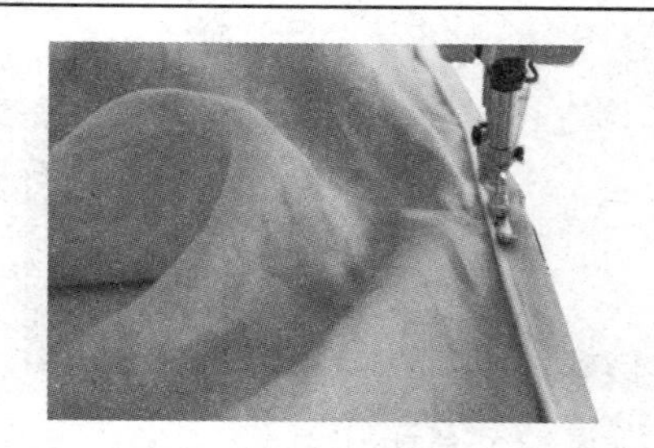
2．工序名称：装拉链
工序要点：换用单边压脚，沿烫折线车缝拉链。在装拉链时需把拉链拉开，以便缝制。</td>
</tr>
</table>

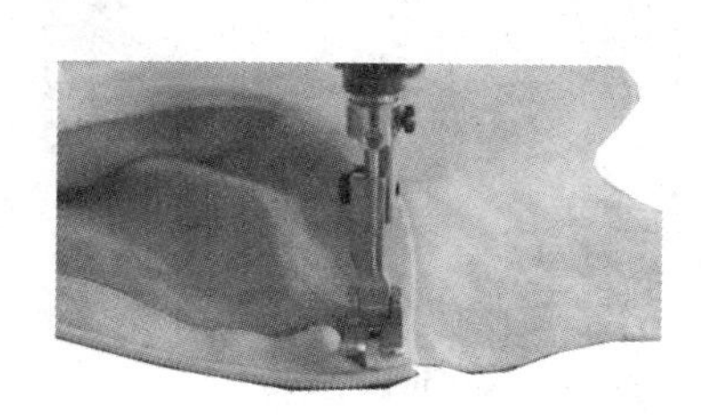 3. 工序名称：固定拉链 工序要点：缝制领口处，拉链夹在领子与衣片之间，加以固定。	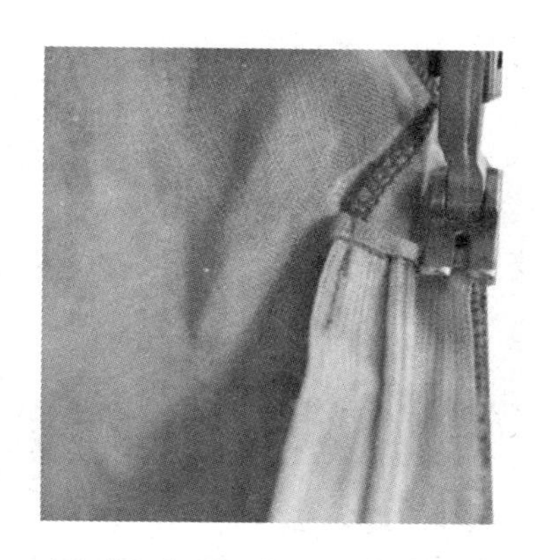 4. 工序名称：底边拉链包边 工序要点：将底边拉链包边，并与缝份固定。

四、裤子前门襟拉链

裤子前门襟拉链适用于西裤前门襟开口，在门襟止口处不车明线。款式图如图 5—13 所示。缝制工序流程、工序设备和缝制要点如下表所示。

图 5—13　裤子前门襟拉链

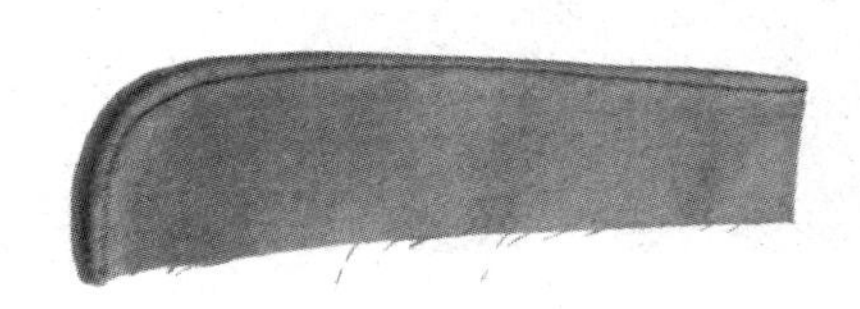 1. 工序名称：缝制门襟 工序要点：门襟正面朝上，圆弧处缉 0.1 cm 明线折光。	 2. 工序名称：缝合门襟 工序要点：门襟与左前片正面相对，缝合到开口止点为止，缝份为 0.8 cm。

3．工序名称：缝合裆缝

工序要点：将左右裤片正面相对，裆底缝对齐，从前裆缝开口止点开始缝止后裆缝腰口处。

4．工序名称：制作里襟 1

工序要点：将裤前片与里襟缝合。

5．工序名称：制作里襟 2

工序要点：将缝份修剪为 0.5 cm，翻到正面烫平，沿边缉 0.1 cm 明线。

6．工序名称：里襟与拉链固定

工序要点：将拉链的左边里襟缝线 0.6 cm 处放平，在距拉链齿 0.6 cm 处与里襟车缝固定。

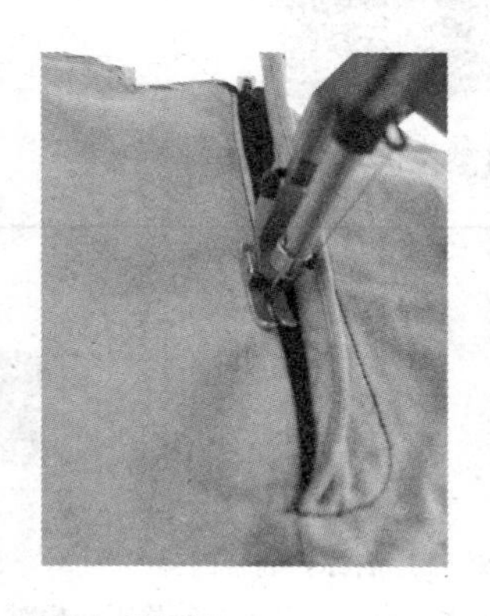

7．工序名称：车缝门襟明线

工序要点：掀开里襟，车缝固定门襟。最后将里襟放回原处，在裤片反面将门里襟底部固定车缝住。

五、夹克拉链

夹克拉链装有挂面，拉链缉明线固定。款式图如图 5—14 所示。缝制工序流程、工序设备和缝制要点如下表所示。

图 5—14　夹克拉链

 1. 工序名称：准备裁片 工序要点：裁剪前衣片与挂面，前中心处留 2 cm 缝份。	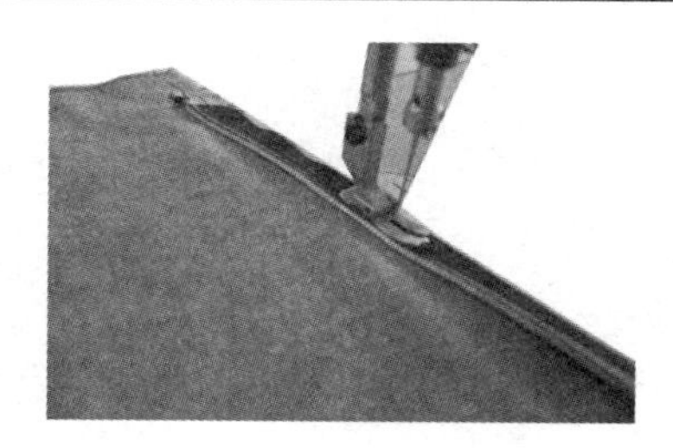 2. 工序名称：车缝拉链 工序要点：拉链布边离领口 2 cm，与衣片门襟平起缝合。
 3. 工序名称：缝合衣片与挂面 工序要点：挂面与衣片前中心处面对面放置，缝合后缝份为 0.5 cm。	 4. 工序名称：翻折门襟 工序要点：在衣片正面将挂面翻折到衣片下面，拉链夹于中间外露。

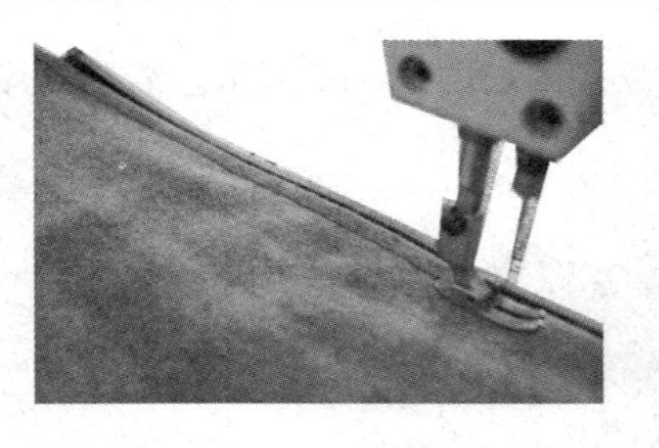

5. 工序名称：缉明线固定

工序要点：挂面翻折后缉 0.5 cm 明线加以固定。

第六单元　下 摆 缝 制

模块一　平下摆缝制

一、普通平下摆

普通平下摆适合裙子、衬衫下摆，其制作简洁方便，适用面料较广，从棉布、化纤到毛料均可采用此种方法缝制。款式图如图 6—1 所示。缝制工序流程、工序设备和缝制要点如下表所示。

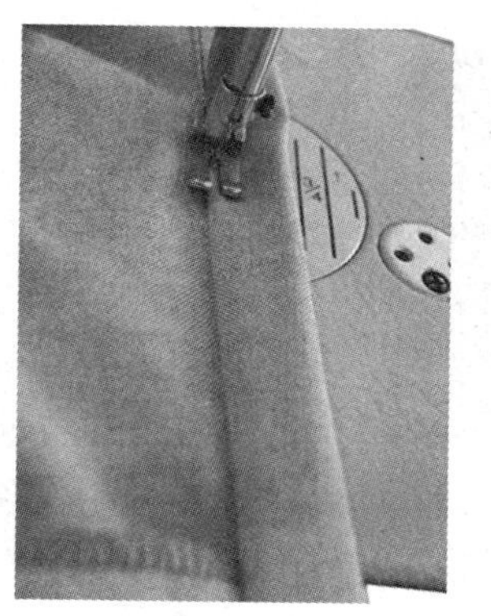

图 6—1　普通平下摆

 1. 工序名称：卷底边 工序要点：根据不同款式的卷边宽度要求，可选择 0.4 cm 或 0.8 cm 的卷边压脚。	 2. 工序名称：底边压线 工序要点：压线的宽度可根据不同款式的要求而定，在反面压线 0.1 cm 或 0.2 cm 左右。要求宽窄一致，缉线顺直。

二、外贴边平下摆

外贴边平下摆适合上衣和裙子等下摆。一般外贴边可以用其他面料、有毛边的布条、花边等，其制作显得精良、考究，具有装饰功能，适合制作高档服装。款式图如图 6—2 所示。缝制工序流程、工序设备和缝制要点如下表所示。

图 6—2　外贴边平下摆

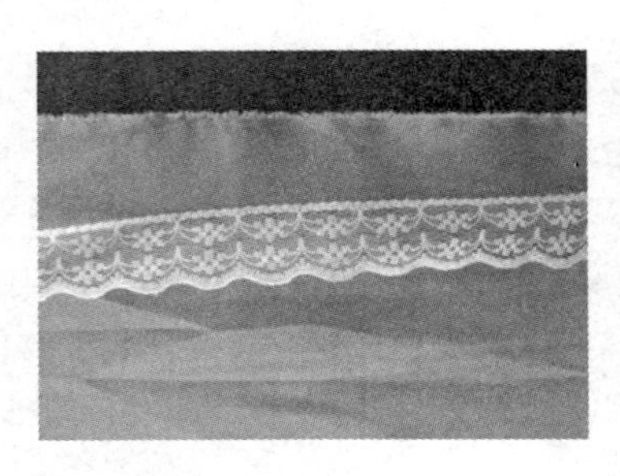 1. 工序名称：准备外贴边 工序要点：根据服装的款式，选择不同的外贴边，将花边整烫平整。	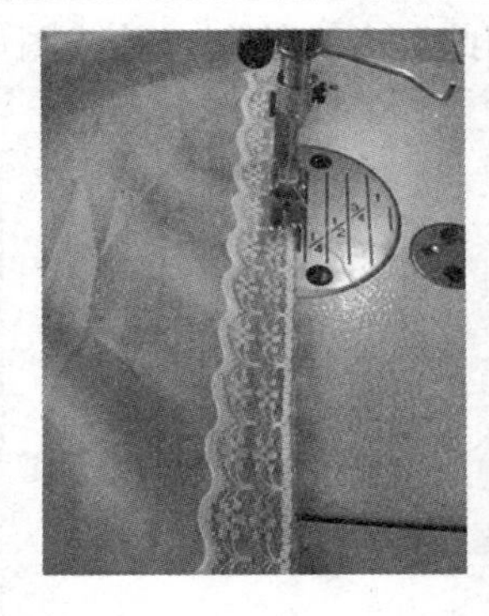 2. 工序名称：压外贴边上口 工序要点：在外贴边上口压缉0.1 mm 止口线。要求宽窄一致，缉线顺直。
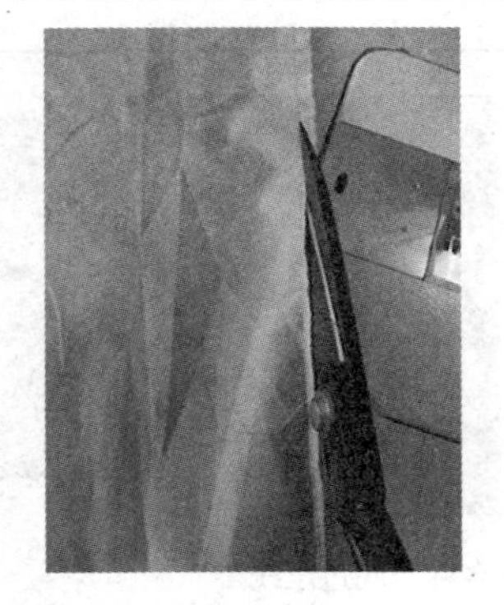 3. 工序名称：修剪 工序要点：将花边与底边缝合的缝份修剪成 0.2 ~ 0.4 cm，花边翻到正面不能露出毛缝。	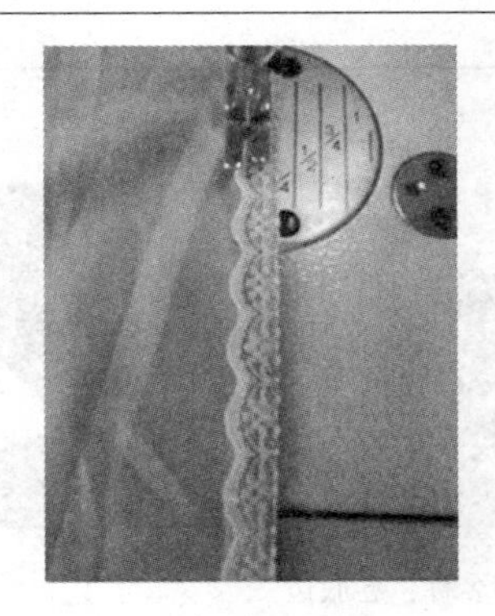 4. 工序名称：正面缝合花边 工序要点：花边翻到正面，压线 0.1 cm 止口线，正面不得露出面料，面料部分要坐进 0.1 cm。

模块二　圆下摆缝制

一、直接卷边圆下摆

直接卷边圆下摆是利用衣摆的侧缝弯曲来开衩的情形。如弯曲较小时，前后衣片为连在一起的形式，一般采用直接往上折的处理方法，在衬衫中较为常见。款式图如图6—3所示。缝制工序流程、工序设备和缝制要点如下表所示。

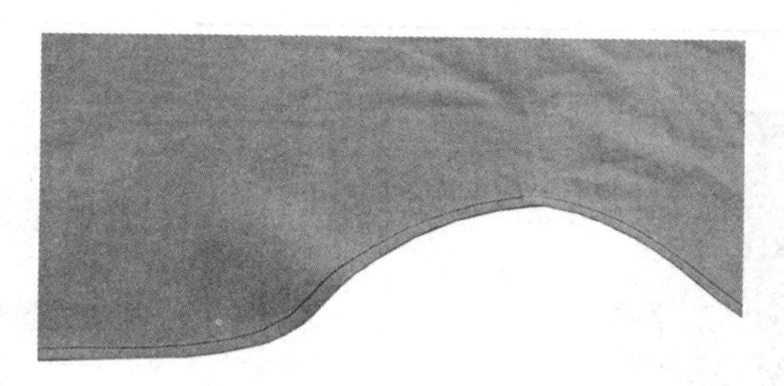

图6—3　直接卷边圆下摆

<table>
<tr>
<td>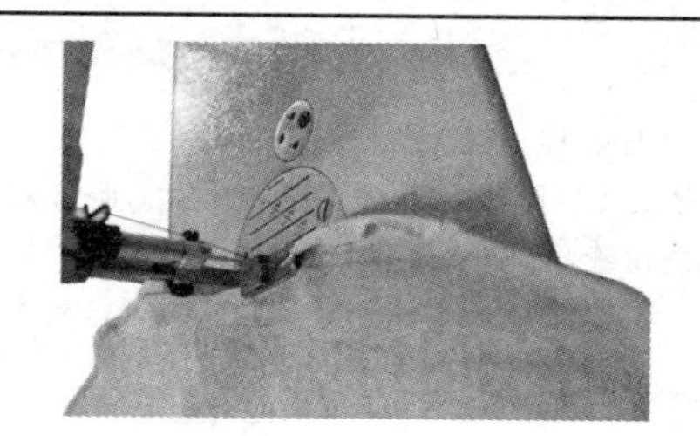
1．工序名称：卷底边
工序要点：根据不同款式的卷边宽度要求可选择不同规格的卷边压脚，一般宽度在0.4 cm或0.8 cm左右。注意在弯曲处要圆顺，同时也应注意面料的厚薄关系。</td>
<td>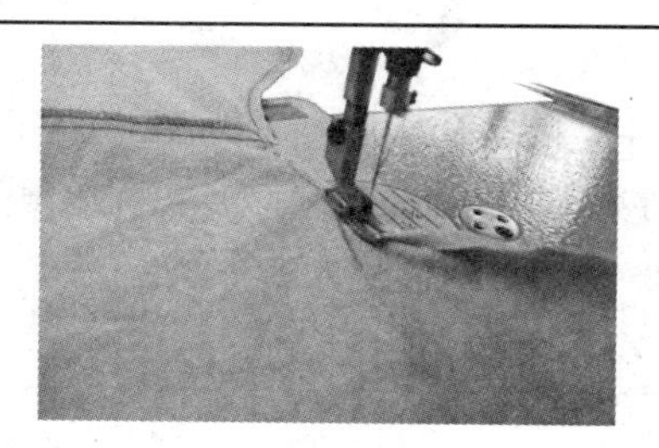
2．工序名称：底边压线
工序要点：压线的宽度可根据不同款式的要求而定，在反面压线0.1 cm或0.2 cm左右。注意在弯曲处缉线圆顺，宽窄一致。</td>
</tr>
<tr>
<td colspan="2">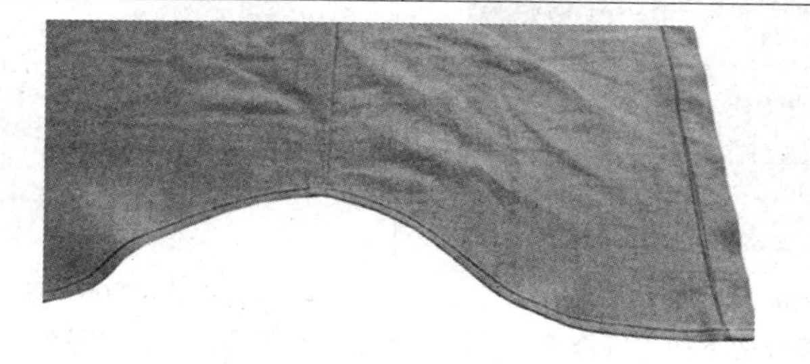
3．工序名称：熨烫
工序要点：用熨斗熨平。注意在弯曲处烫顺圆，不可有污渍及极光。</td>
</tr>
</table>

二、加贴边圆下摆

这种加贴边的圆下摆适用于下摆围较小的情况下，如包裙的下摆，此方法使下摆更圆顺。在衣片上当弯曲较大时，一般采用加上开衩贴边的处理方法。款式图如图 6—4 所示。缝制工序流程、工序设备和缝制要点如下表所示。

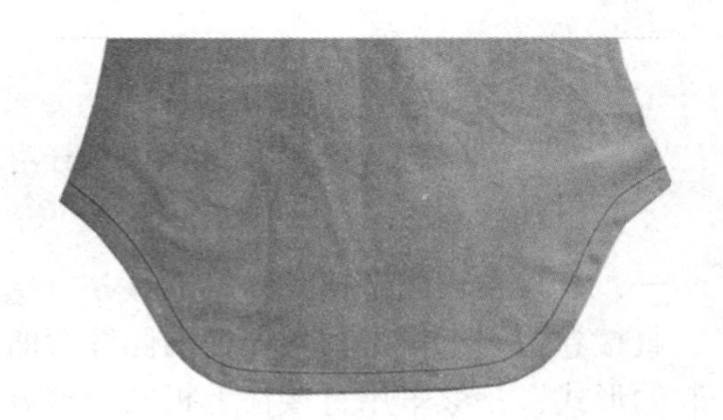

图 6—4　加贴边圆下摆

<table>
<tr>
<td>
1. 工序名称：校对裁片
工序要点：贴边的长度要与衣片下摆的长度一致，做好刀眼位。贴边的宽度可在 3 cm 左右。</td>
<td>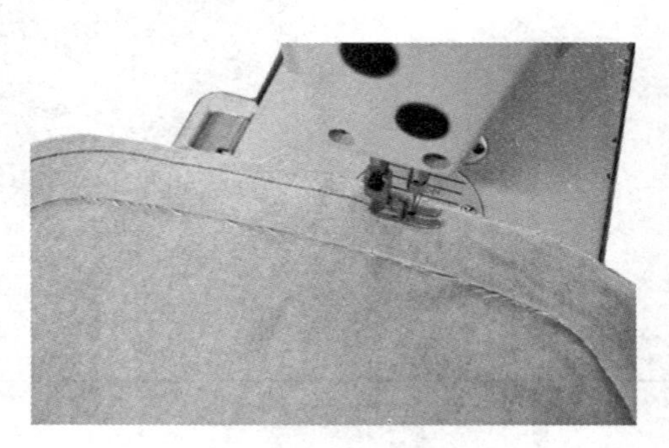
2. 工序名称：缝合贴边
工序要点：贴边与下摆正正相对，刀眼位对齐，按 1 cm 的缝份缝合。</td>
</tr>
<tr>
<td>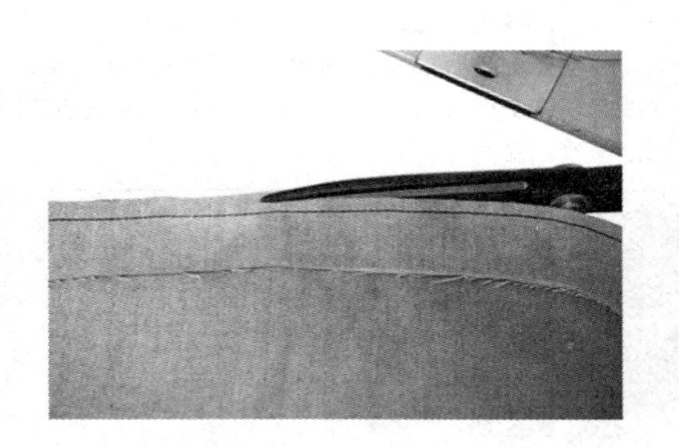
3. 工序名称：修剪缝份
工序要点：与贴边缝合的下摆进行修剪，圆角处 0. 3 cm 左右，其他为 0. 6 cm 左右。</td>
<td>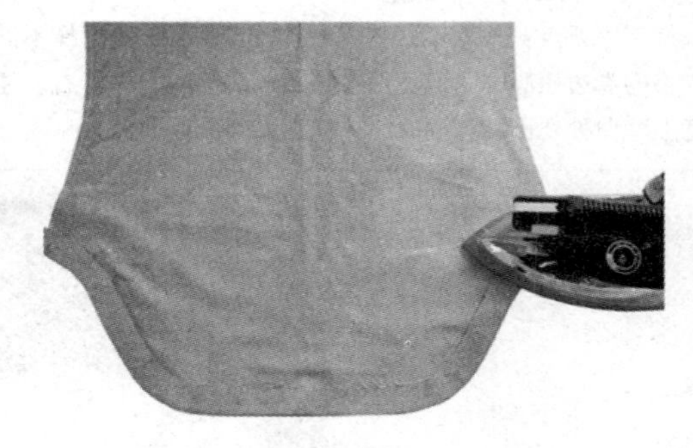
4. 工序名称：熨烫下摆
工序要点：先扣烫缝份，注意圆角处烫圆顺，后翻转贴边，在背面烫平，注意不要出现止口“反吐”现象。</td>
</tr>
</table>

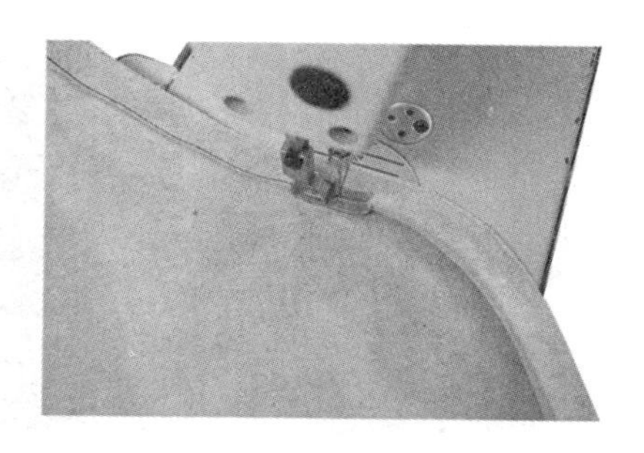

5. 工序名称：底边压线

工序要点：贴边的毛边处向里折进0.5 cm左右，压线0.1 cm或0.2 cm左右。注意缉线均匀且顺直，宽窄一致。

模块三　装饰下摆缝制

一、装饰牛筋下摆

装饰牛筋下摆是在夹克或上衣的衣摆处较为常见的款式，其特点是在衣摆上穿松紧带，如图6—5所示。缝制工序流程、工序设备和缝制要点如下表所示。

图6—5　装饰牛筋下摆

 1. 工序名称：下摆锁边 工序要点：锁边，拉链下端铁头与衣片底边的间距为5 cm左右。	 2. 工序名称：在挂面贴粘合衬 工序要点：为使松紧带的缝合止点牢固，先要贴上L形的粘合衬，将多余的缝份剪掉；后放置松紧带，与挂面终端对齐，与衣片底边线平行。

 3．工序名称：衣摆折成完成形态 工序要点：衣摆折成完成形态后，车缝固定松紧带与衣片。	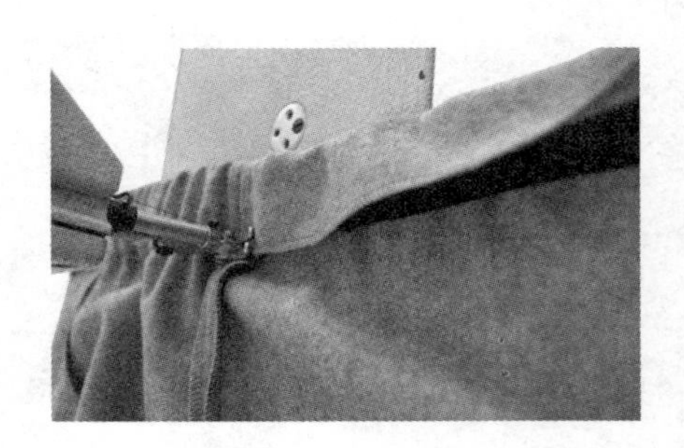 4．工序名称：穿缝松紧带 工序要点：在车缝时，注意手要拉紧松紧带，以起到收紧的效果。
 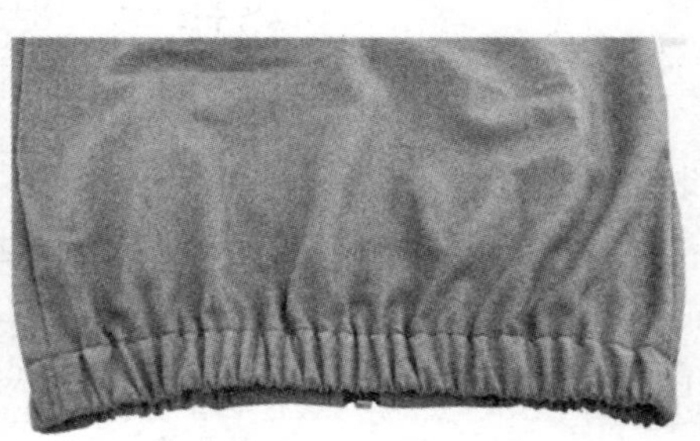 缝制完成效果：拉伸松紧带，使褶皱更均匀自然。	

二、加花边裙下摆

加花边裙下摆是下摆拼接了花边，使裙摆显得活泼、俏丽，其制作方法简洁，适用面料广泛，但要注意不要在裙摆或衣摆褶位使用熨斗。款式图如图 6—6 所示。缝制工序流程、工序设备和缝制要点如下表所示。

图 6—6　加花边裙下摆

1. 工序名称：做花边

工序要点：先一边卷一边缉 0.5 cm 的线，后以半个压脚（0.5 cm），在毛边处抽均匀的碎褶完成花边。注意花边长度要与下摆围的长度一致。

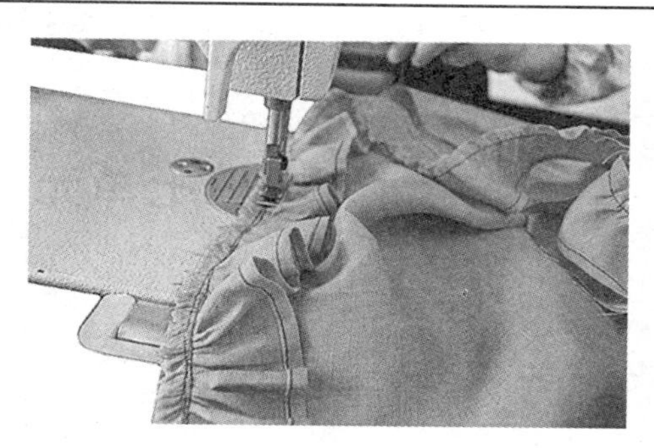

2. 工序名称：拼接花边

工序要点：将花边与下摆的止口边正正相对，以 1 cm 的缝份与花边合上。

3. 工序名称：锁边

工序要点：对毛缝处进行锁边。

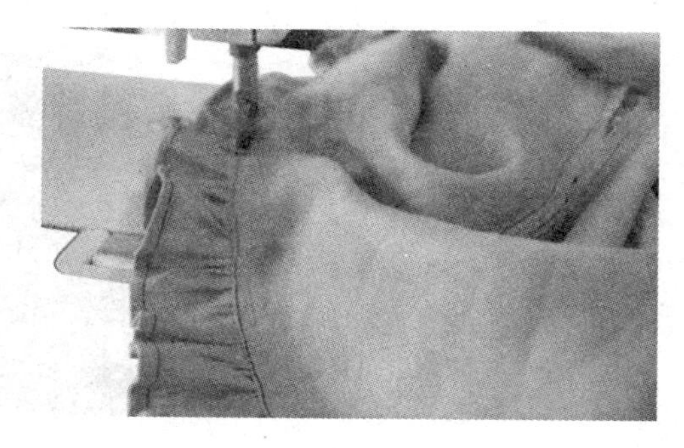

4. 工序名称：压线

工序要点：将反面缝份倒向上端，在裙片正面的拼接处缉 0.1 cm 或 0.2 cm 的压线。注意缉线均匀顺直。

缝制完成效果：熨烫后缝合缝份朝上，呈现自然褶皱状态。

第七单元　腰 头 缝 制

模块一　平 腰 缝 制

一、普通直平腰

普通直平腰的制作方式简洁方便，用于裙腰和裤腰中最具代表性的腰带接缝，开口可设计在前后片中心及侧缝边等。款式图如图 7—1 所示。缝制工序流程、工序设备和缝制要点如下表所示。

图 7—1　普通直平腰

1. 工序名称：粘腰衬 工序要点：将有黏胶的树脂净腰衬粘上腰面，并在腰面下口做装腰标记。扣转腰面下口，腰面下口缝份沿腰衬扣转包紧，并烫平。扣转腰面上口，腰面上口沿腰衬扣转包紧，并烫平。	2. 工序名称：扣转腰里 工序要点：腰里沿腰面下口扣转，并熨平。烫好的腰头使腰里自然，含比腰面宽 0.1 cm 左右的余势，装腰时在压缉腰面时腰里也能同时缉牢。如果用别落缝装腰，腰里则应该宽出 0.2 cm 左右余势。

<table>
<tr><td colspan="2">

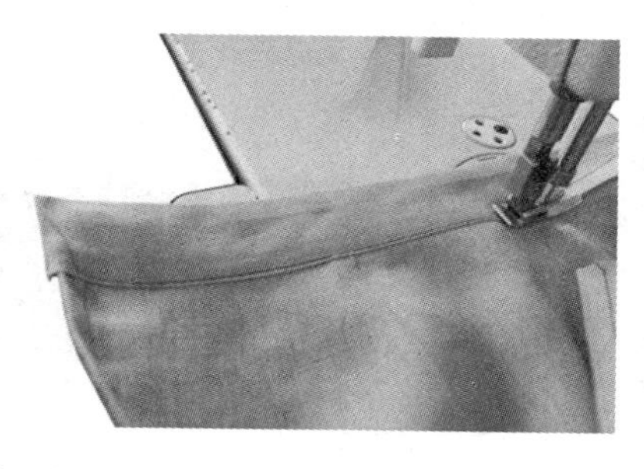
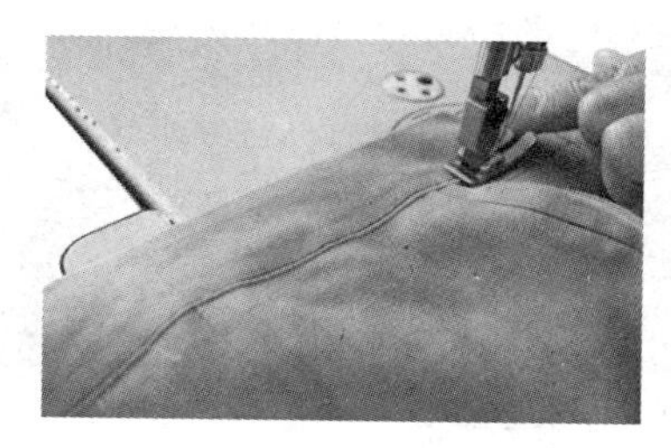

3. 工序名称：装腰面

工序要点：腰面的对档标记对准裙腰口对应位置，腰头在上，裙身在下，正面相叠，缝份对齐，从门襟开始向里襟方向沿腰面净衬边缉线。如果款式有暗裥，注意在腰口暗裥处向上拎一把，使暗裥下口拼拢，防止豁开。腰头可略紧些，以防还口。腰面装上后，腰面、腰里正面相叠，两头封口，注意里外匀。

</td></tr>
<tr><td>

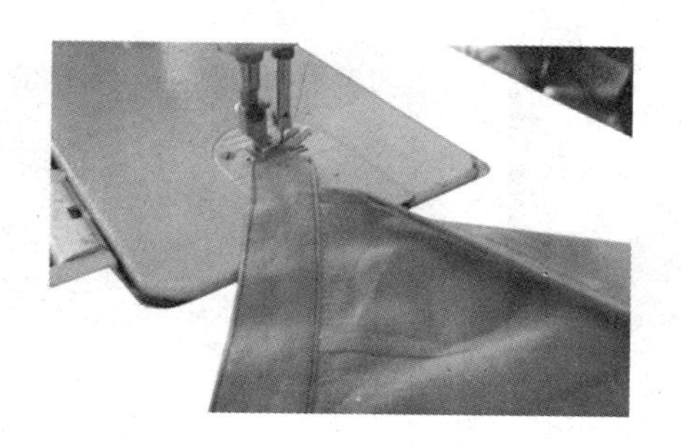

4. 工序名称：压缉腰头

工序要点：将腰面翻正，腰里放平，正面兜缉 0.1 ~ 0.15 cm 止口。压缉腰面下口时，注意下层腰里带紧，防止起涟，也可在正面腰下口缉别落缝。

</td><td>

缝制完成效果：整烫后腰头外襟锁纽眼，里襟钉纽扣。

</td></tr>
</table>

二、装牛筋平腰

这是一种易于穿脱的腰带款式，一般常用于童装、运动装中。款式图如图 7—2 所示。缝制工序流程、工序设备和缝制要点如下表所示。

图 7—2　装牛筋平腰

1. 工序名称：拼接松紧带

工序要点：采用搭缝，将松紧带拼接成环状。搭缝缝份0.7 cm，要求倒回针3~4趟，防止脱线；拼接处宽度对齐且呈180°角。

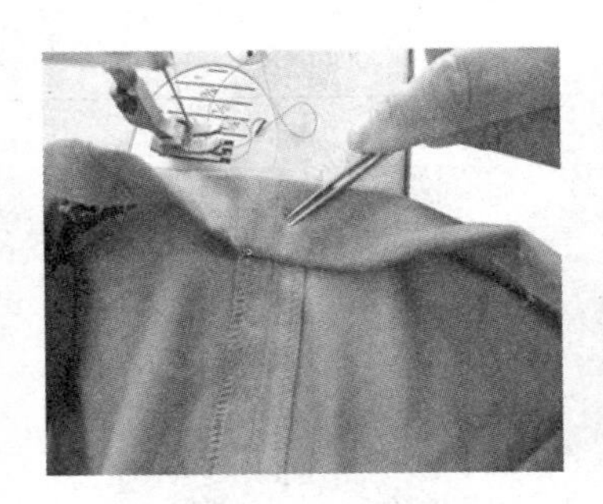
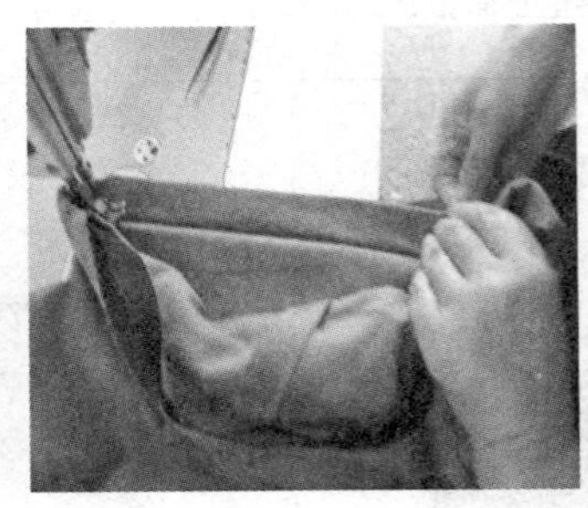
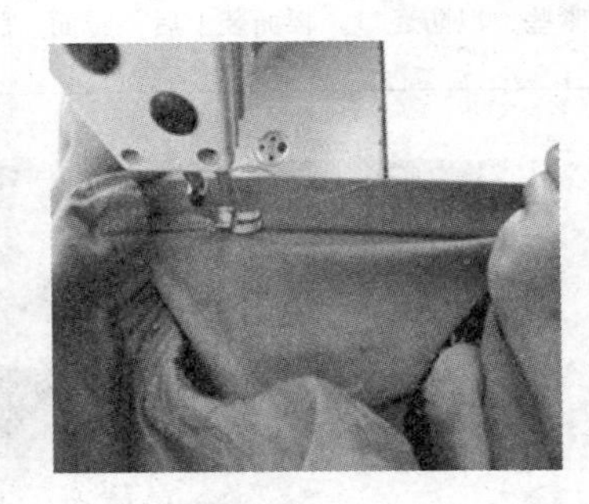

2. 工序名称：装腰头松紧带

工序要点：把松紧带夹在已折烫好的腰里面，从后中缝开始，先固定。压缉0.1 cm的止口缝合，切勿把松紧带缉住。缝合时的操作手势如图所示，右手按住腰头缝边，控制住腰宽并使松紧带固定；左手中指与无名指适度卡住裙片底层，防止腰头起皱。注意侧缝缝边倒向，要求缝边向前倒，起止两头缝线重合3 cm，并倒回针加固。

缝制完成效果：整烫后腰头自然缩紧，适当揉搓使褶皱均匀。

模块二　圆腰缝制

一、装里襟圆腰

此款圆腰的贴边布要用表布裁剪，但布料过厚或为斜纹布时，使用平织棉布较易缝制平坦。当腰部有褶子或缝裥时，将褶裥在纸样上重叠后来裁剪。款式图如图 7—3 所示。缝制工序流程、工序设备和缝制要点如下表所示。

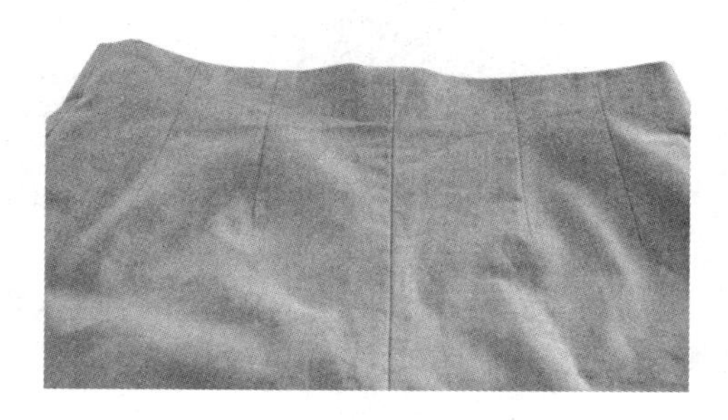

图 7—3　装里襟圆腰

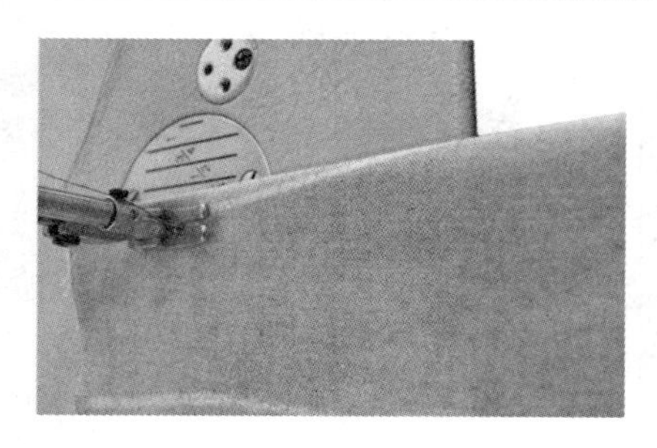

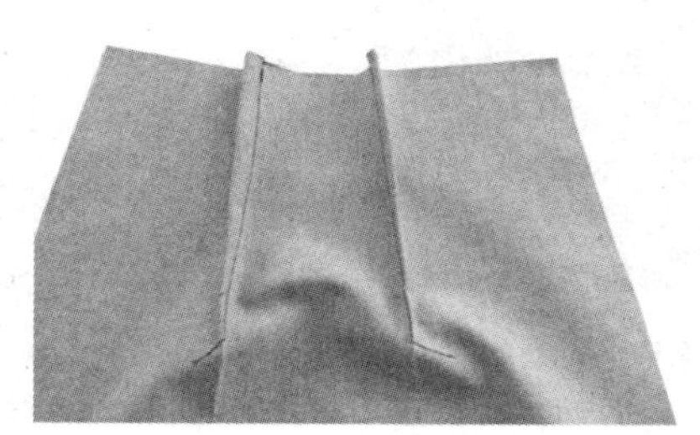

1．工序名称：收省

工序要点：先做好缝制标记，左右裙片上的省位高低一致且顺直。省尖处处理如图所示，这样的缝制目的是为了使省尖无酒窝现象。

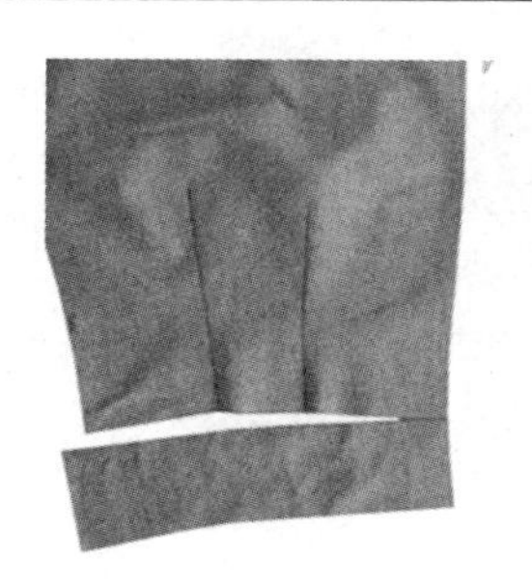

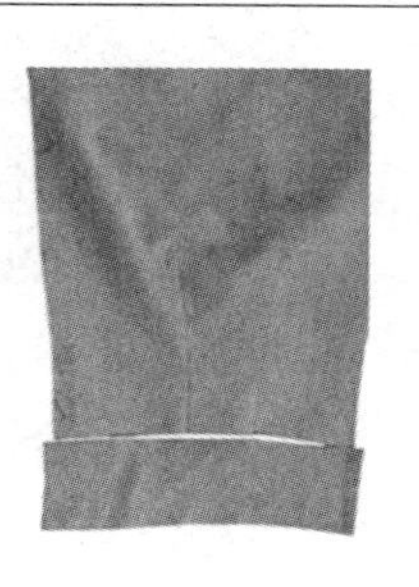

2．工序名称：裁片围度对比

工序要点：烫完省后，腰里布的长度要与裙片腰围长度相符，误差不能太大。

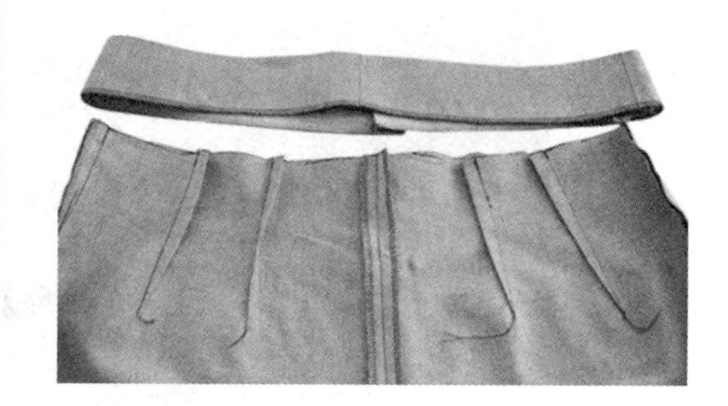

3．工序名称：拼接腰里侧缝

工序要点：腰里布一定要贴粘合衬，使之平坦。将腰面布侧缝分烫，已经侧缝拼合的腰面布下口锁边。缝合侧缝，右侧缝缉线至开门装拉链封口处。

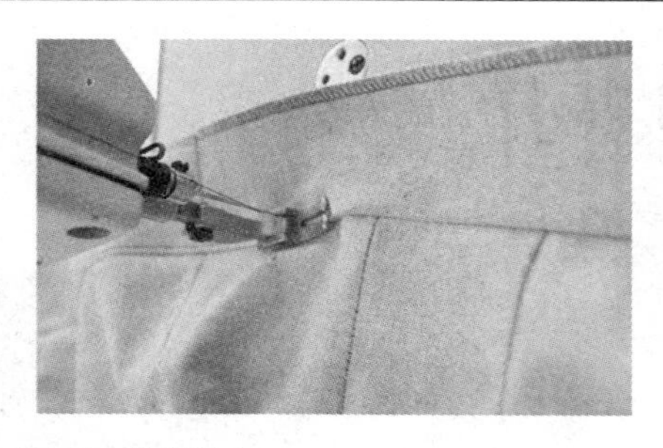

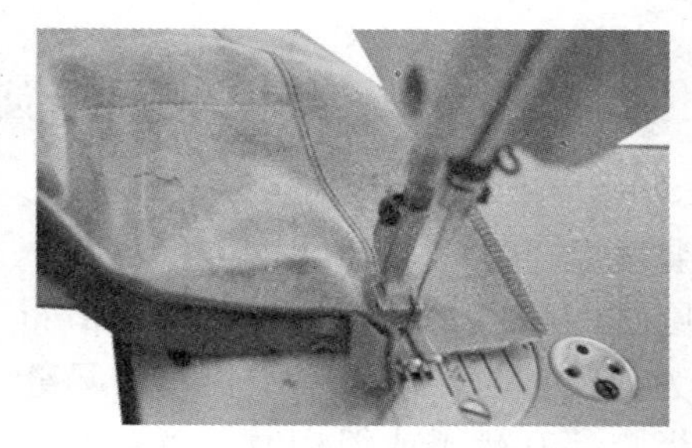

4. 工序名称：装腰里布

工序要点：将腰里布与裙片正正相叠缝合，缝份为0.8 cm左右，翻转腰里布，在正面缉线0.1～0.2 cm。缉线均匀顺直。

5. 工序名称：腰里布与拉链缝合

工序要点：将腰里布与拉链边缘叠齐后缝合，注意缝合时须将裙片腰口缩拢0.7 cm，或将腰里布修短0.7 cm，再叠齐缝合。

6. 工序名称：熨烫

工序要点：在熨烫的过程中，要求腰口里外匀、整齐。

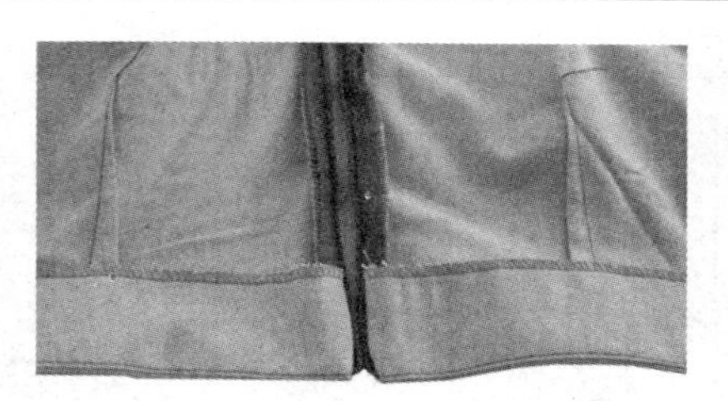

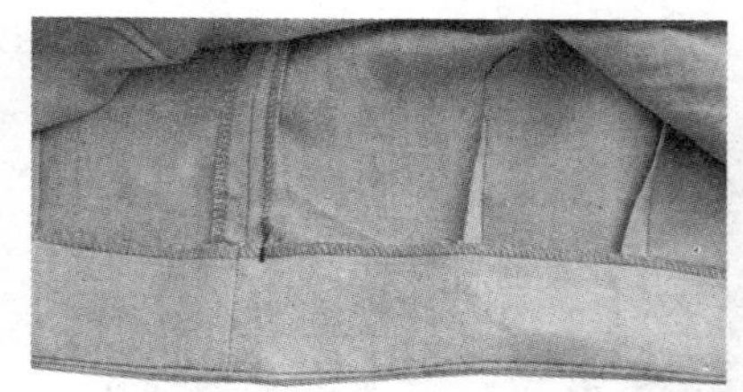

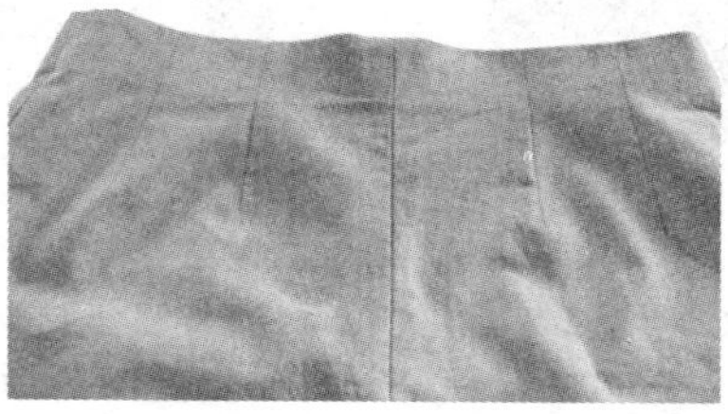

缝制完成效果

二、拼接型圆腰

在裙装中，拼接型圆腰在缝制时要注意的是腰宽在 2 ~ 3. 5 cm 为宜，若裙腰太宽，穿着时容易向中间皱缩，影响外观；若太窄，会感觉腰部不舒服。同时还要考虑与裙长、款式相匹配。款式图如图 7—4 所示。缝制工序流程、工序设备和缝制要点如下表所示。

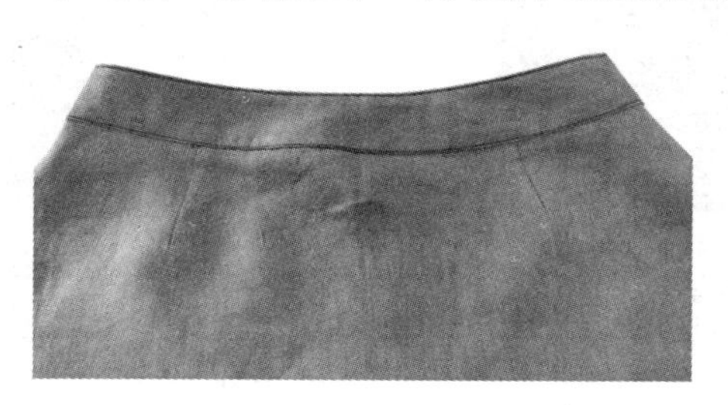

图 7—4　拼接型圆腰

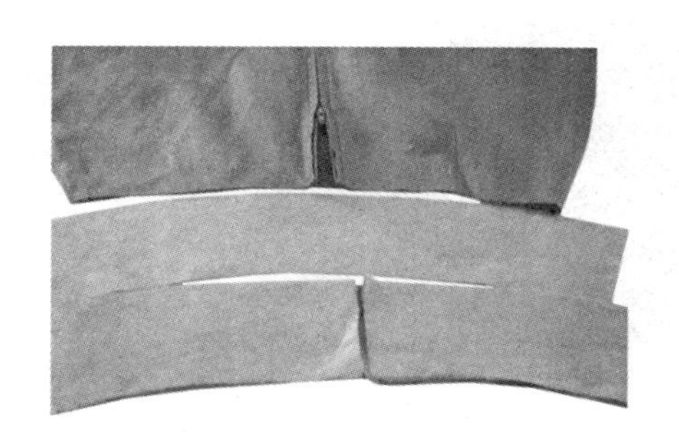 1. 工序名称：腰面粘称 工序要点：粘称的温度因衬布而异，一般无纺衬的粘烫温度可设定为 100℃左右。	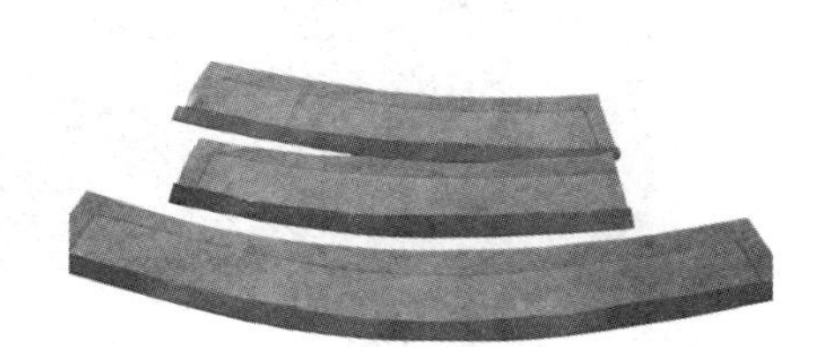 2. 工序名称：扣烫腰面 工序要点：腰面按净样线扣烫下口，缝份为 1 cm。
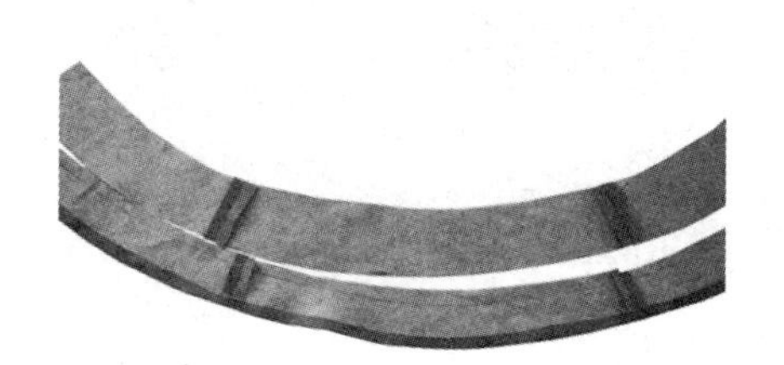 3. 工序名称：拼缝腰面 工序要点：腰面拼缝缝份为 0. 5 cm 左右，将腰面布侧缝分烫。注意不要混淆前后腰面。	 4. 工序名称：缝合腰面 工序要点：腰面正正相叠，按所画的净样线缝合腰面，注意缉线均匀顺直。

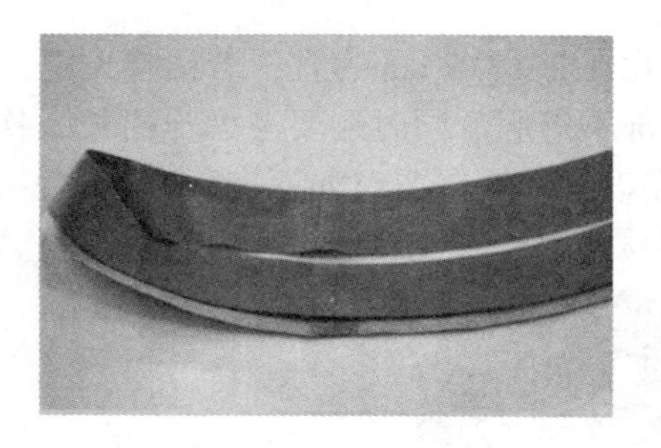

5. 工序名称：翻转腰面

工序要点：翻转后在腰面烫成里外匀，注意不要出现止口“反吐”现象。

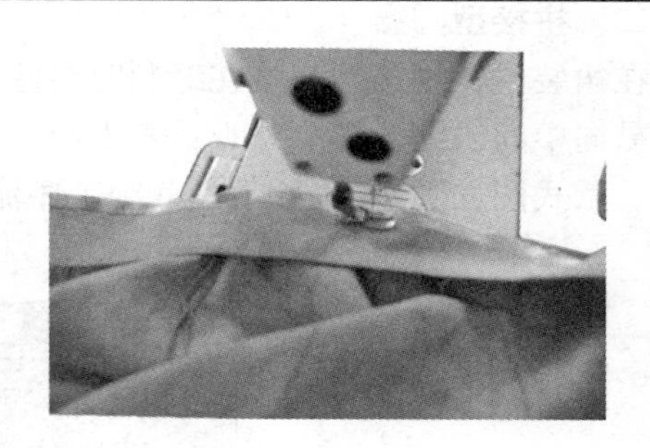

6. 工序名称：装腰头

工序要点：将腰里与裙子腰口缝合。要求腰里正面与裙片反面叠合，缝份 1 cm，缝线顺直，侧缝与后中对位准确。

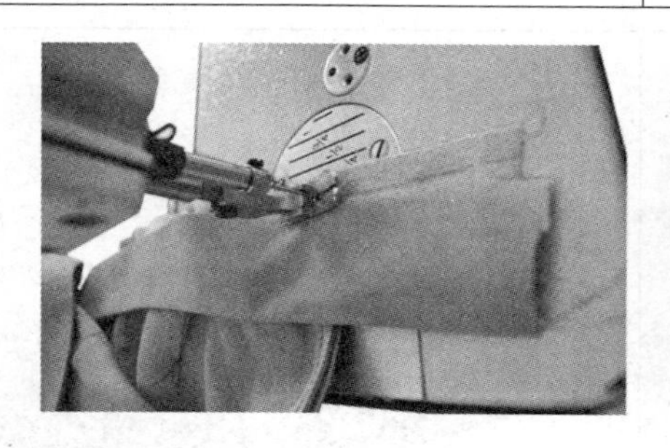

7. 工序名称：缝合腰头两端

工序要点：将腰头两端缝合封口。要求封口缝线分别对齐门、里襟边缘，并与腰头的腰口缝线成直角；开始封口前还应确认腰面下口光边应正好盖住腰里缝线。

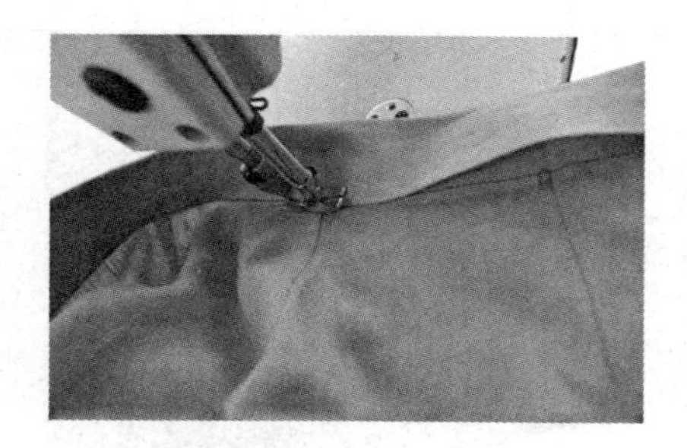

8. 工序名称：翻烫腰头

工序要点：将腰头两端封口部位的角翻出，并压烫使腰头角部平服。要求腰头两端形态方正且里外匀。

9. 工序名称：缉腰头明线

工序要点：从里襟一侧开始一个循环压缉腰头单明线。缉线宽度 0.1 cm。缉线时要求腰面下口光边始终正好盖住装腰里缝线，这样既可使正面缉线整齐，又可使反面底线与腰里边缘平行一致。

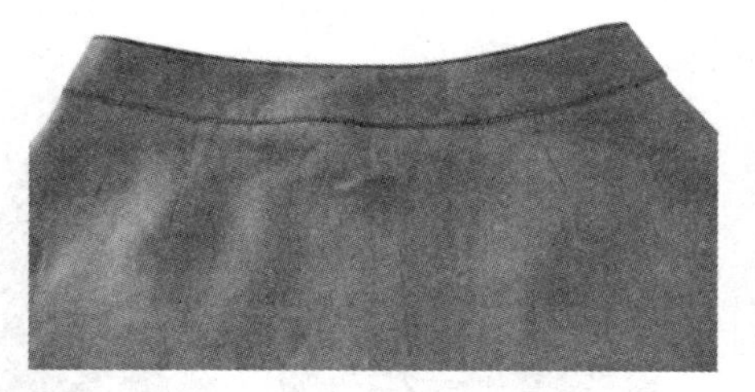
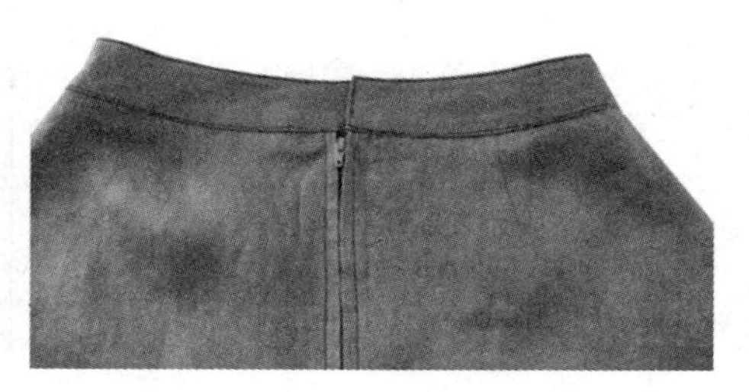

缝制完成效果：整烫后腰头外襟与里襟搭口处钉钩扣。

模块三　男西裤装腰缝制

男西裤装腰为装腰型直腰头，六个串带袢，前中开门襟装拉链，与男西短裤基本相似，面料与女西裤相同，但在穿着时，比女西裤更讲究礼仪。款式图如图 7—5 所示。缝制工序流程、工序设备和缝制要点如下表所示。

图 7—5　男西裤装腰

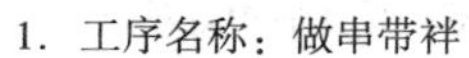

1. 工序名称：做串带袢

工序要点：按 1 cm 宽缝合串带袢，然后分烫缝份，修剪缝份为 0.3 cm。注意宽窄要均匀，顺直。

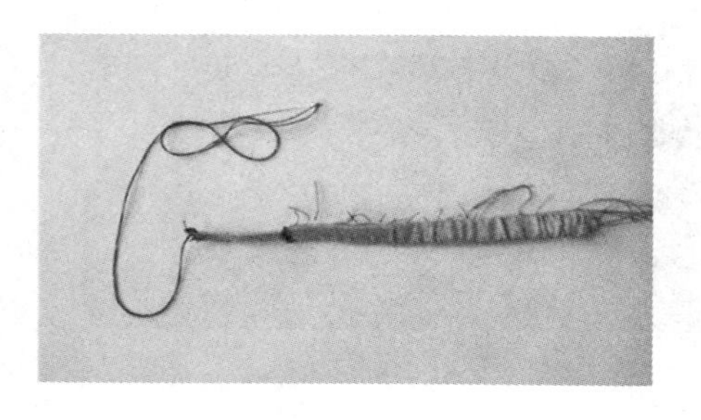

2. 工序名称：翻转串带袢

工序要点：将串带袢翻到正面，缝线居中烫平，按 8 cm 长度分六等份剪整齐。

3. 工序名称：装串带袢

工序要点：确定串带袢，前片烫迹线上设一个，距后中 3 cm 处设一个，两边等分处设一个，如图所示固定串带袢。

4. 工序名称：腰面烫粘合衬

工序要点：腰面先烫无纺粘合衬，门襟处缩进 6 cm 处再烫树脂衬。按树脂衬粘衬宽度扣烫腰面。

5. 工序名称：缝合腰里与腰面

工序要点：按腰里与腰面离开 0.5 cm 车缝，缝份 0.1 cm 固定。

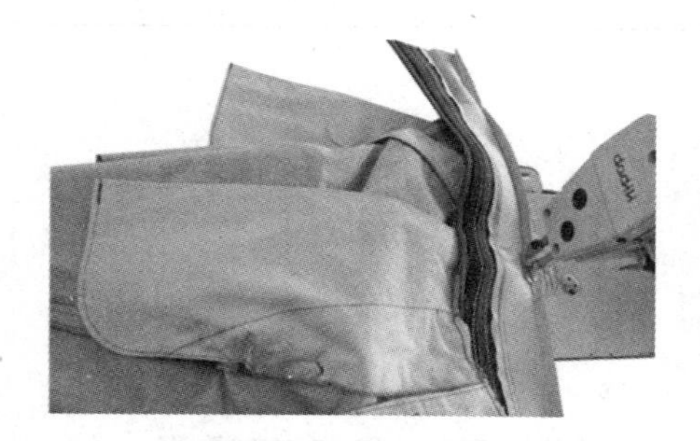

6. 工序名称：装腰头

工序要点：翻开门襟，将腰头面放上层，从门襟处开始缝合腰头至里襟处，缝份 0.9 cm。

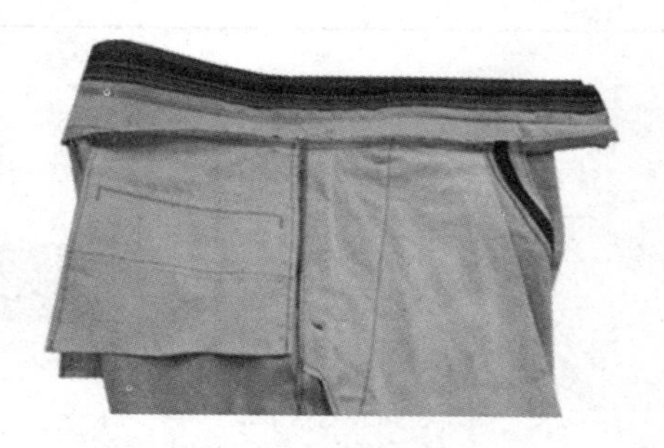

7. 工序名称：对齐后中缝

工序要点：将裤片后中缝与腰面后中缝对齐。

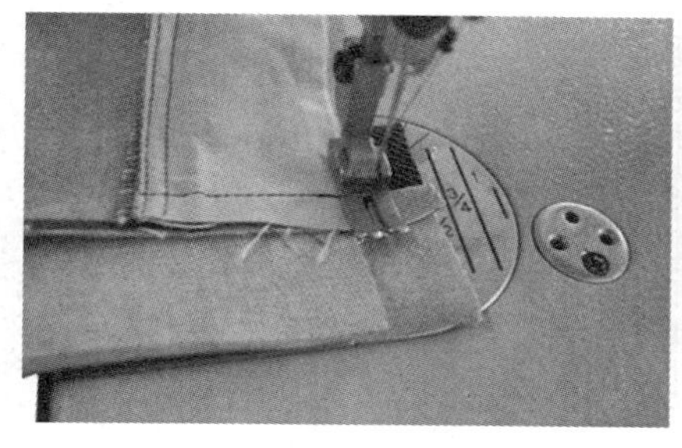
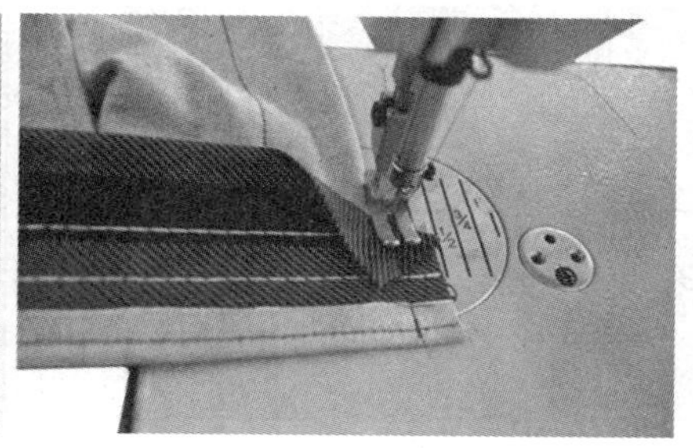

8. 工序名称：缝合门襟腰头

工序要点：将腰翻转，腰面、腰里平服对齐，沿着里襟外口平齐缝合腰外口，不得歪斜。注意里襟托布不能缉线、翻转，里襟外口三角折进后合牢以免里襟外露。腰面和腰里上口翻转时，腰里要坐进0.4 cm，翻转后，腰里则自然坐进。

9. 工序名称：翻转门襟

工序要点：翻转门襟，注意角要方正，腰头止口无“反吐”现象。

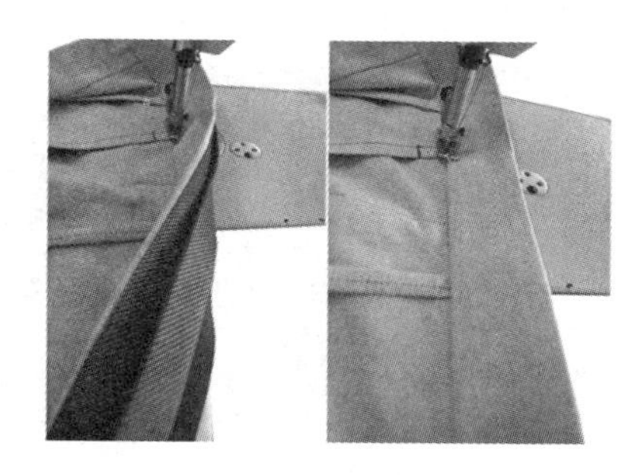

10. 工序名称：腰头压线

工序要点：在腰头正面下口压线0.1 cm，注意缉线均匀顺直。压线时，腰里外一层翻开，不得压牢。

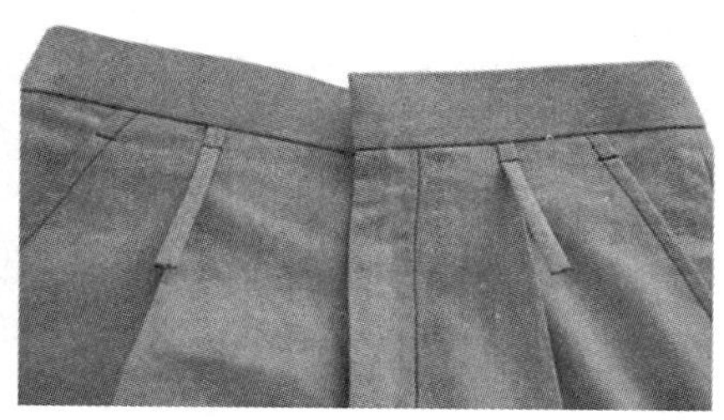

11. 工序名称：对门、里襟

工序要点：在腰头下缉0.5 cm的线，固定串带袢。检查门裤、里襟长度是否一致，左右腰线是否对齐。

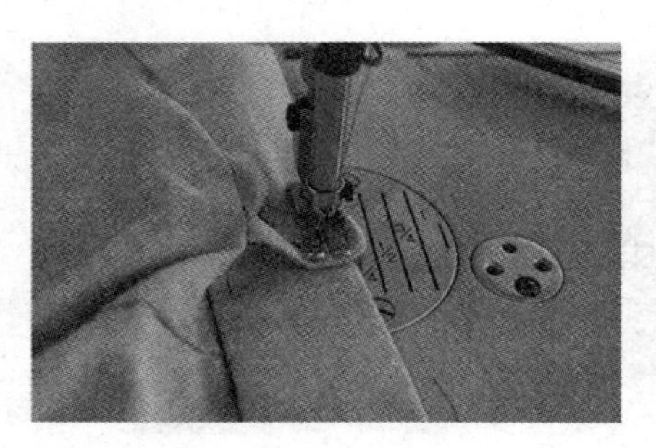 12. 工序名称：车缝固定串带袢 工序要点：确定串带袢位置，离开腰上口 0.3 cm，串带袢松量 0.2 cm。注意串带袢长短一致，位置准确左右对称，无歪斜。	 缝制完成效果：腰面平服，不外吐，腰袢左右对称，有松量，上下压线位置一致。

第八单元　成 衣 缝 制

模块一　裙 子 缝 制

一、短裙

该款裙子装直腰，裙摆位于膝上，臀围线以上较为贴身，臀部松量较大，裙摆适中。前片三个褶，后片两个口袋，后中装隐形拉链。款式图如图 8—1 所示。缝制工序流程、工序设备和缝制要点如下表所示。

图 8—1　短裙

 1. 工序名称：裁片、烫粘合衬 工序要点：按照缝份要求裁剪前后裙片、腰面、袋垫。在腰面和关键部位烫粘合衬。	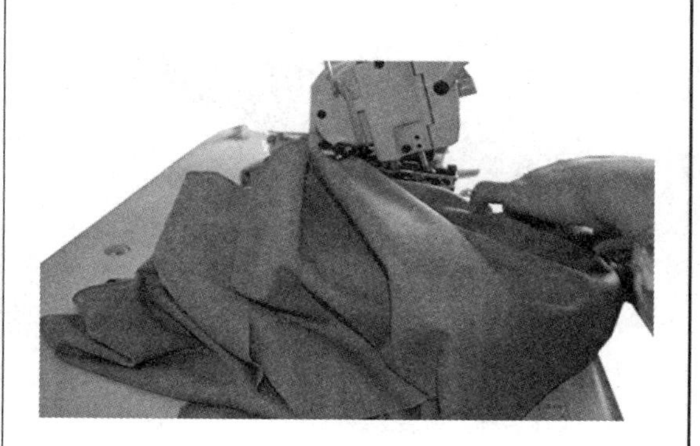 2. 工序名称：裙片锁边 工序要点：前、后裙片除腰节外，其余三边都锁边。

3. 工序名称：后片收省

工序要点：省的大小、长短、位置要缉准确，省缝要缉顺，省尖要缉尖，省根缉来回针。省尖缉过后，空车多缝五六针，线头打结。

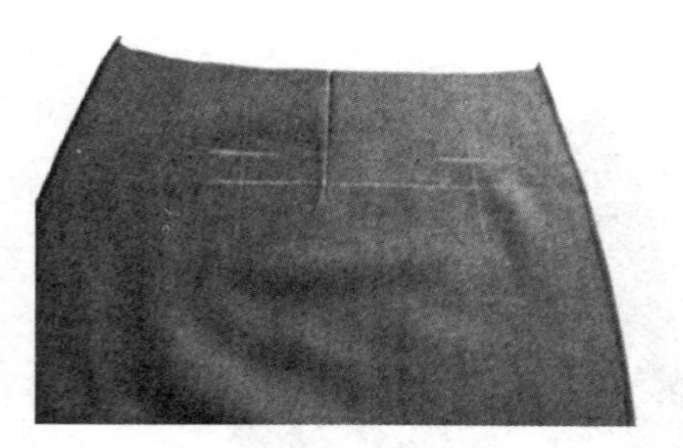

4. 工序名称：确定袋位

工序要点：在后裙片正面，袋口线向上、向下各0.8 cm画线。

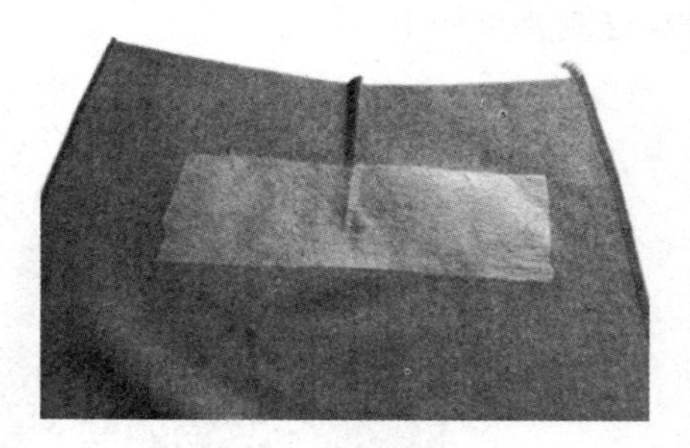

5. 工序名称：袋位烫粘合衬

工序要点：在裙片反面的相应位置烫粘合衬。

6. 工序名称：缉袋嵌线

工序要点：将嵌线布的宽边朝上，嵌线上的口袋大线与裙片袋口下缘1 cm线并齐，车缉袋嵌条线，起落手来回针缉牢固。

7. 工序名称：开口袋

工序要点：沿袋口缉线中间剪开，离开口袋0.6 cm剪三角，不能剪断缉线，并要离开线一根或二根丝绺。

8. 工序名称：缉前裙片褶裥

工序要点：前裙片反面向里折转，按中间对折位置用手工定一道。左右两侧各向内倒一褶裥，然后缉线固定。

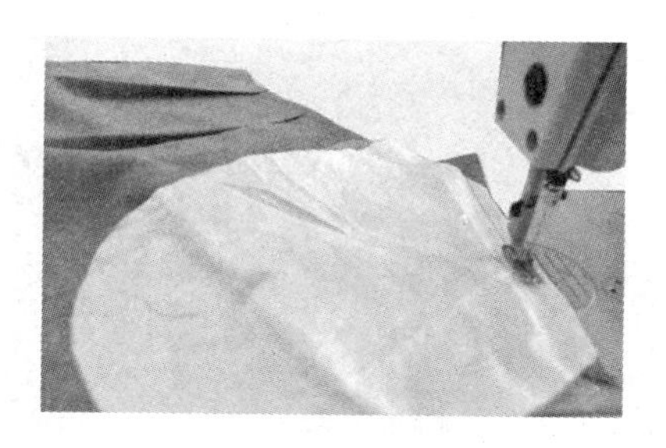

9. 工序名称：缉袋布及口袋贴边

工序要点：前袋布与前裙片反面相叠，袋口贴边与裙片正面相叠，平齐裙片袋外口，三层一起缝合。

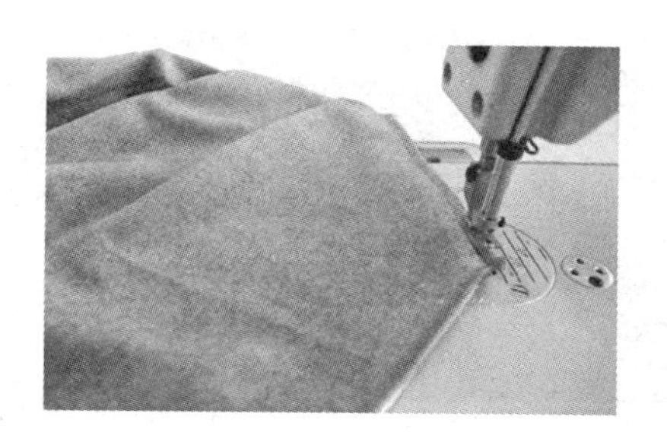

10. 工序名称：缉袋口明线

工序要点：缝份均向裙片坐倒。袋口贴边折转，坐出嵌线宽带 0.2 ~ 0.4 cm，熨平。在正面袋口位置缉 0.1 cm 止口线，同时把嵌线固定。

11. 工序名称：固定袋垫布与下袋角侧缝

工序要点：将袋垫布放平，上口袋按斜袋位置放正，后袋布拉开，袋垫布与下袋角侧缝固定。

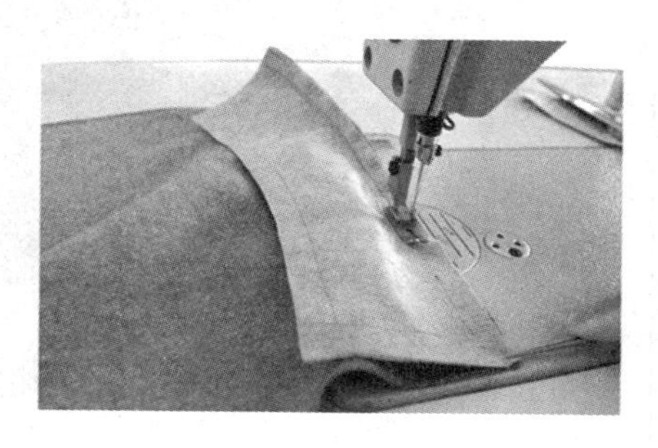

12. 工序名称：装前、后腰面

工序要点：腰面的对档标记对准裙腰口对应位置，腰头在上、裙片在下，沿 0.8 cm 缝份缉线。注意前平、中（侧缝左右 1 cm）微松、后（臀部上口）稍紧，使腰头上口顺直，前后平服，臀部饱满。

13. 工序名称：缉腰面明线

工序要点：在正面与裙片拼接位置缉 0.1 cm 止口线。

14. 工序名称：缝合侧缝

工序要点：将前、后裙片的下摆、腰口、臀围对齐，缉 1 cm 缝份。

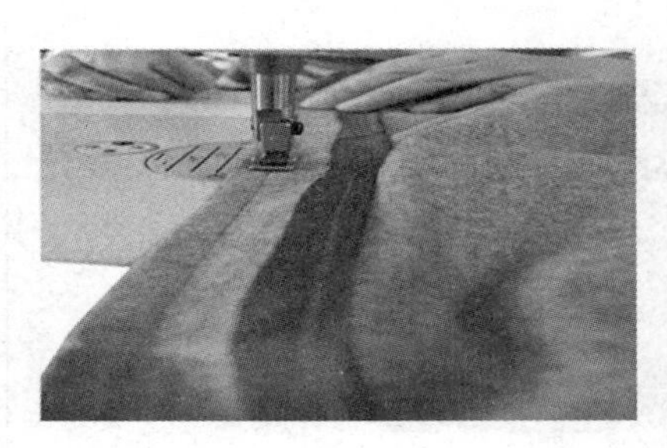

15. 工序名称：做、装下摆贴边

工序要点：把衣片与贴边对正裁剪边缘后缝合。

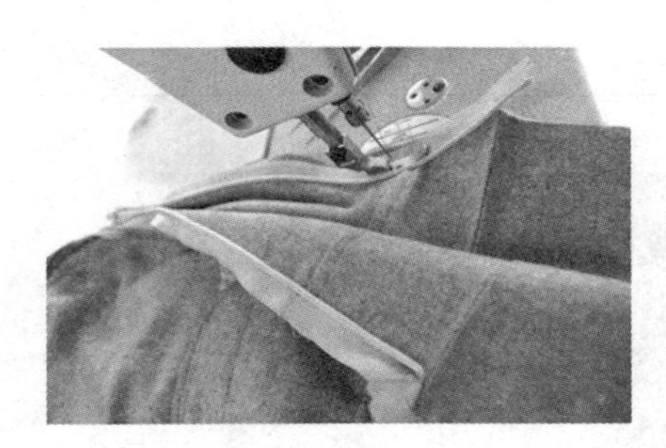

16. 工序名称：装隐形拉链

工序要点：在装拉链的部位反面贴上粘合衬，衬比开门止点伸下 1 cm，缉线比开门止点伸下 2 cm，拉链头拉到开门止点以下，拉链齿边沿裙片开门止口烫迹放齐，用专用单脚压脚与裙片缉合，并缉到开门止点以下 1.5 cm 左右。注意两边不能缉错位。

17. 工序名称：做夹里布

工序要点：里布松于面布，下摆口宽度略小于面布贴边宽度。

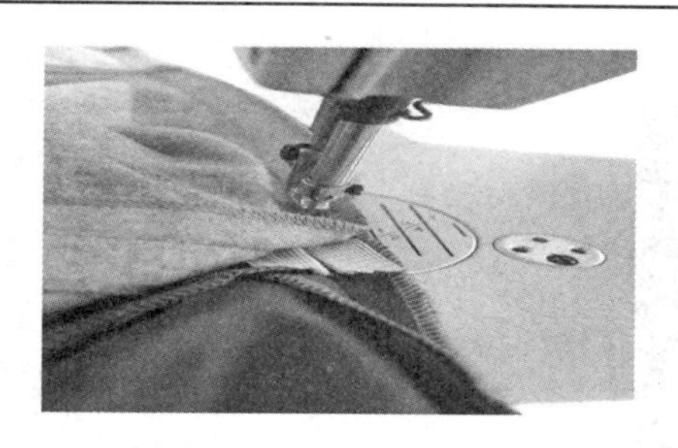

18．工序名称：装里布

工序要点：面布在上、里布在下，沿 0.8 cm 缝份缉线。

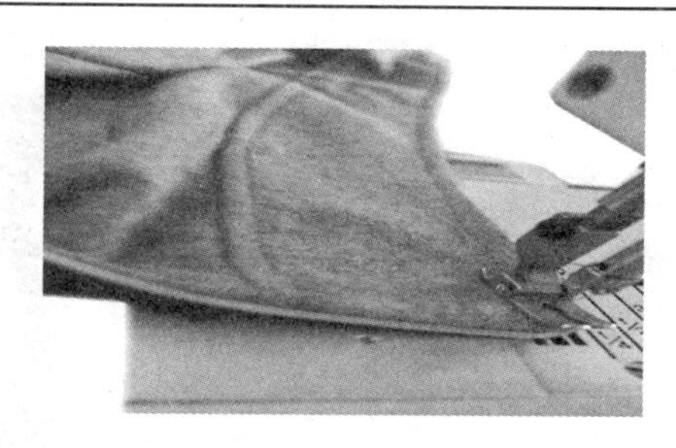

19．工序名称：压缉腰头

工序要点：腰面翻正，腰里放平，正面缉 0.1 cm 止口线，注意腰上下层均匀，上层不得拉长，防止起涟。

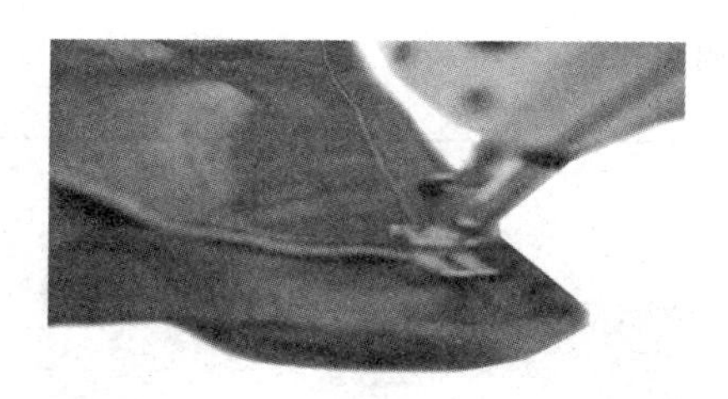

20．工序名称：里布卷底边

工序要点：里布先折进 0.5 cm，再折进 2 cm，再压 1 cm 的止口线。

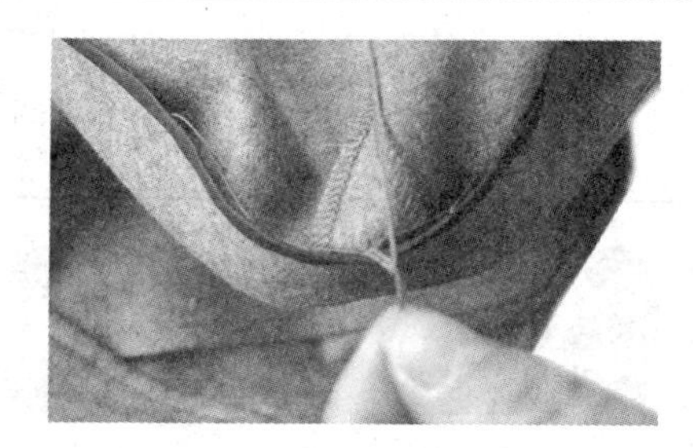

21．工序名称：缲三角针

工序要点：用暗缲针（从左向右一针上一针下倒退缝）把底边固定。

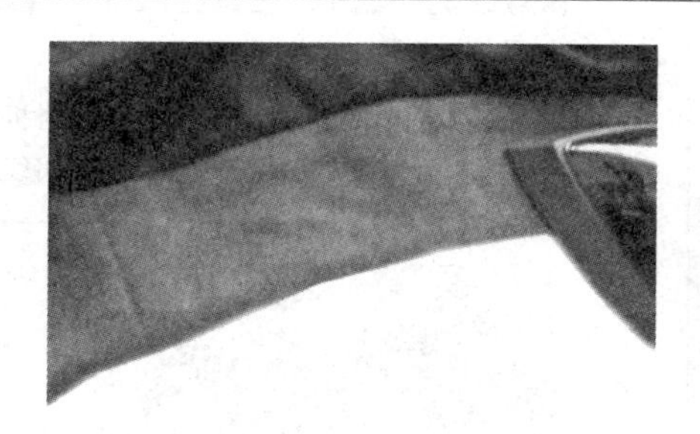

22．工序名称：整烫

工序要点：整烫时部位的局部一定要放平整。注意控制熨斗温度。

二、连衣裙

该款裙子装趴领，前上片左右各收两个褶。有腰，腰围线高于正常腰围线。波浪裙裙摆位于膝下，后中装隐形拉链。款式图如图 8—2 所示。缝制工序流程、工序设备和缝制要点如下表所示。

图 8—2　连衣裙

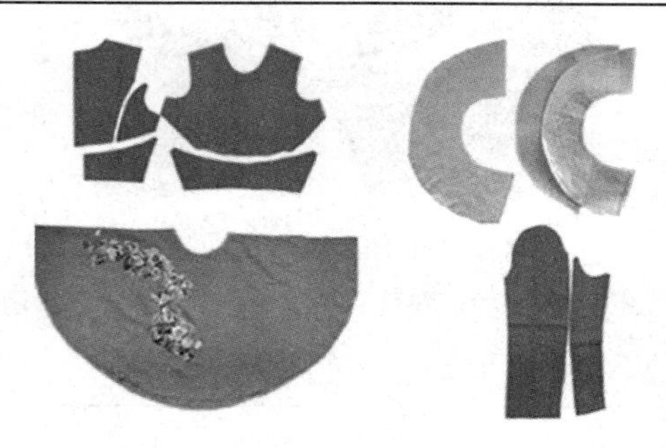

1．工序名称：裁片、烫粘合衬

工序要点：在前上片、后中片、后侧片、前后腰面、领片、裙片、大小袖片、领子和关键部位烫粘合衬。

2．工序名称：前衣片收褶裥

工序要点：将前衣片反面向里折转，按对折位置用手工定一道。左右两侧各向外倒两褶裥，然后缉线固定。

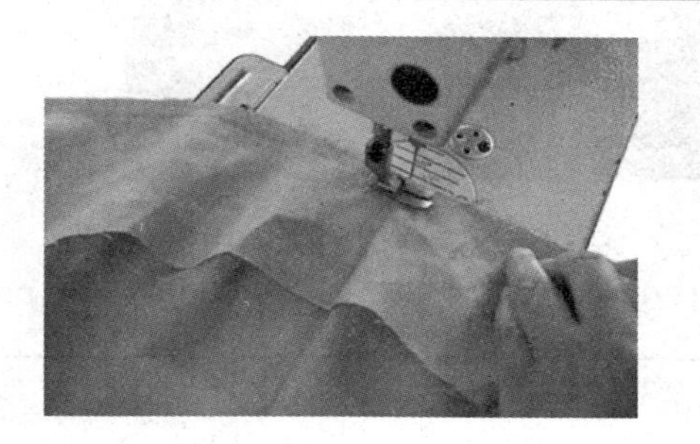

3．工序名称：装前腰面

工序要点：将腰面的对位标记对准衣片腰口对应位置，腰头在上，衣片在下，沿 1 cm 缝份缉线。

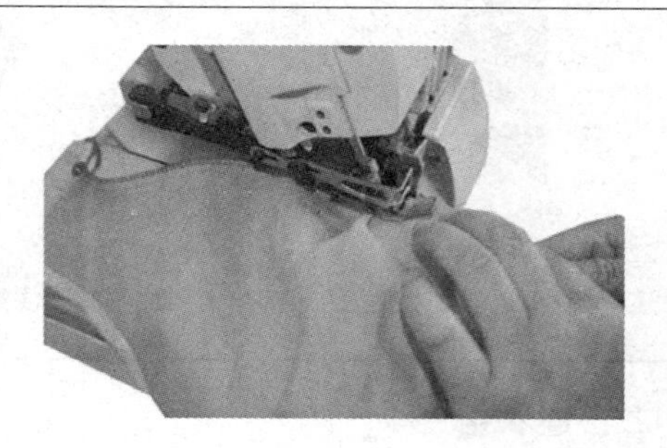

4．工序名称：锁边

工序要点：衣片在上、腰面在下锁边。

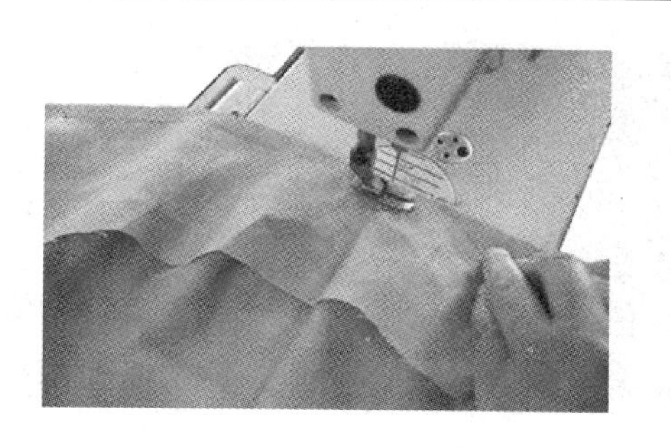

5. 工序名称：缝合后中、后侧片

工序要点：后侧片在上，后中片在下，沿 1 cm 的缝份缉线。

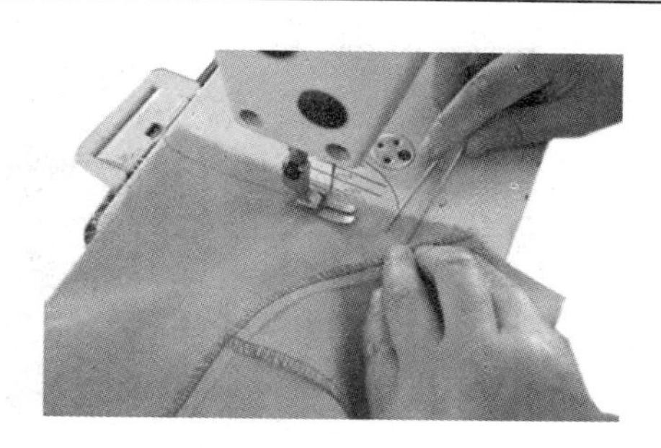

6. 工序名称：缝合侧缝

工序要点：将前后衣片的侧缝对齐，缉 1 cm 的缝份。

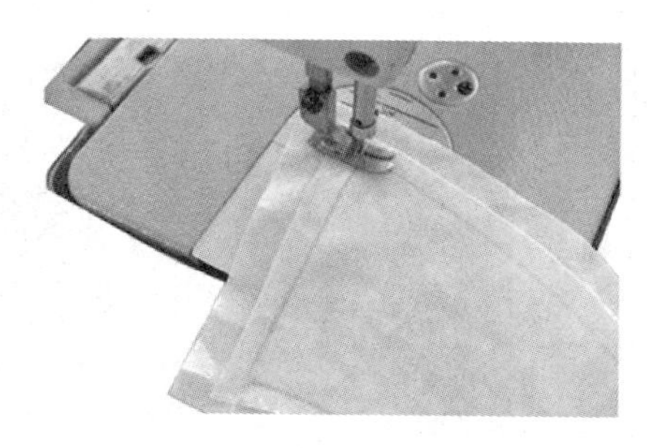

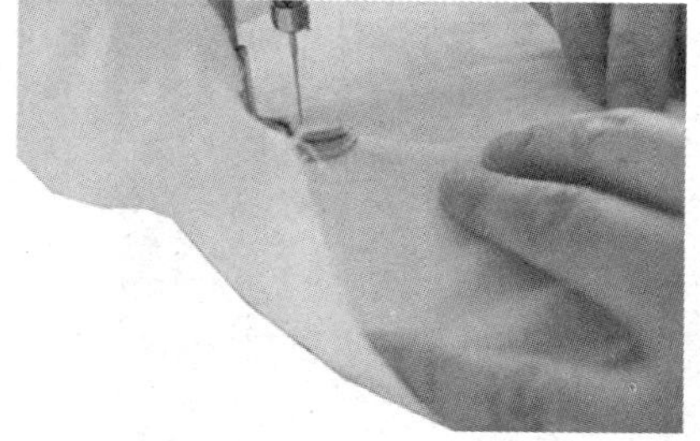

7. 工序名称：做领子

工序要点：领面、领里正面相叠，缉 0.6～0.8 cm 止口。注意领里止口不“外吐”，将领面略向前推送，防止领面起涟。

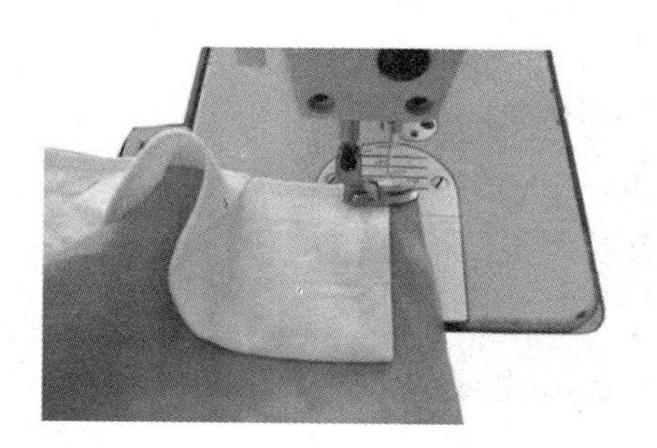

8. 工序名称：装领子

工序要点：领子在上，反面相叠，沿 0.6 cm 的缝份缉线。

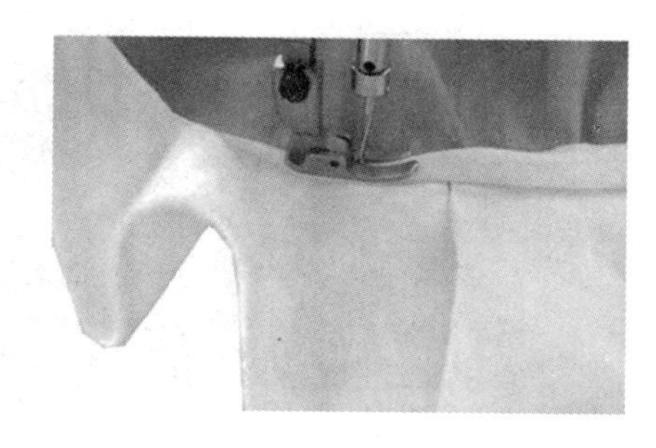

9. 工序名称：斜条固定压线

工序要点：将斜条包住袖窿边，在正面压线 0.1 cm。

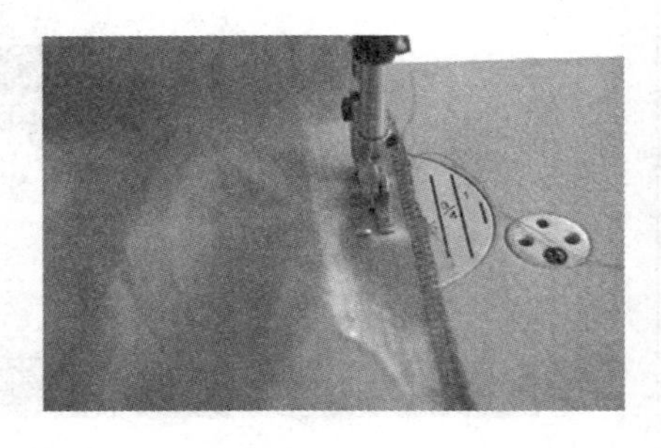
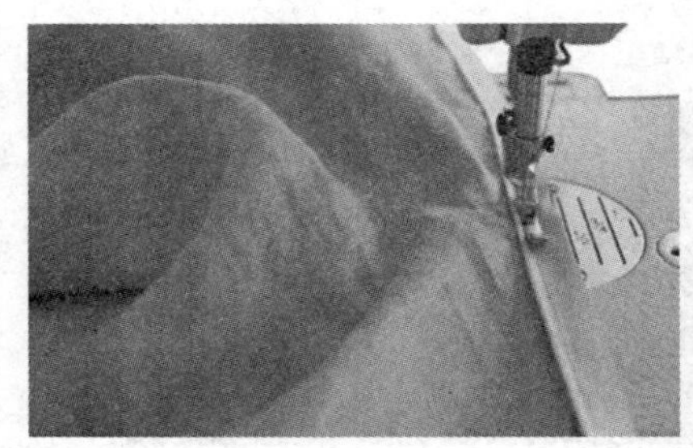

10. 工序名称：装隐形拉链

工序要点：在装拉链的部位反面贴上粘合衬，衬比开门止点伸下 1 cm，缉线比开门止点伸下 2 cm，拉链头拉到开门止点以下，拉链齿边沿裙片开门止口烫迹放齐，用专用单脚压脚与裙片缉合，并缉到开门止点以下 1.5 cm 左右。注意两边不能缉错位。

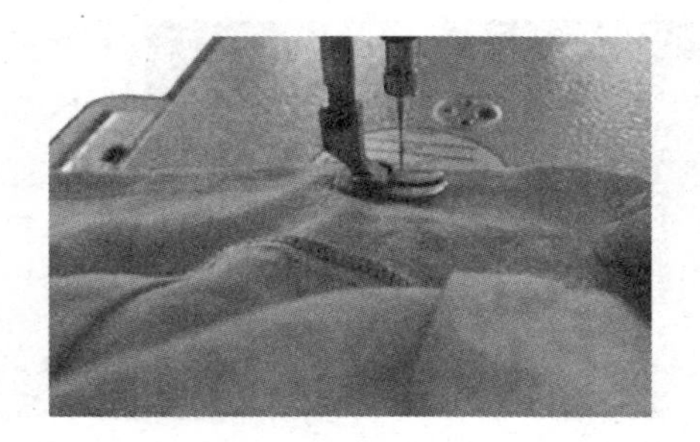

11. 工序名称：缝合裙片

工序要点：腰面在上、裙片在下，沿 1 cm 的缝份缉线。

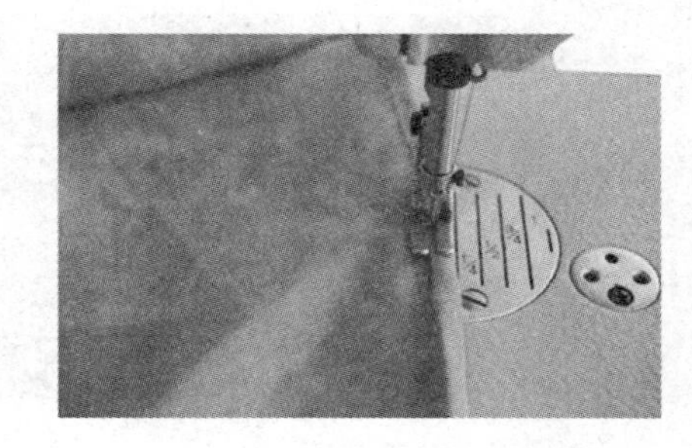

12. 工序名称：卷底边

工序要点：根据不同款式的卷边宽度要求可选择不同规格的卷边压脚，可选择 0.4 cm 或 0.8 cm 的宽度。

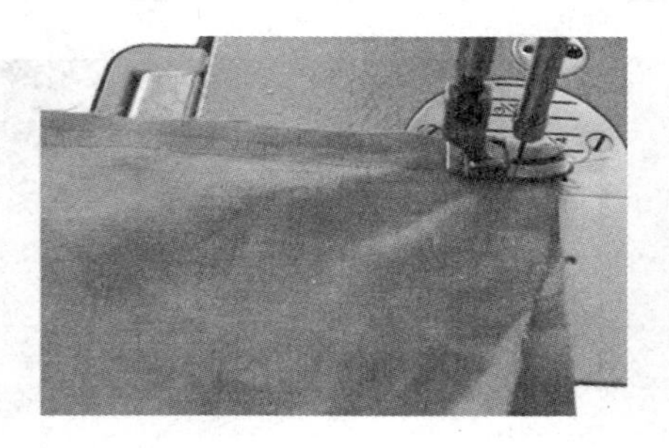
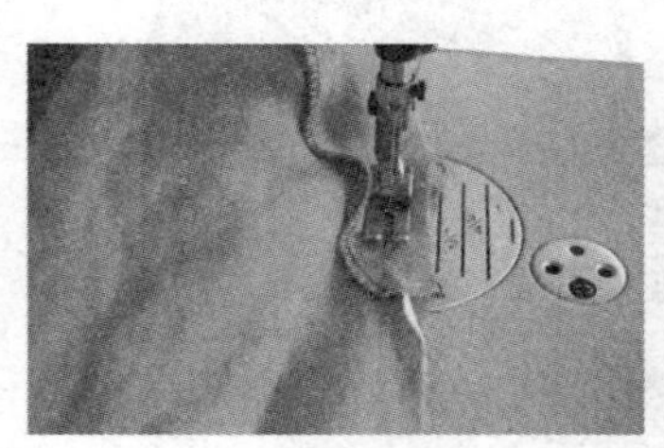

13. 工序名称：装袖子

工序要点：缝合前（内）袖缝，正面相叠，大袖片在上。缝合后（外）袖缝，小袖片在上。核对袖山与袖窿是否吻合（一般袖山略大于袖窿 0.6 cm 左右），正面相叠，袖子在上，袖山中点对准肩缝，袖山略松，沿 0.6 ~ 0.8 cm 的缝份缉线。

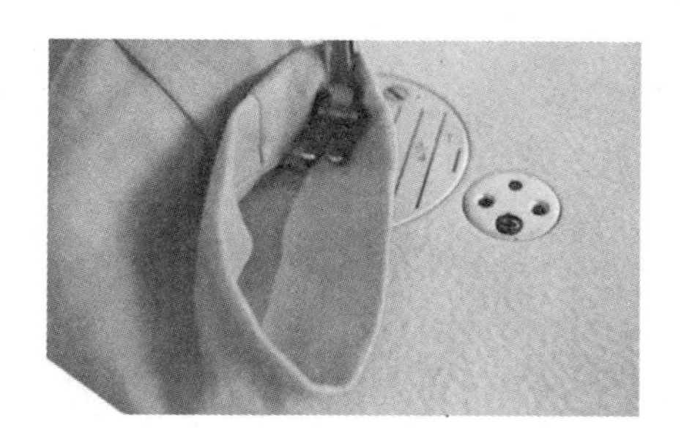 14. 工序名称：袖口固定 工序要点：将毛边朝反面折进 0.5 ~ 0.7 cm，再折上贴边宽度缉一周。	 15. 工序名称：整烫 工序要点：整烫时部位的局部一定要放平整。注意控制熨斗温度。

模块二　裤 子 缝 制

一、西短裤

西短裤上部与男西裤基本相似。装腰型直腰，前后裤片有六个串带袢。前中开门襟装拉链。前裤片左右各一个反褶裥，侧缝设斜插袋，后裤片左右各一个省、一个双嵌线挖袋。臀围放松量比西裤略小，裤长一般在大腿中部，适合夏季穿着。款式图如图 8—3 所示。缝制工序流程、工序设备和缝制要点如下表所示。

图 8—3　西短裤

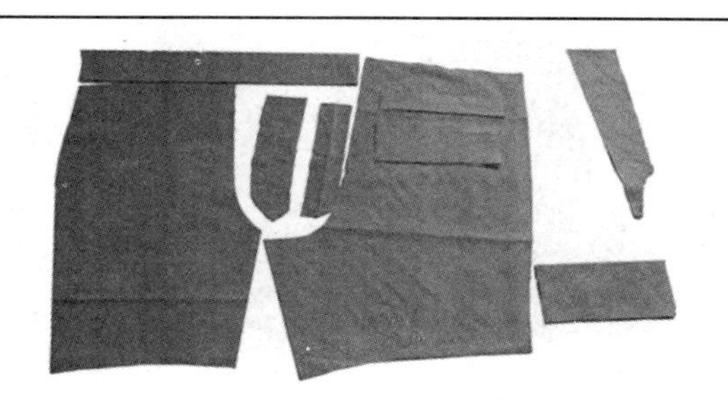 1. 工序名称：裁片 工序要点：裁片不要漏裁或一顺。	 2. 工序名称：烫粘合衬 工序要点：在腰面和关键部位烫粘合衬。

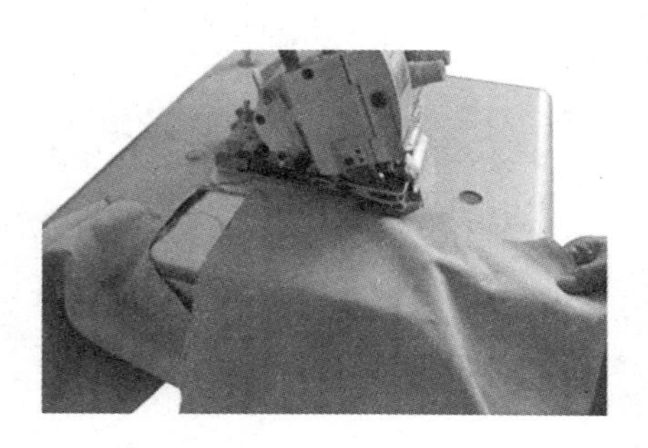

3. 工序名称：锁边

工序要点：在关键部位锁边。

4. 工序名称：车缝袋垫布

工序要点：将袋垫布放在距袋布直边 0.7 cm 处后，沿锁边线距边 0.5 cm 车缝。

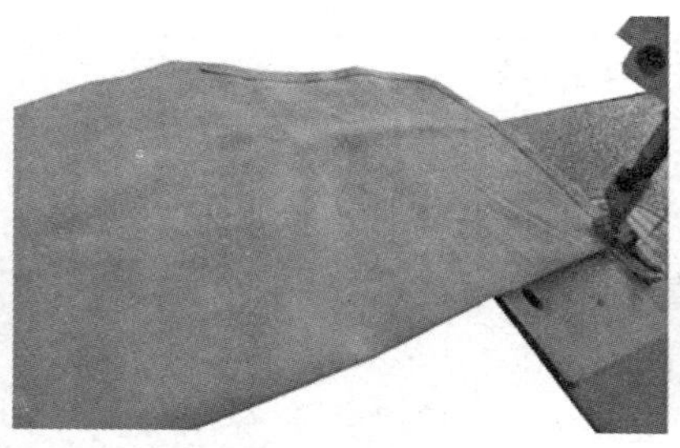

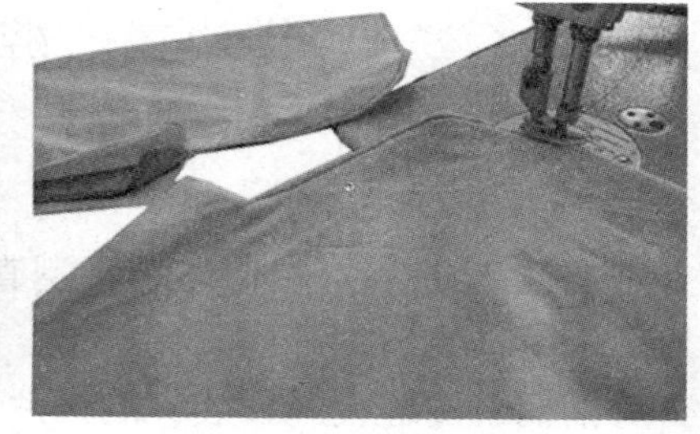

5. 工序名称：缝合斜插袋布

工序要点：按袋布对折线放置袋布，袋底对齐，在斜边下口 1.5 cm 处开始沿袋底缉 0.5 ~ 0.4 cm。翻转、熨烫袋布，从袋底距斜边 2 cm 处开始，车缝 0.5 cm 过渡到 0.3 cm，直至袋布对折线完为止。

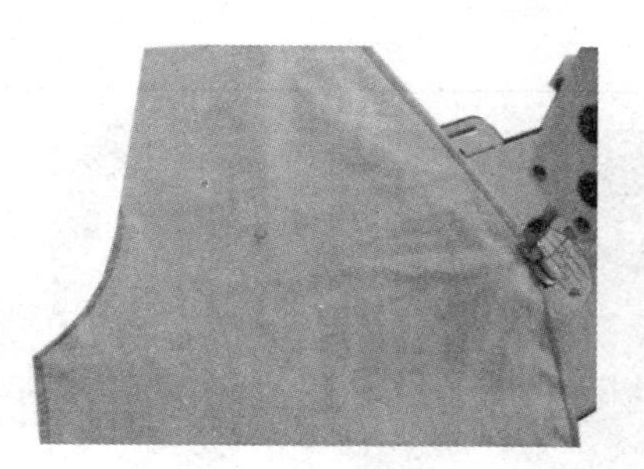

6. 工序名称：袋布与裤片缝合固定

工序要点：将裤片斜插袋袋口边烫痕与袋布斜边对齐，沿斜插袋贴边车缝固定住袋布，再沿斜插袋袋口边缉 0.6 cm 明线。

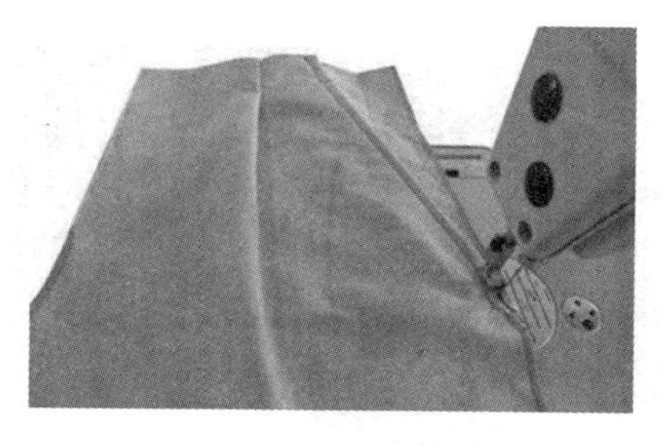

7. 工序名称：封袋口、固定腰部褶裥

工序要点：将袋布整理平整后，车缝至距腰口 3 cm 处做标记。将标记位置作“L”形封口。在腰口按刀眼分别车缝固定褶裥，褶裥倒向口袋。

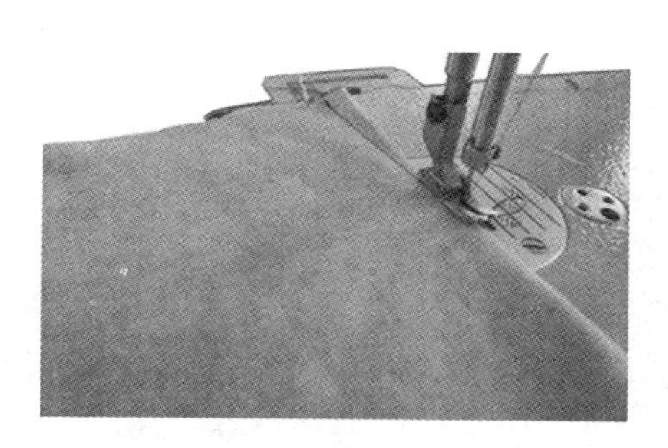

8. 工序名称：车缝后片省道

工序要点：在后裤片按制图要求画出省道及袋位，按刀眼缉后裤片省道。由省道缉至省尖，省根回针，省尖不回针，留线头长 2 cm。

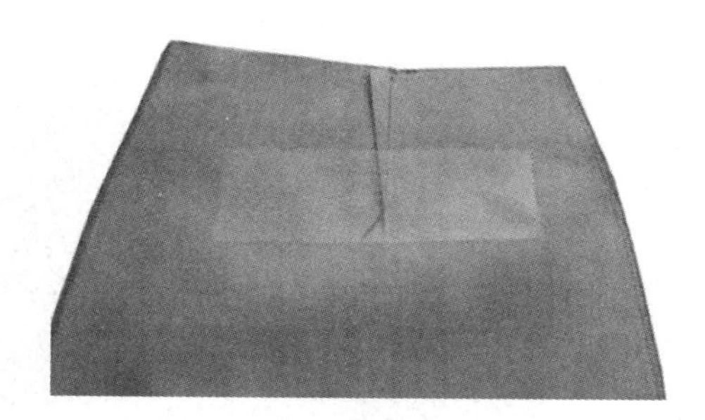

9. 工序名称：后袋位烫粘合衬

工序要点：将省道倒向后裆缝，熨平后烫上粘合衬。

10. 工序名称：折烫嵌条，确定嵌条宽度

工序要点：在嵌条反面烫上粘合衬。折烫嵌条，宽为 1 cm。

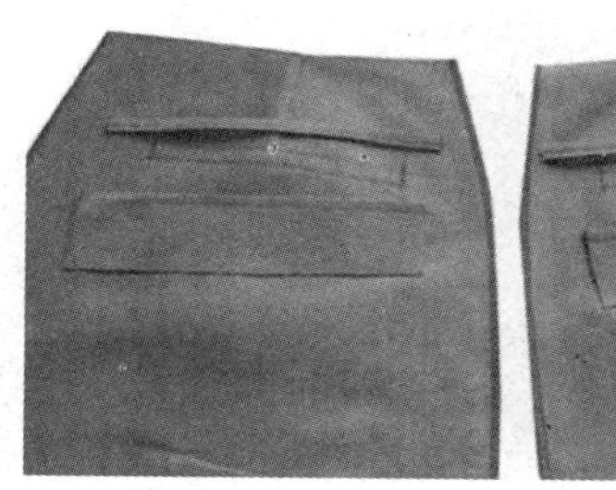

11. 工序名称：摆放嵌条

工序要点：在裤片上画出袋位，在嵌条正面分别画出嵌条，宽 0.5 cm。嵌条划线与裤片袋位重合。

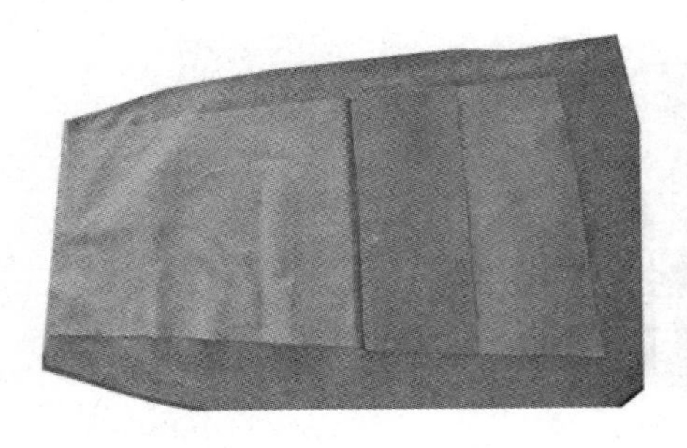
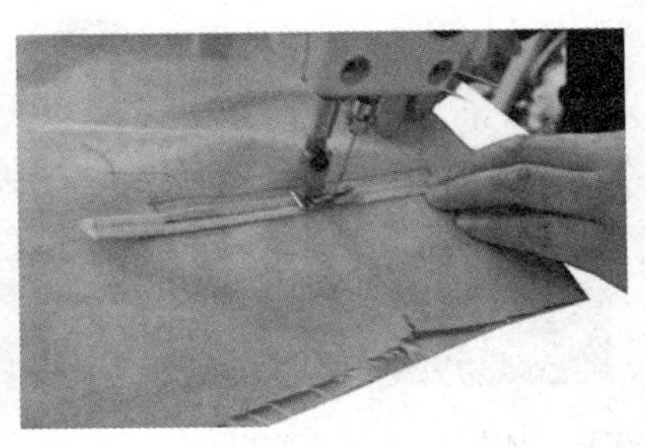

12. 工序名称：缉嵌条

工序要点：起点与终点要对齐，嵌条与裤片缉线，上下松紧一致。在正面用手掰开嵌条检查两端是否平齐，在反面检查两线是否平行，两端平齐。

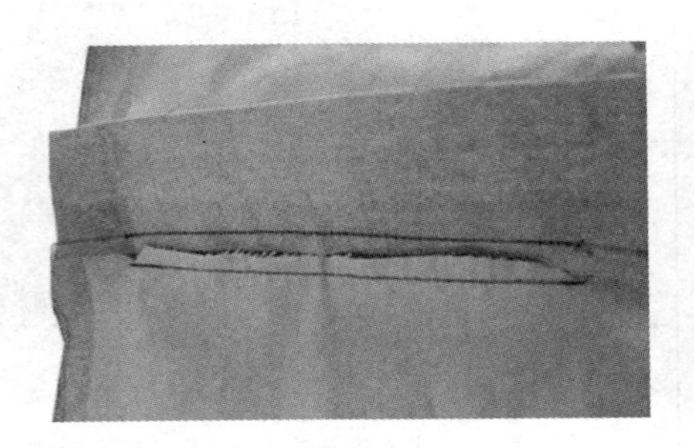
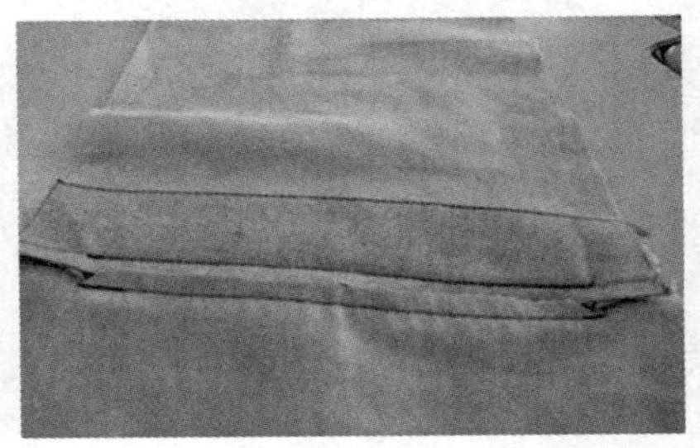

13. 工序名称：袋口开剪

工序要点：从袋口中间向两端开剪，剪到两端时，注意不能把线缝剪断。

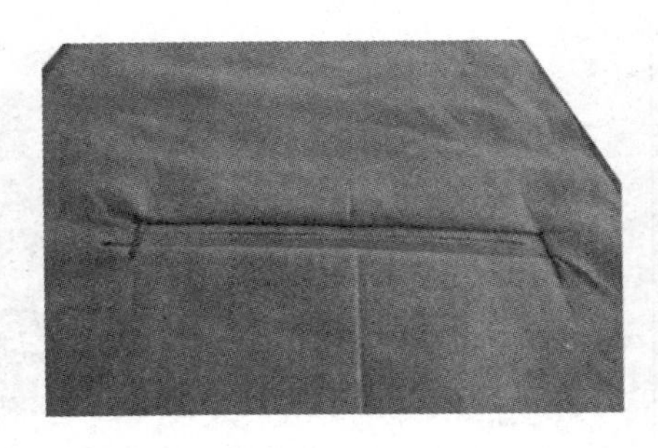
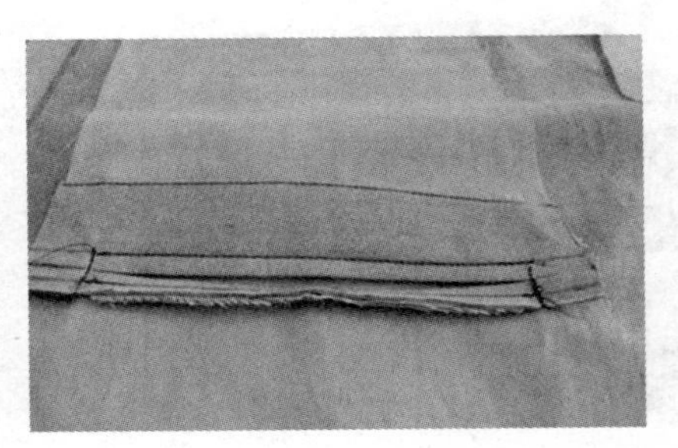

14. 工序名称：烫平口袋嵌条

工序要点：熨烫嵌条，上下嵌条均烫成0.5 cm宽，两端方正。

15. 工序名称：缝合固定大袋布

工序要点：将大小袋布两端及下端对齐，从小袋布上端开始沿边车 0.3 cm 一周。翻转袋布，袋底两角整理圆顺。整理小袋布上口，将其与其余几片一道缝合成“冂”形固定。将袋布两侧熨烫平整后，沿边缉 0.6 cm 止口线。放平袋布后，腰口与袋布缉 0.3 cm 固定，然后将大袋布多余的量修剪掉，使之腰口平齐。

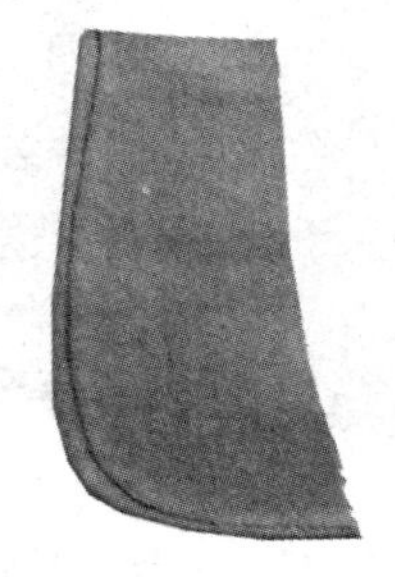

16. 工序名称：做里襟

工序要点：在里襟面布反面烫上粘合衬后，按净样板画净样。将里襟面布与里襟里布按图示放平后，从缝合始点沿净样线缉缝到合止点。修剪缝留头 0.3 cm，上端凹弧处剪口。将里襟翻到正面后扣烫成里外匀。

17. 工序名称：里襟装拉链

工序要点：确定拉链在里襟上的位置。车缝固定拉链和里襟，缝份为 0.6 cm。里襟与右裤片缝合，腰口缝份 0.5 cm，开口处缝份 0.7 cm，注意腰口平齐。缝合后检查门襟是否盖过里襟 0.3 cm。

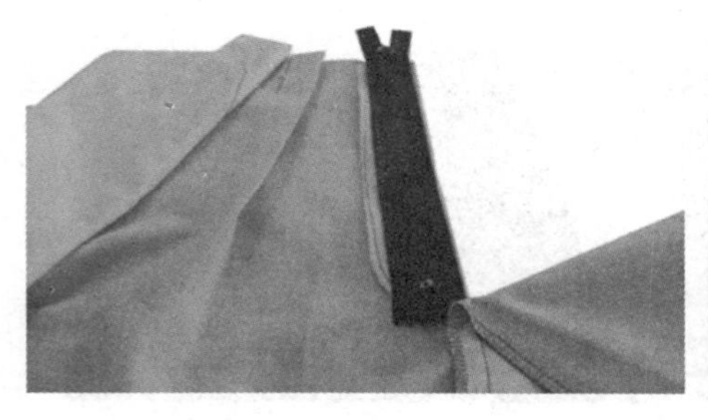
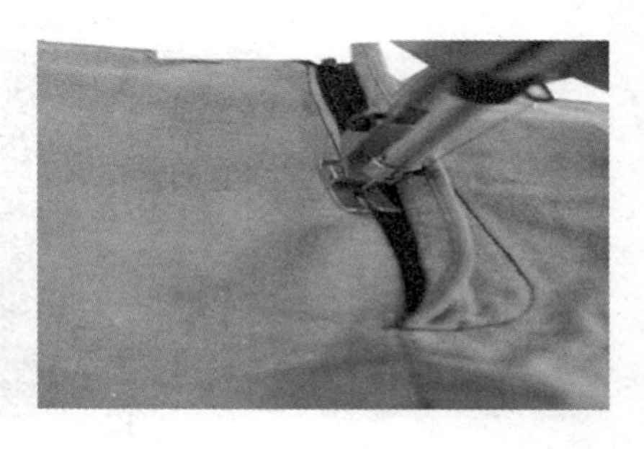

18. 工序名称：装门襟及门襟拉链

工序要点：左裤片与门襟按0.9 cm缝份缝合，注意腰口平齐，上下松紧一致。缝份倒向门襟，并在门襟处缉0.1 cm明线。确定门襟与拉链的位置，按确定的位置缉线，注意腰口有0.3 cm的重叠量。

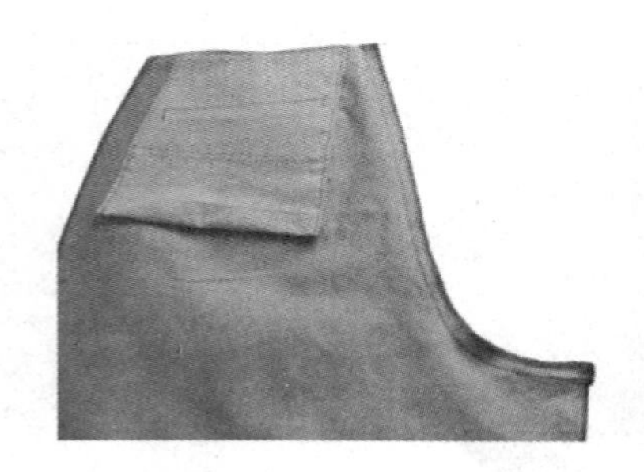

19. 工序名称：缝合侧缝

工序要点：从腰口开始缝合侧缝，缝份为0.8 cm，注意上、下层松紧保持一致。斜插袋下端要平整，袋口两端回针固定。从腰口分开烫侧缝至脚口。折烫前袋布侧缝边，要求折烫后与裤片缝份对齐。袋布与后裤片侧缝缉0.1 cm缝份固定。

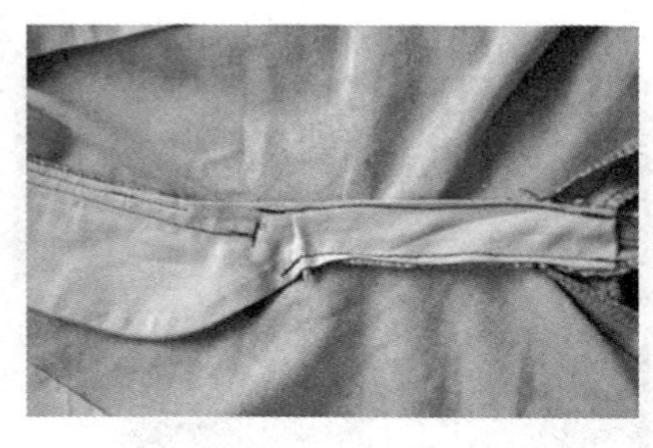

20. 工序名称：缝合下裆缝线及前后裆缝

工序要点：缝合下裆缝，分缝烫开。侧缝和下裆缝对齐后，烫出裤子前后烫迹线，同时熨烫前片的褶裥。按制图要求确定门襟开口位置，然后从对位记号处开始缝合至后裆缝，后裆缝要求按净样缝制。将后裆缝分缝烫开，再车一道分压缝以加强裆部的牢固度。

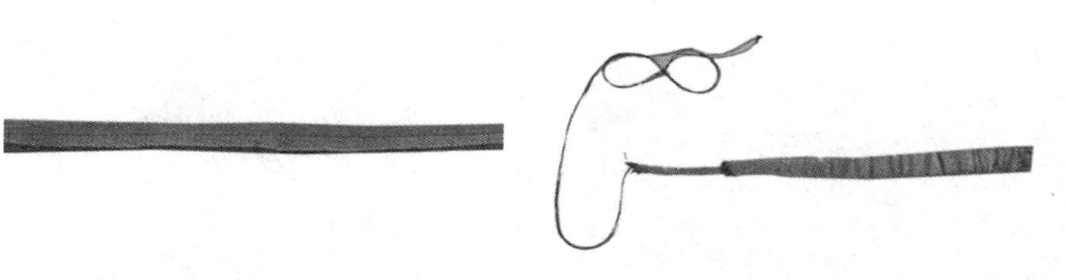

21. 工序名称：做串带袢

工序要点：按1 cm宽缝合串带袢，然后分烫分缝，修剪缝份为0.3 cm。将串带袢翻到正面，缝线居中烫平，按8 cm分段。

22. 工序名称：装串带袢

工序要点：确定串带袢，前片烫迹线上设一个，距后中3 cm处设一个，两边等分处设一个。

23. 工序名称：做腰

工序要点：腰面后中1 cm缝合后，分开熨平。腰面先烫无纺粘合衬，门襟处缩进6 cm处再烫树脂衬。按树脂衬粘衬宽度扣烫腰面，腰里与腰面离开0.5 cm车缝，按0.1 cm缝份固定。

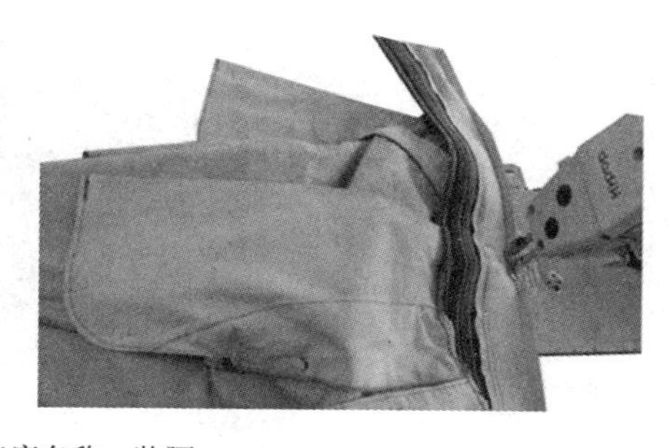

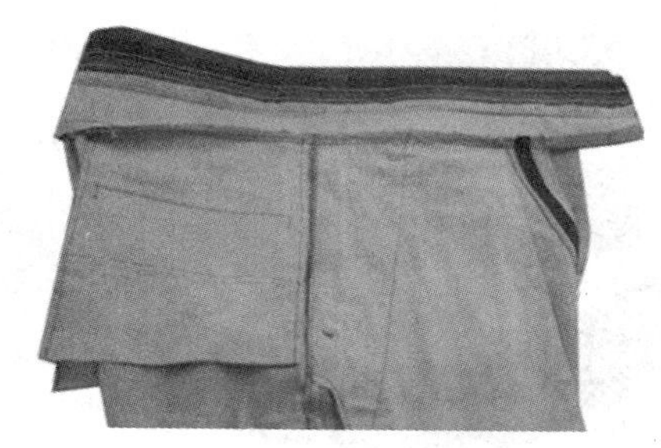

24. 工序名称：装腰

工序要点：翻开门襟，将腰头面放上层，从门襟开始缝合腰头至里襟处，缝份0.9 cm。裤片中缝与腰面后中缝对齐，注意里襟托布不能缉住。缝合门襟腰头，翻转门襟，注意角要方正。在净样线缩进0.2 cm处修剪里襟树脂衬。离开树脂衬0.2 cm车缝里襟腰头，然后修剪缝份。将里襟腰头翻出，检查门里襟长度是否一致，左右腰线是否对齐。

<table>
<tr>
<td>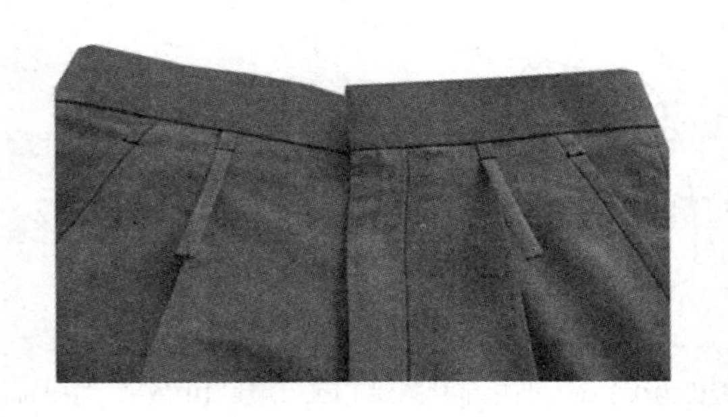
25. 工序名称：固定串带袢
工序要点：确定串带袢的位置，离开腰上口 0.3 cm，串带袢松量 0.2 cm。在确定好的位置缉三道暗线固定。</td>
<td>
26. 工序名称：脚口卷边
工序要点：将脚口反面朝上，先折 0.5 cm，再折 2 cm，如图沿边缉 0.1 cm。</td>
</tr>
</table>

二、牛仔裤

牛仔裤装腰型弧腰头，直裆较短，中低位，腰臀部紧身。五个串带袢，上下用套结固定。前中开门襟装拉链，前后裤片无裥无省。前后左右各设一月亮袋，右侧袋内装一只硬币袋，后片贴袋左右各一，后片上部育克分割。款式图如图 8—4 所示。缝制工序流程、工序设备和缝制要点如下表所示。

图 8—4　牛仔裤

<table>
<tr>
<td>
1. 工序名称：烫粘合衬
工序要点：在门襟和关键部位烫粘合衬。</td>
<td>
2. 工序名称：锁边
工序要点：前月亮袋袋垫弧线部位锁边。</td>
</tr>
</table>

3. 工序名称：装硬币袋

工序要点：按净样板扣烫上口。烫硬币袋，袋口缉明线 1 cm。在右袋上按硬币袋位装订袋子，要求缉双线 0.1 + 0.6 cm，然后沿袋垫弧线锁边。

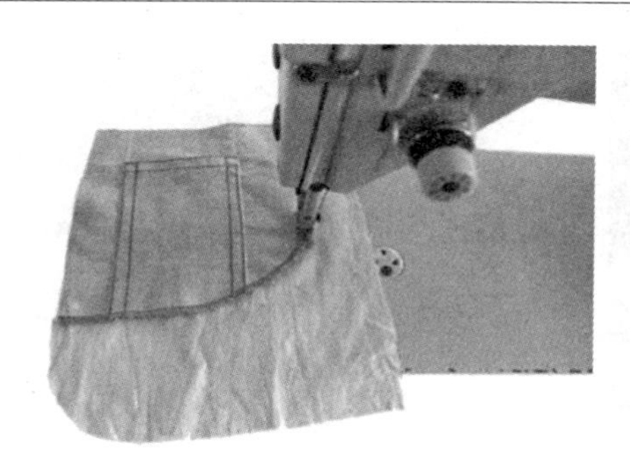
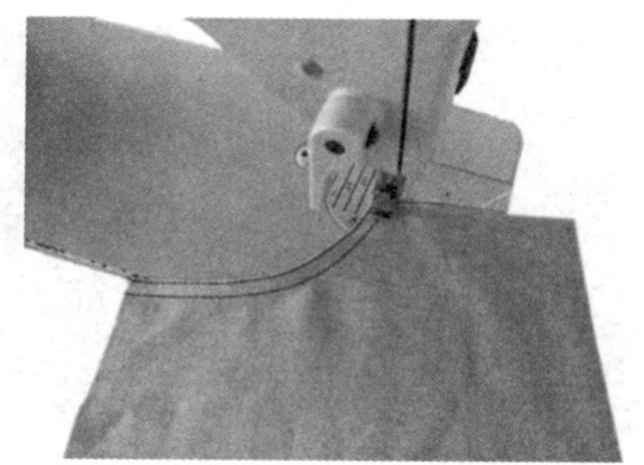

4. 工序名称：做月亮袋

工序要点：沿锁边线缉缝，将月亮袋袋垫与袋布车缝固定，检查袋布左右是否对称。前裤片正面与月亮袋袋布正面相叠车缝 0.9 cm，在袋口弧线处打剪口以便翻转熨烫。翻转扣烫，注意里外匀，袋口压 0.1 +0.6 cm 明线。

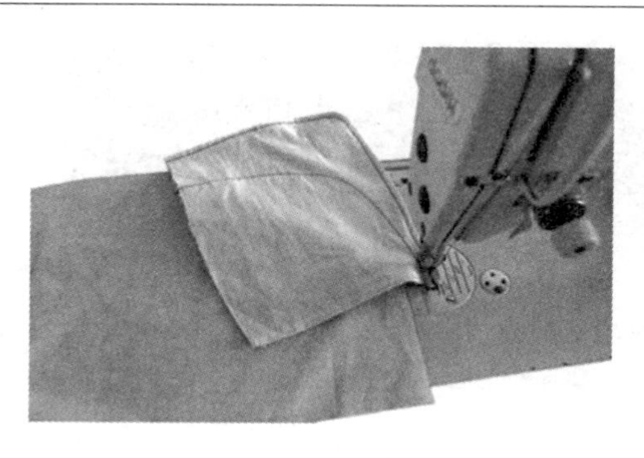
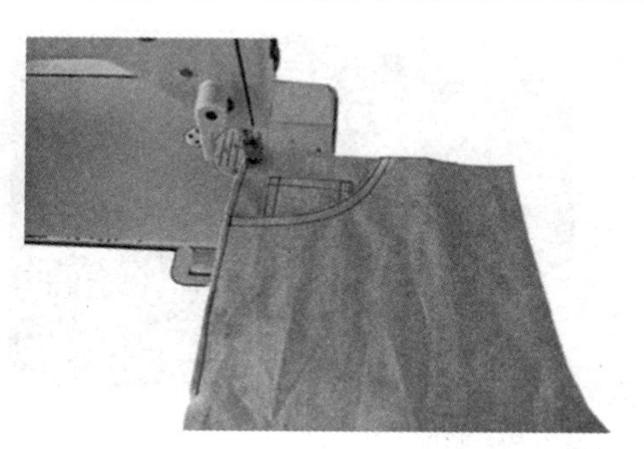

5. 工序名称：装月亮袋

工序要点：缝合两片月亮袋袋布，翻转，沿袋底车缝 0.5 cm，再缉一道弧线，在腰口与侧缝处车一道固定线。

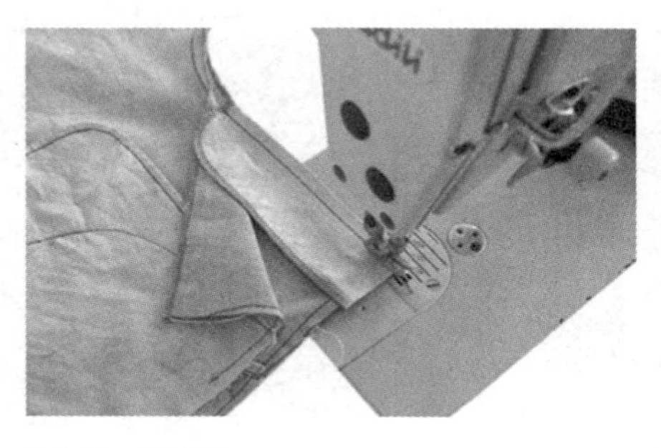

6. 工序名称：做门襟

工序要点：缝合左右裤片的门襟，左裤片与门襟正面相对，从开口处开始缝合，缝份 0. 8 cm，门襟压 0. 15 cm 止口线。

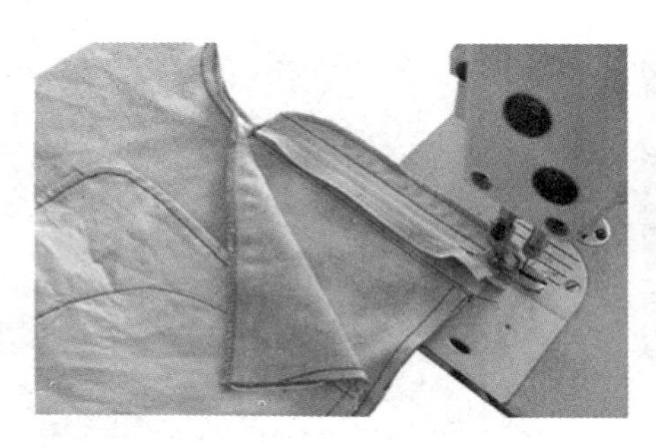
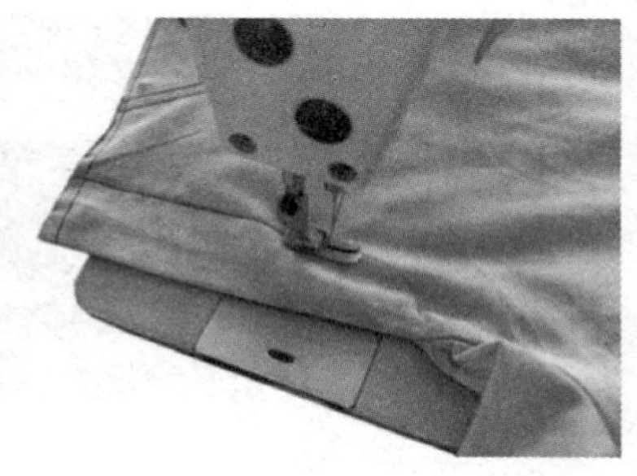

7. 工序名称：装门襟拉链

工序要点：门襟装拉链，注意拉链的位置。前门襟按净样板画线，再沿划粉车缝固定门襟布，缉双线，两线间距 0. 6 cm。

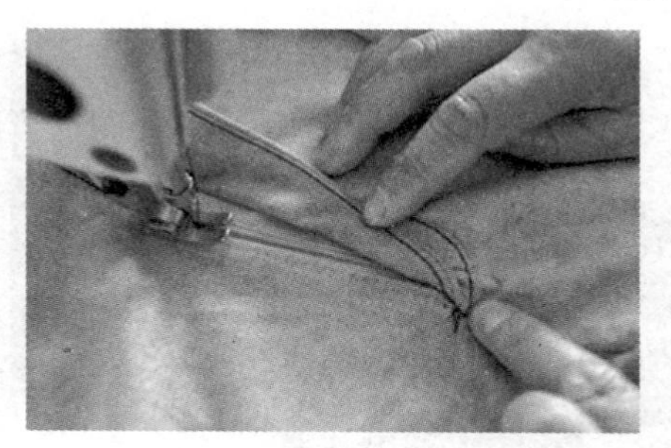

8. 工序名称：装里襟及拉链

工序要点：将里襟放在拉链下面，上端与拉链布边对齐，拉链和里襟放平后距边 0. 8 cm 车缝固定。右裤片开口处缝份折 0. 6 cm 盖住里襟拉链缝线，沿着边压 0. 15 cm 明线，里襟缝合后，确保左裤片门襟盖过右裤片 0. 5 cm。

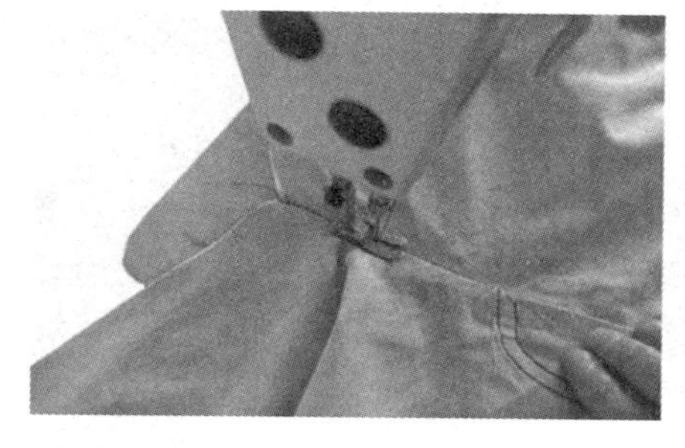
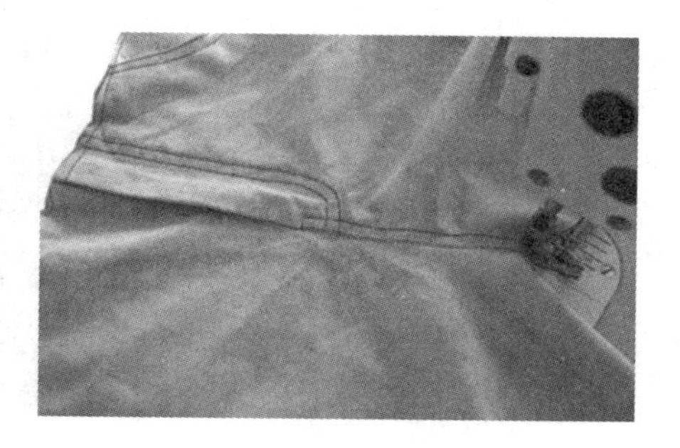

9．工序名称：缝合前裆缝

工序要点：里襟下端剪口，深度0.6 cm。缝合前裆缝线后锁边，前裆弧线压双线。封口止点为门襟明线上1 cm处。

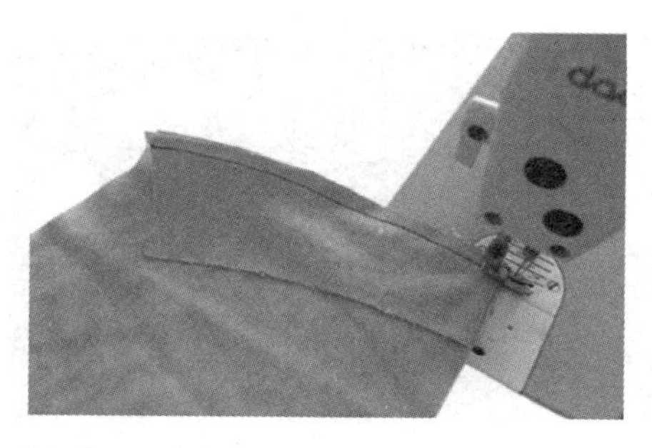
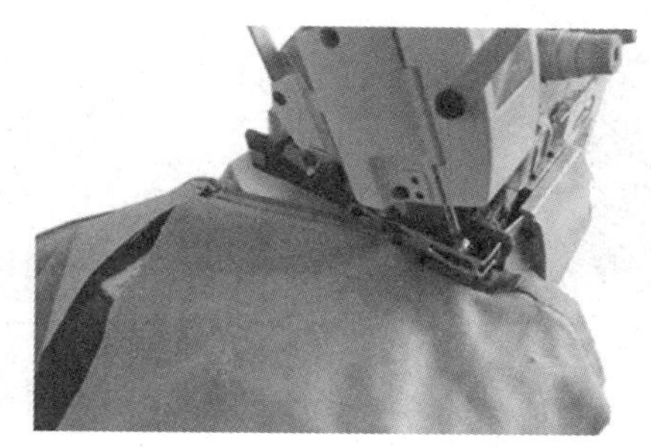

10．工序名称：缝合育克

工序要点：育克在上、裤片在下沿边对齐，缝份1 cm，注意上下松紧一致。将拼线锁边，裤片压育克，车0.1 + 0.6 cm双线。

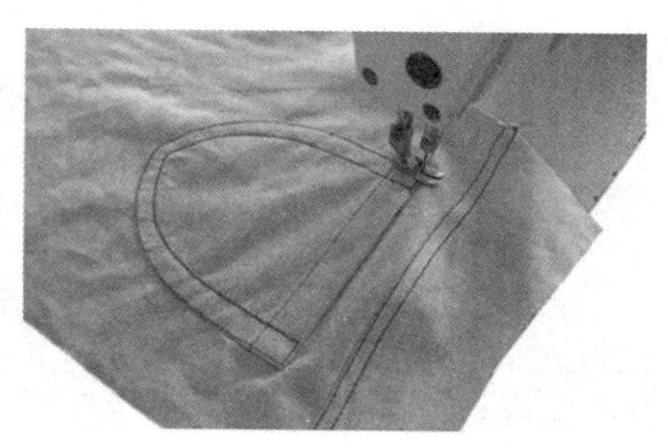

11．工序名称：装后贴袋

工序要点：按净样板扣烫后贴袋袋口。后贴袋口贴边缉明线0.1 cm。按净样板在后裤片上定出袋位后将袋布放上，车缝0.1 cm固定线后再缉1.5 ~ 0.6 cm的造型线。

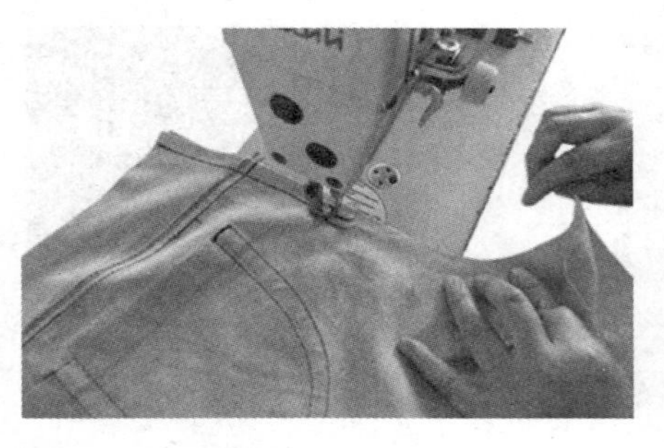
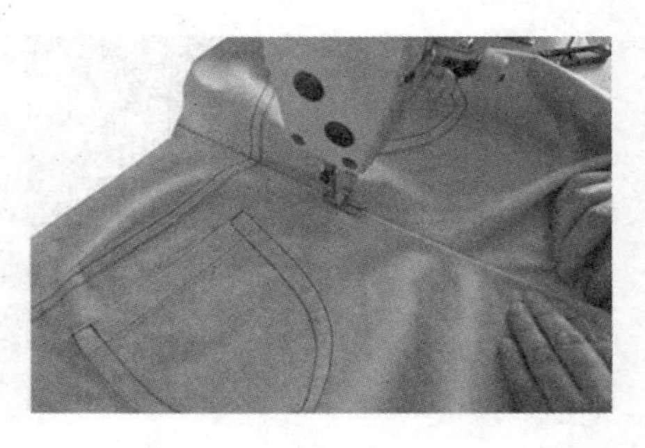

12．工序名称：缝合后裆缝

工序要点：缝合后裆缝，注意上下松紧一致，育克明线对齐。后裆线锁边，右边压明线 0.1 + 0.6 cm，与前裆保持一致。

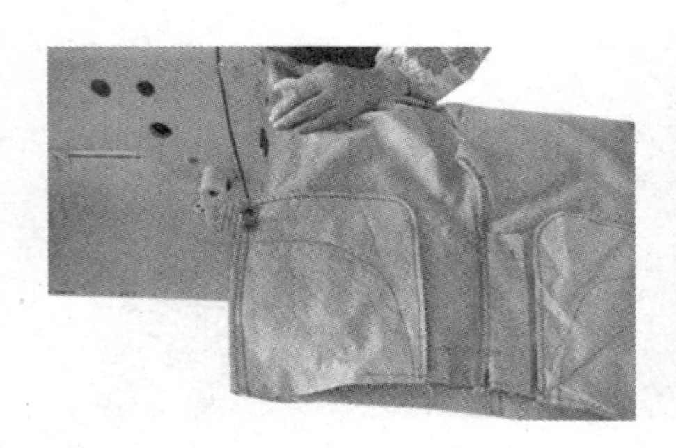
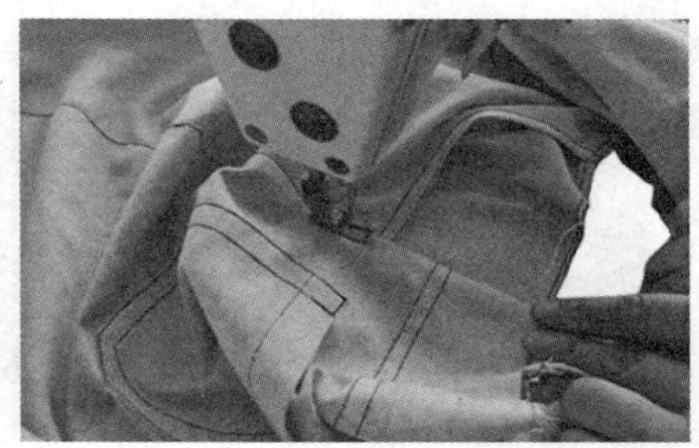

13．工序名称：缝合侧缝

工序要点：缝合侧缝 1 cm，上下层松紧一致，侧缝锁边。将缝份倒向后片。侧缝正面压双线，从腰口与至脚口，缉线宽 0.1 cm。

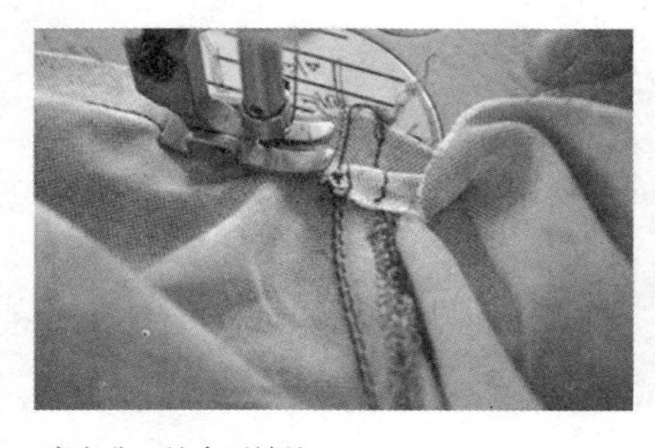
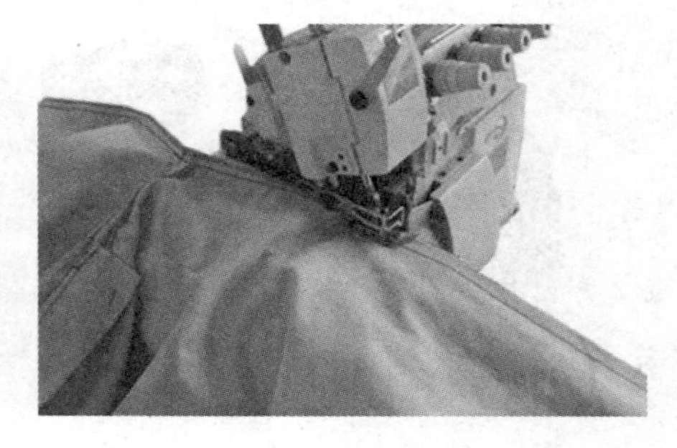

14．工序名称：缝合下裆缝

工序要点：将前片裤片平放，脚口对齐，缝合下裆缝，缝份 1 cm。缝到裆底时，保持十字缝对齐。翻到正面，检查裆底十字缝是否对齐。前片放上层，将下裆缝锁边。

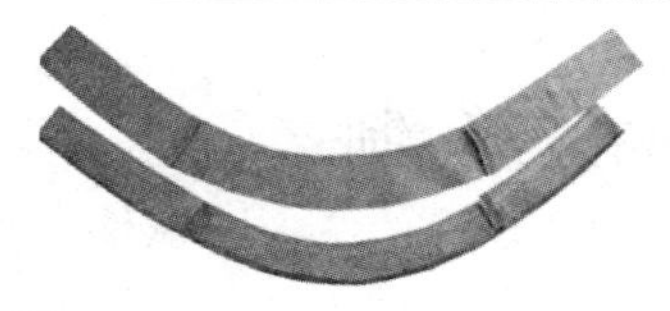
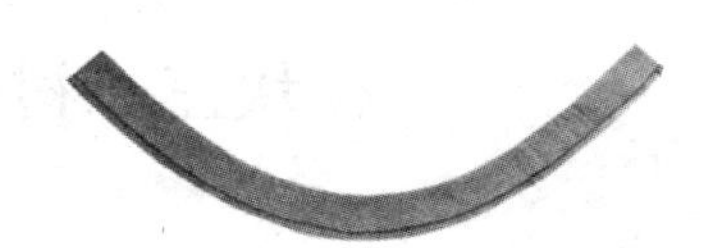

15. 工序名称：做腰

工序要点：腰面下口折烫1 cm。将腰面和腰里上口缝合，要求后中对齐，缝份1 cm。修剪腰两端的三角，腰上口缝份修剪留0.6 cm。翻转腰头，注意角方正，扣烫腰里下口。做好腰头对位记号。

16. 工序名称：装腰

工序要点：将门里襟放平整，在腰口下1 cm用划粉做记号。按划粉线装腰，腰头与门襟平齐，夹缝装腰，缉线0.15 cm，注意腰线盖过裤腰口缝份1 cm。沿裤腰下口缉线一周，注意腰面不能扭曲，腰头不能探头。

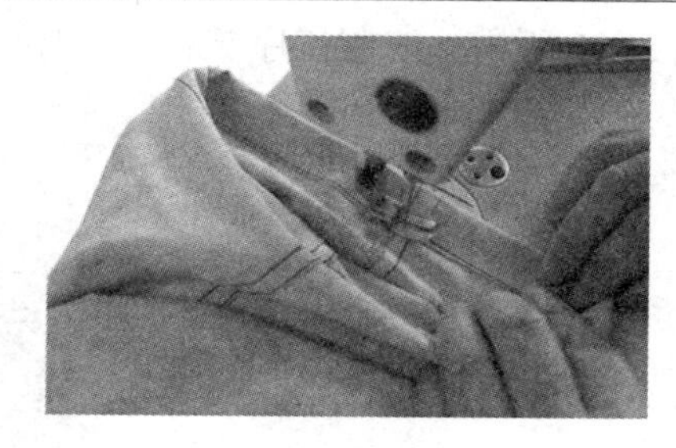

17. 工序名称：卷脚口

工序要点：将脚口反面朝上，先折0.5 cm，再折2 cm，如图沿边缉0.1 cm。

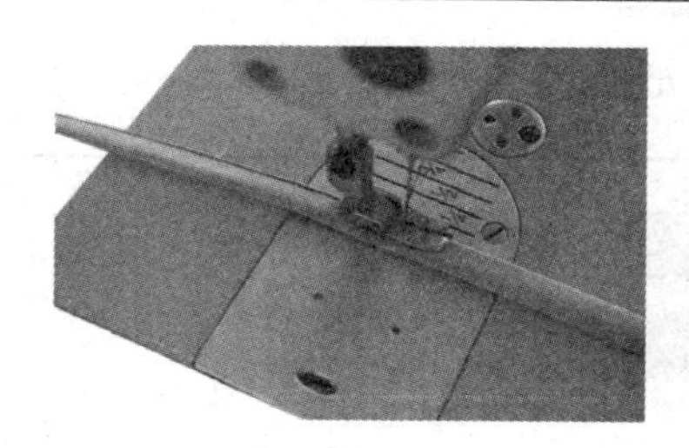
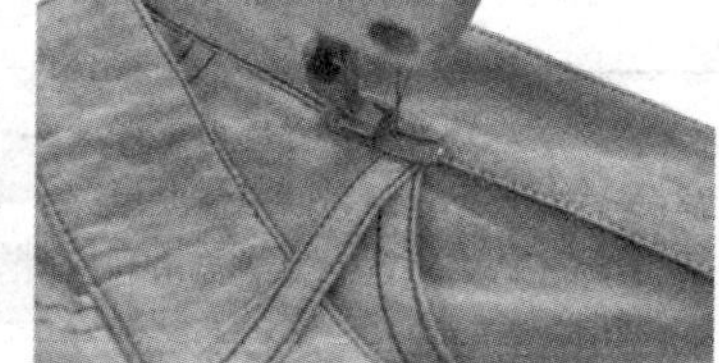

18. 工序名称：做串带袢

工序要点：折烫串带袢，将串带袢一边锁边。串带袢两边压线0.1 cm后，裁剪成8 cm的长度。

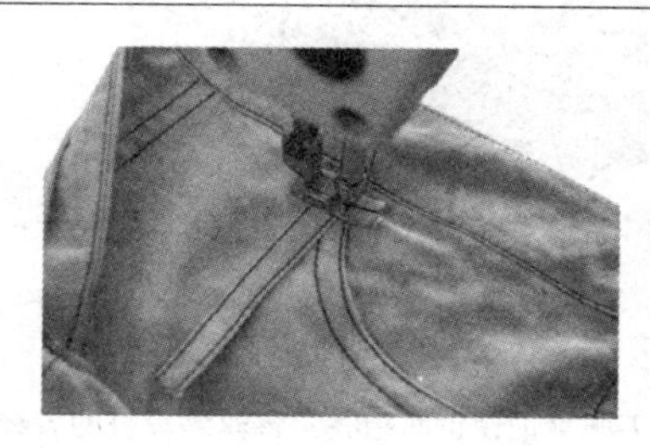
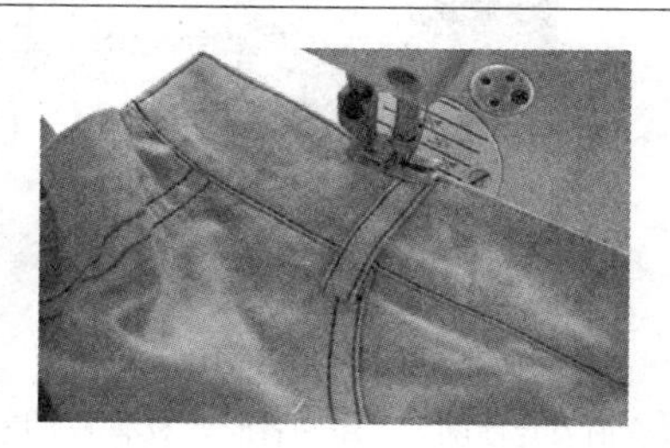

19. 工序名称：装串带袢

工序要点：后中缝装串带袢一根。前片距袋口1 cm左右各装串带袢一根。后中与前片的中点各装串带袢一根。

模块三　衬 衫 缝 制

一、女式衬衫

这是一款时尚、浪漫型女衬衫，立领，翻门襟，前身收横胸省左右各一个，收腰弧形下摆，袖口装圆角袖克夫，在后袖缝下端设置袖衩。领子、前衣身、袖口都有装饰花边。款式图如图 8—5 所示。缝制工序流程、工序设备和缝制要点如下表所示。

图 8—5　女式衬衫

1. 工序名称：做门里襟—裁片准备

工序要点：在门里襟上烫上粘合衬，用净样板画出净样，并按净样板一边折烫 1 cm。

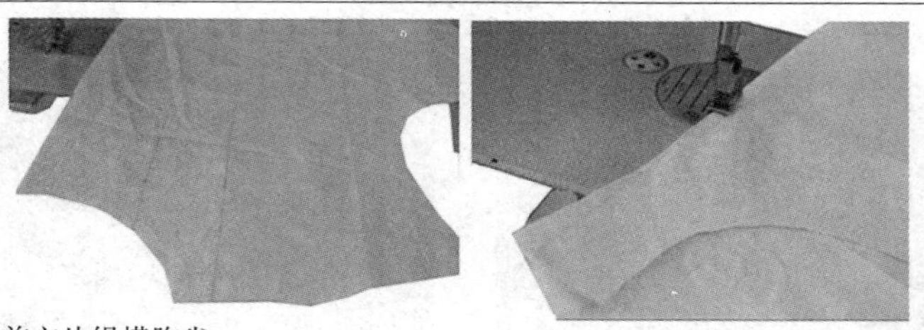

2. 工序名称：准备前衣片缉横胸省

工序要点：缝合前衣片横胸省，缉胸省时要对准上下层刀眼标记，正面相叠，将丝绺较直的省缝放上面，省尖缉尖，两片省长短一致，省尖处留线头 4 cm，打结后剪短。省缝向袖窿方向烫倒，省尖部位的胖形要烫散，不可有褶裥现象。画好花边对位记号。

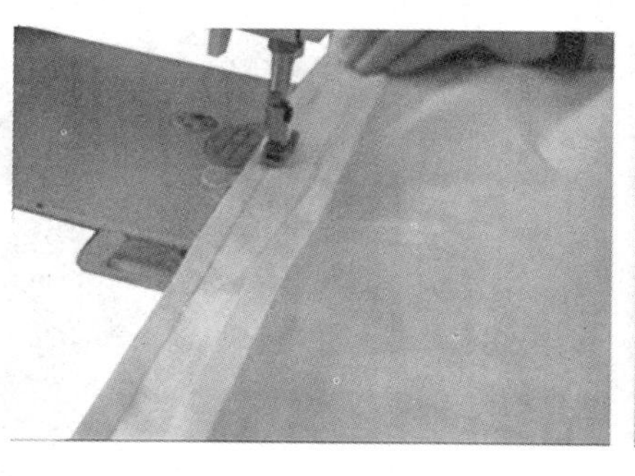
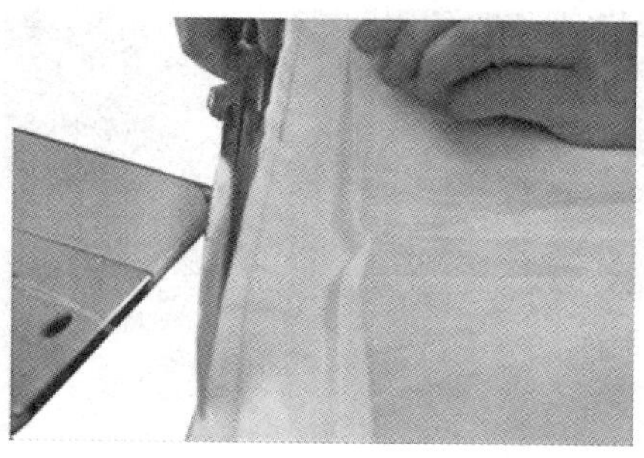

3. 工序名称：做门襟

工序要点：把门襟和衣片正正相叠，按净样线缉 1 cm，再把缝份修剪成 0.5 cm 左右，翻正后熨平，与折烫处各缉 0.1 cm 止口线。注意线条顺直、平服。

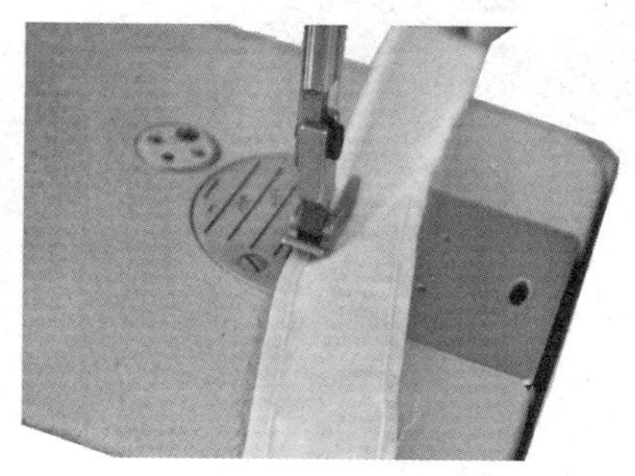

4. 工序名称：做花边—折缝毛边

工序要点：根据花边宽度裁剪斜丝，宽 2 cm，把斜丝四周毛边折向反面，卷边压 0.1 cm 止口线。注意不要露出毛边，宽度一致，线条顺直。

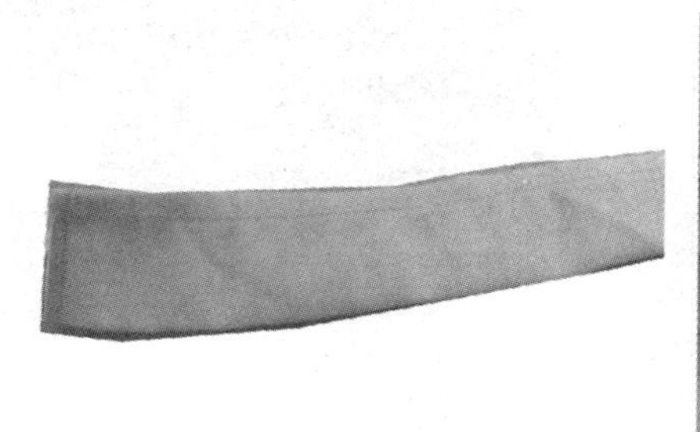
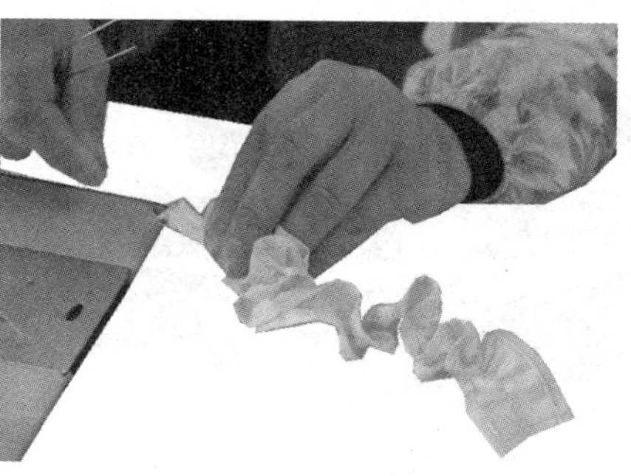

5. 工序名称：做花边—抽褶

工序要点：把布条对折烫出中心线，在中间缉线拉底线抽褶裥，褶裥要均匀。

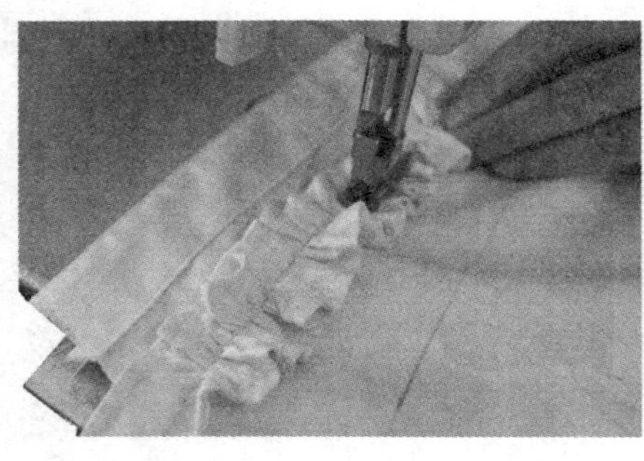
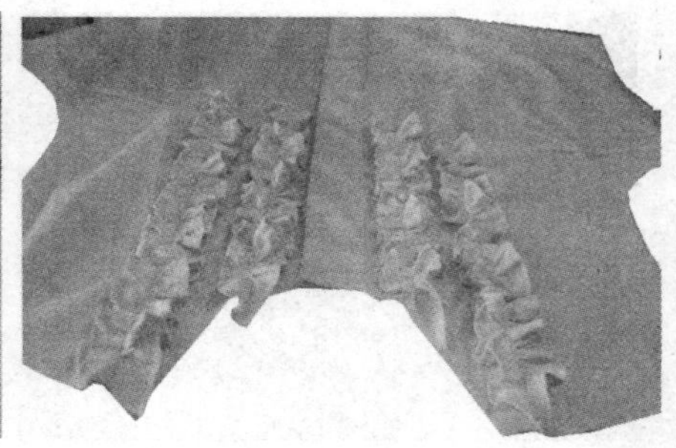

6．工序名称：做花边—装花边

工序要点：把花边放在前衣片上，中心线对准衣片上的记号，缉一条线，注意缉线顺直，长短一致，褶裥、花边大小均匀，左右对称。

7．工序名称：缝合肩缝

工序要点：前后肩缝正面相叠，前片放上面，后片略放松，前片拉紧，缉线 1 cm，肩缝不可拉还。

8．工序名称：肩缝锁边

工序要点：注意前片在上，然后将缝份倒向后片锁边并熨平。

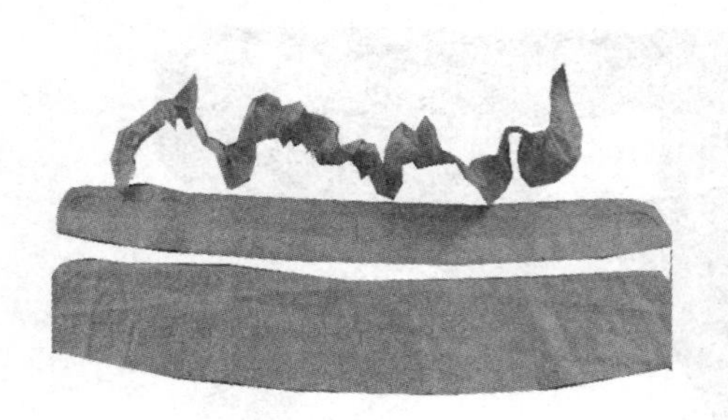

9．工序名称：做领—裁片准备

工序要点：裁片包括领面、领里和花边。领面烫粘合衬，下口扣烫 1 cm 并用净样板画上净样。

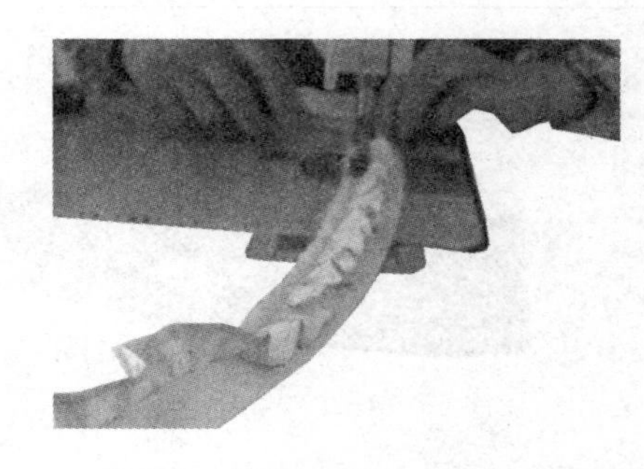

10．工序名称：做领—夹花边

工序要点：把花边与领面领外口线正面相叠缉 1 cm。注意花边要缉均匀，宽度一致。

11．工序名称：做领—缝合领里、领面

工序要点：将领里、领面正正相叠，领里在上，按净样缝合，缝份修窄、剪齐，缉线 0.1 cm。把缝份向领面扣倒，边烫边折转，翻回正面熨平，两圆角对称。

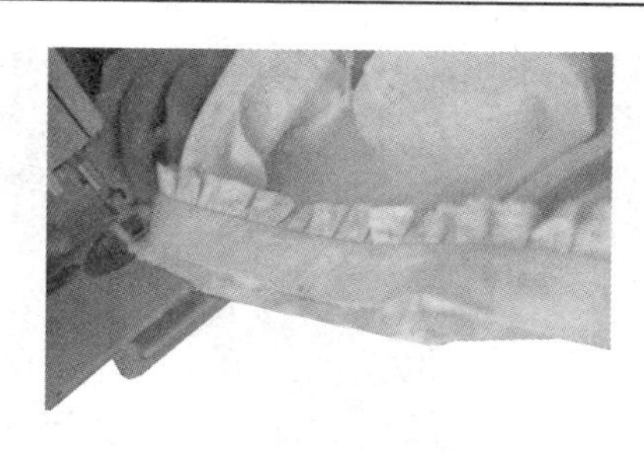

12．工序名称：做领—装领面

工序要点：领面与领口正正相叠，领面在上，从左襟开始起针沿领下沿缉线 1 cm。注意领圈不能起涟或拉拢，领子两端要上足，各对位点准确，线条对直，左右对称。

13．工序名称：做领—装领里

工序要点：先检查领面装好后领圈是否圆顺平服，然后将领里缝份折光，按扣烫线盖住领面装领线，压线 0.1 cm。缉线时要拉紧下层，推送上层，使上下保持松紧一致。

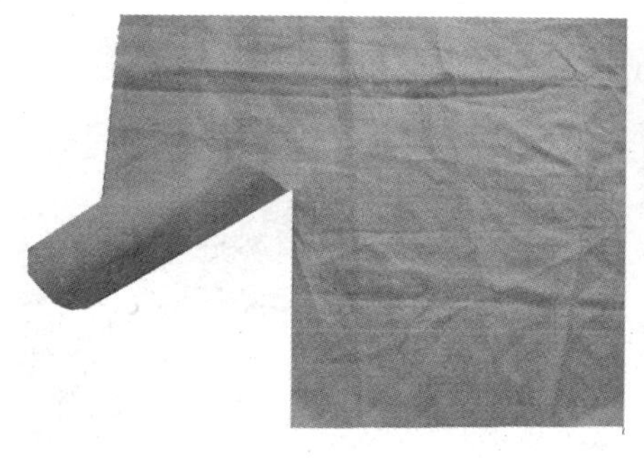

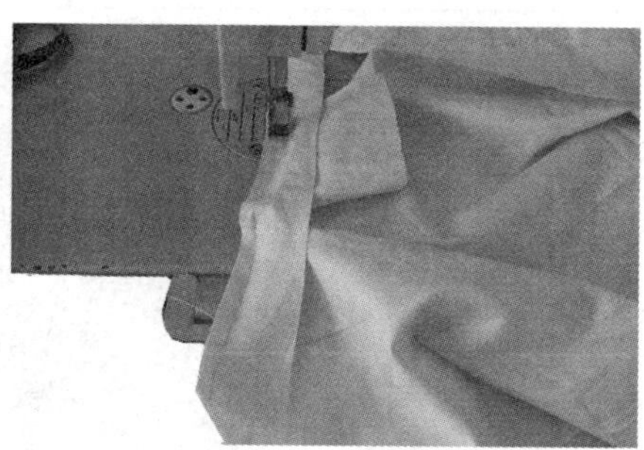

14．工序名称：做袖子—缉袖衩

工序要点：用1.5 cm 斜丝将袖衩包住开衩口，袖衩的另一面与袖子衩口反面相叠，放齐，缉线0.6 cm，开衩转弯处袖子缉缝份 0.3 cm。在转弯处不可打裥或毛出。

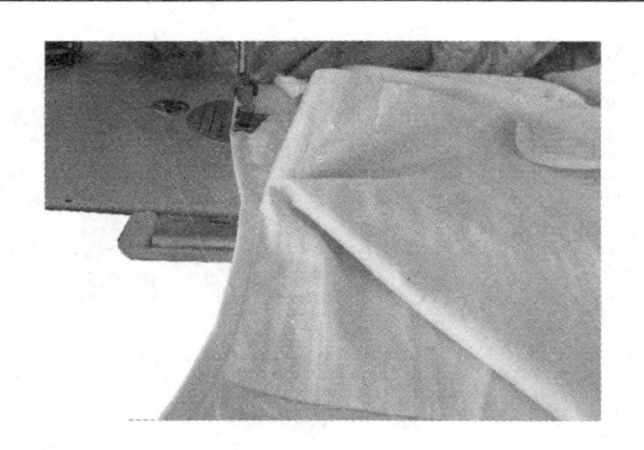 15. 工序名称：做袖子—压明线 工序要点：将袖衩翻转，在袖子正面，将斜丝包住缝份，正面缉袖衩止口线 0.1 cm。注意不能缉反面袖衩，袖衩不能有涟形。	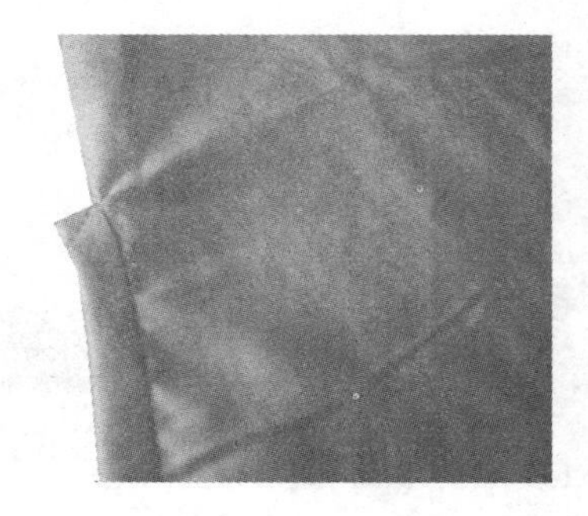 16. 工序名称：做袖子—封袖衩 工序要点：将袖子沿袖口正面对折，袖口平齐，袖衩摆平，袖衩转弯处向袖衩外口斜下 1 cm，缉来回针三道。

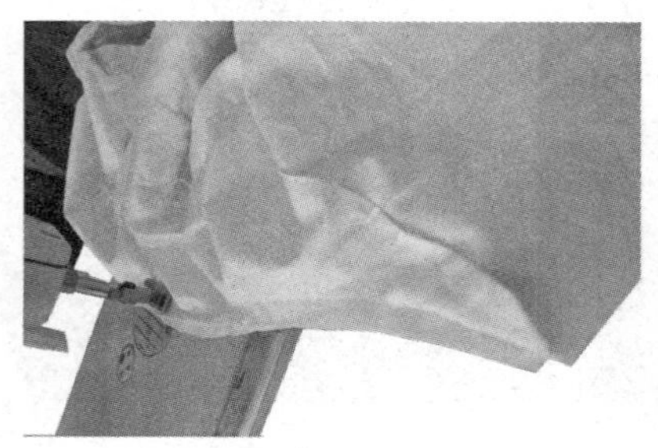
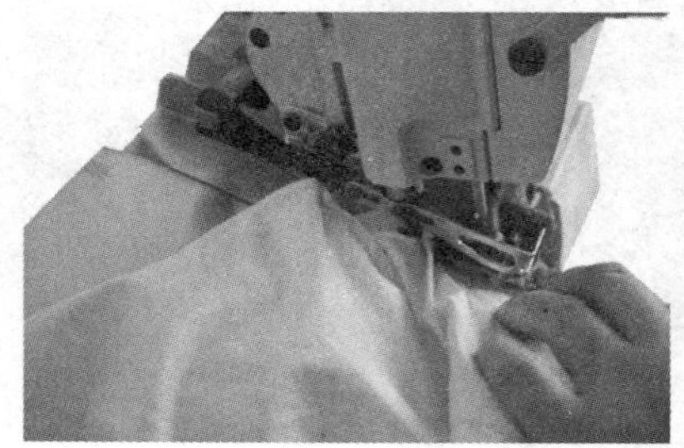

17. 工序名称：装袖子

工序要点：将袖子放上层，正面相叠，袖窿与袖山放齐，袖山头刀眼对准肩缝，肩缝朝后身倒，缉线 0.8 ~ 1 cm（注意不能用熨斗熨平），然后锁边。

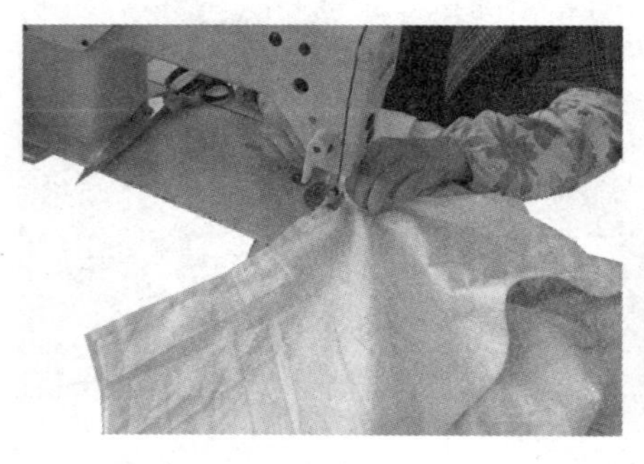
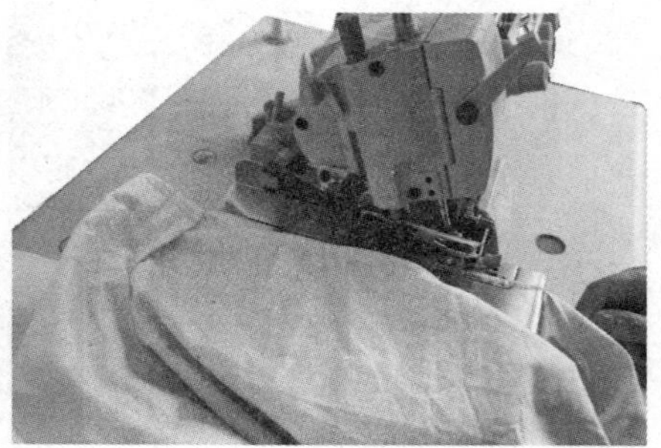

18. 工序名称：缝合侧缝和袖底缝

工序要点：将前衣片放上层，右身从袖口向下摆方向缝合，左身从下摆向袖口方向缝合，袖底十字缝对齐，上下层松紧一致，然后锁边。

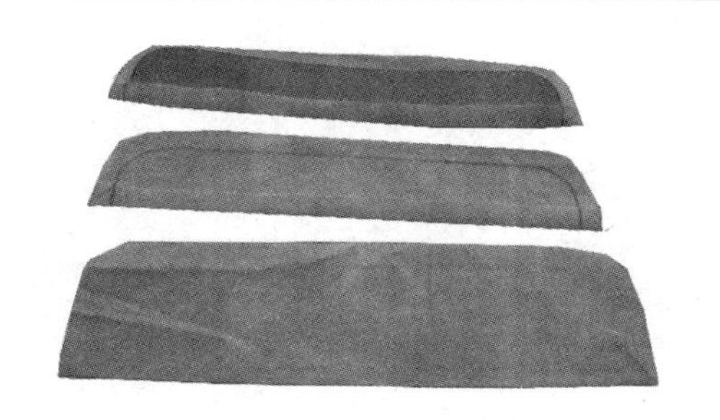

19. 工序名称：做袖克夫—裁片准备

工序要点：沿着净样板修剪袖头，袖克夫面烫上粘合衬，画出净样，并将上口缝份扣转熨平，缝份为 1 cm，注意顺直。

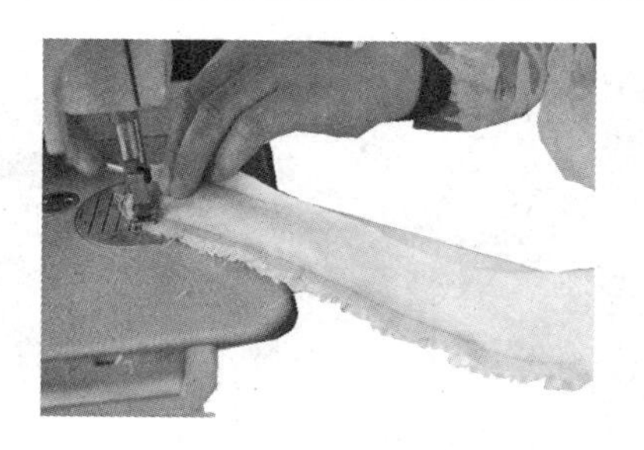

20. 工序名称：做袖克夫—缉袖克夫

工序要点：将袖克夫正正相叠，内夹花边，袖克夫面在上，按净样线缉合，注意圆角圆顺，大小相同，里外匀，花边均匀。

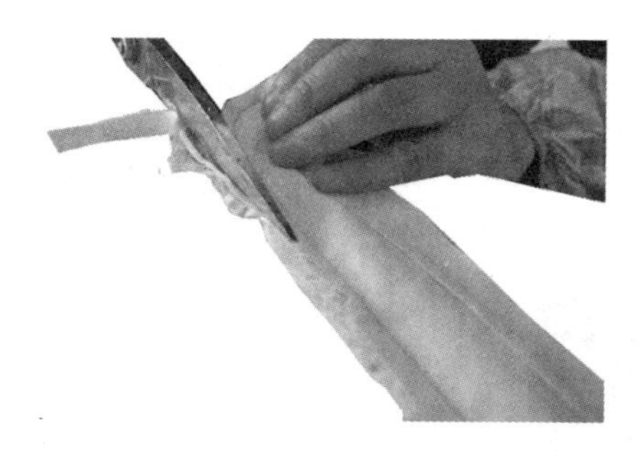

21. 工序名称：做袖克夫—修剪整烫

工序要点：修剪缝份，圆头留缝份 0.3 cm，烫顺，对合一致，下口烫直，止口无反吐，整个袖克夫熨平烫煞。

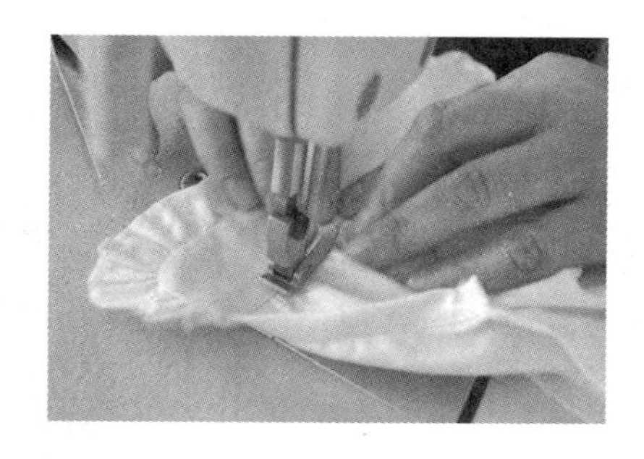

22. 工序名称：装袖克夫

工序要点：将袖口细裥抽均匀，袖衩门襟折转，袖片的袖口大小与袖头长短应一致。将袖头夹里正面与袖片反面相叠，袖口放齐，袖衩两端塞齐，正面缉 0.1 cm 止口。

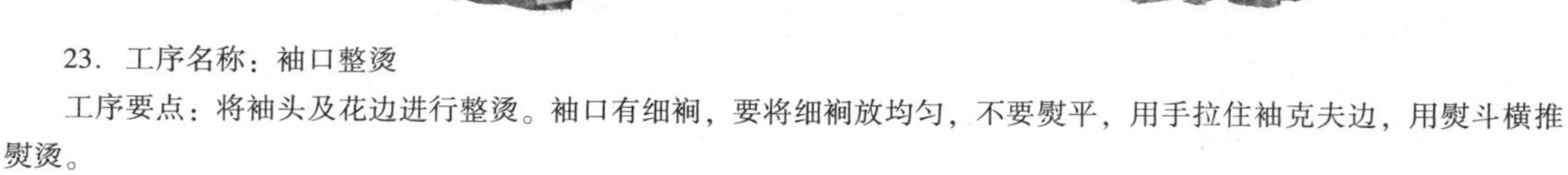

23. 工序名称：袖口整烫

工序要点：将袖头及花边进行整烫。袖口有细裥，要将细裥放均匀，不要熨平，用手拉住袖克夫边，用熨斗横推熨烫。

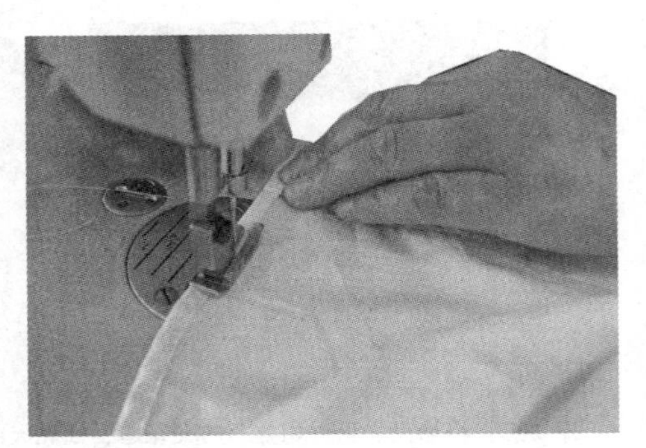

24．工序名称：卷底边

工序要点：将门里襟对齐后，卷底边，底边宽为0.6 cm，缉止口线0.1 cm。注意不毛出，不漏落针，不起涟形。

25．工序名称：锁眼、钉扣、整烫

工序要点：确定扣眼位置锁扣眼，按锁眼位定纽扣，并整烫。

缝制完成效果：领头长短一致，装领左右对称，领面、里松紧适宜。装袖吃势均匀，两袖前后准确、对称，袖口裥均匀底边宽窄一致，缉线顺直。

二、男式衬衫

男式衬衫种类繁多，既可以搭配正规场合的西服，也可以与休闲服搭配。男衬衫的变化地方一般是领子、门襟、袖子和面料花色。领子分为标准领、异色领、暗扣领、敞角领、纽扣领和长尖领。门襟分为普通门襟、外贴门襟、异色外贴门襟和暗门襟。其基本工艺流程和女衬衫相似，但是也有不同之处，主要不同之处如下表所示。

<table>
<tr><td colspan="2">  
1. 工艺流程
主要工序：做缝制标记→烫门里襟挂面→做、装胸贴袋→装过肩→缝合肩缝→做领子→装领子→做袖子→装袖子→缝合摆缝→缝合袖底缝→装袖克夫→卷底边→锁眼→钉扣→整烫。</td></tr>
<tr><td>
2. 工序名称：男式衬衫领子的制作
工序要点：详细方法见第二单元男式衬衫领子的制作。</td><td>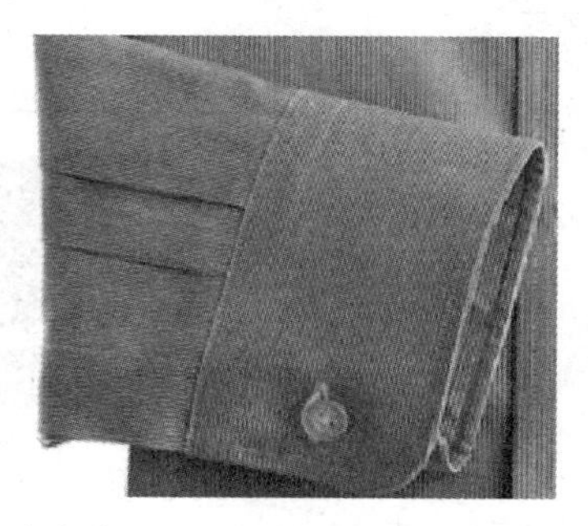
3. 工序名称：宝剑头袖衩及袖头的制作
工序要点：详细方法见第五单元宝剑头袖衩及袖头的制作。</td></tr>
</table>

模块四　夹克衫缝制

一、男式夹克衫

本款男夹克衫外形简单，比较适合春秋时穿着。领子为平角立领，前襟装拉链，前衣身左右各装单嵌线斜袋，外加一个下摆，袖子上带袖头，外袖缝开衩，袖外缝、领子、袖窿缉 0.8 cm 的明线。款式图如图 8—6 所示。缝制工序流程、工序设备和缝制要点如下表所示。

图 8—6　男式夹克衫

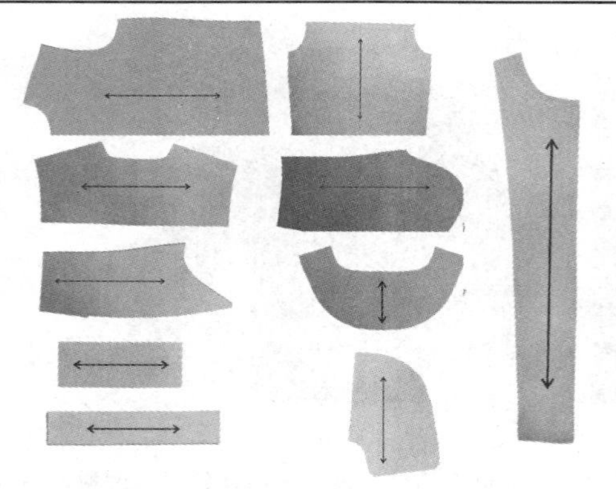

1. 工序名称：裁片准备

工序要点：检查裁片的数量、面料瑕疵、丝绺方向、倒顺毛关系等。

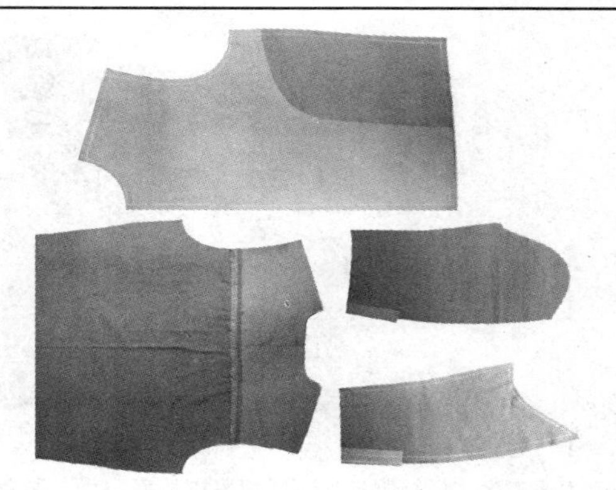

2. 工序名称：配烫粘合衬

工序要点：前片配衬，后复司、领面里、登闩、克夫、挂面、后领贴边等部位均与面料同向配衬，衬四周各进面 0.3 cm 左右，以减薄缝份。

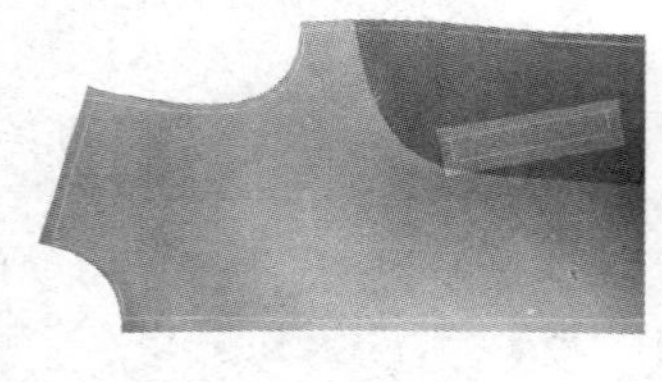

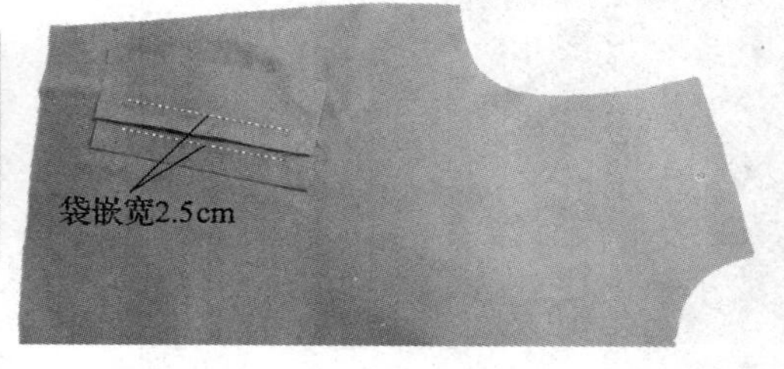

3. 工序名称：挖袋

工序要点：此款夹克衫前衣片的挖袋方法与单嵌线挖袋方法基本相同，不同之处是此袋嵌线较宽，袋布的处理方法也不同。在面料正面将袋口位置画准确，先将嵌线放于袋位处，上下两端余量相同，沿边 0.8 cm 缉线，再将垫布放于袋位处，垫布距嵌线 0.9 cm，沿边 0.8 cm 缉线，注意两条缉线要平行，长短一致，袋位准确。

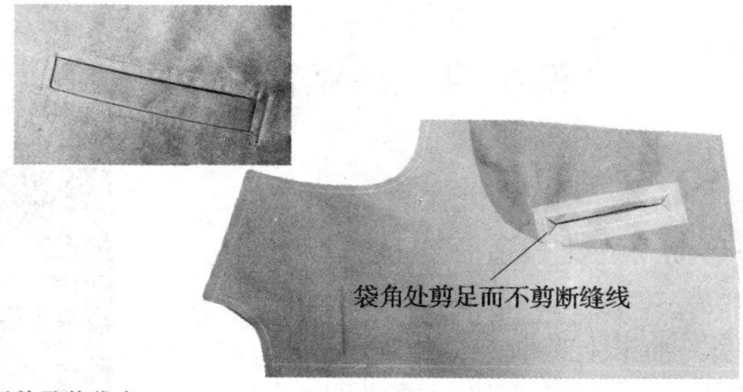

4. 工序名称：挖袋开剪及装袋布

工序要点：沿袋口缉线中间开剪，距两端 1 cm 剪三角形。三角形剪至距缉线 2 ~ 3 根纱线处为止，不能剪断缉线，但也不能离开太多，否则袋角不规范。垫布、嵌线处的缝份可修剪成 1 cm。分别将嵌线及垫布的缝份进行熨烫，嵌线的缝份烫成分开缝，垫布处的缝份倒向垫布里侧，要压实。将嵌线翻进，烫出 2.5 cm 宽的嵌线，将三角布分别向两端折烫好。因嵌线较宽，最好用手针寨缝住。

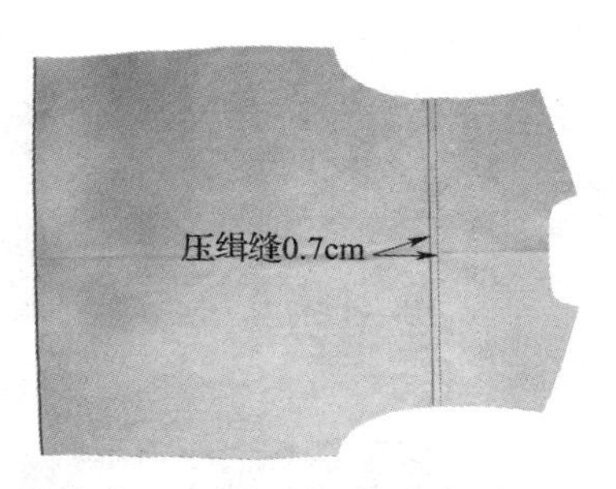

5．工序名称：拼后复司

工序要点：复司在上，后衣片在下，正正相叠，按所放缝份少 0.1 cm 缝合，缝后按座绢缝要求在正面压绢 0.7 cm 明线。

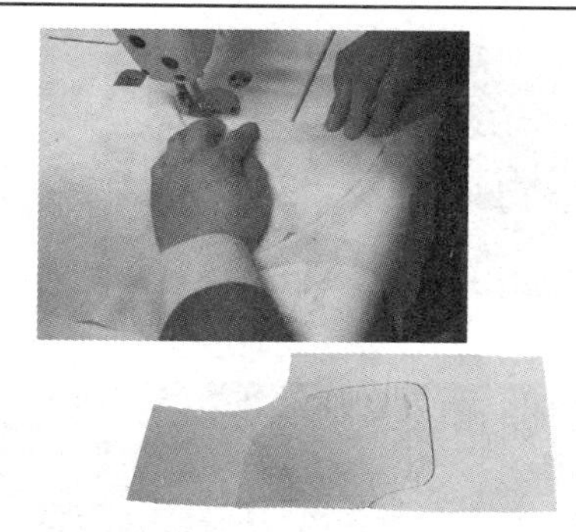

6．工序名称：做缝内袋（斜插袋）

工序要点：将袋布与里子袋位对准，按袋口大小缝合，两端回针，缝后再在袋口处剪一刀，然后翻转，压 0.15 cm 明线一道。

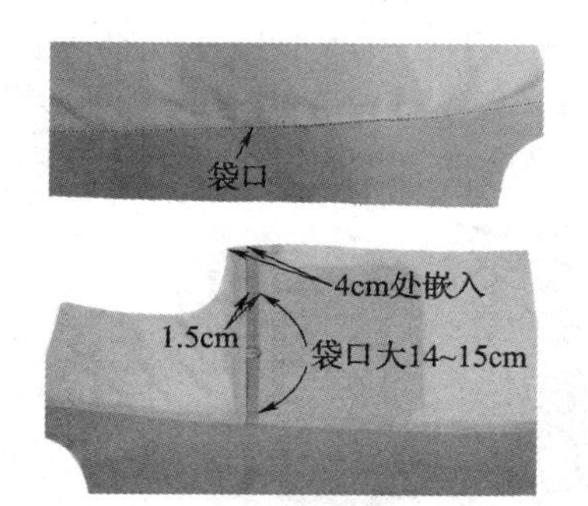

7．工序名称：做前衣身夹里

工序要点：将袋布加袢固定在袖窿部位，袢不要拉紧。袋嵌对折成 4 cm，袋垫宽 6 cm，与衣里拼合时缝上扣袢，嵌条及袋垫下端分别缝上袋布，两端固定后，缝合袋底，最后与挂面缝合。

8．工序名称：缝合后领贴

工序要点：缝合后领贴，注意后里中间设一裥（2.0 cm 左右）作为坐势。

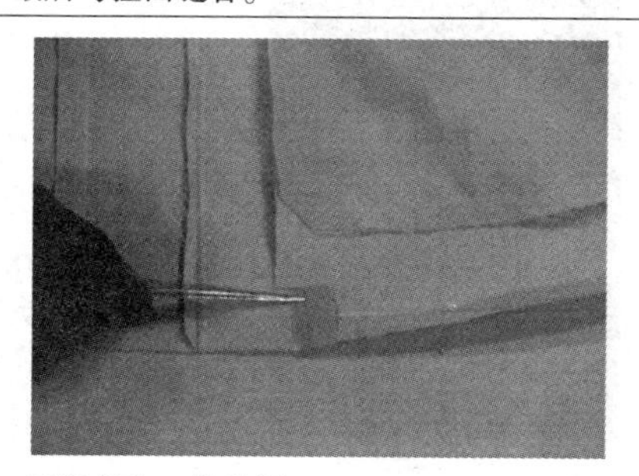

9．工序名称：做登闩

工序要点：在前襟止口处登闩与衣身缝合处进 4 cm 的位置，将衣身下摆缝份剪一刀，烫分缝。

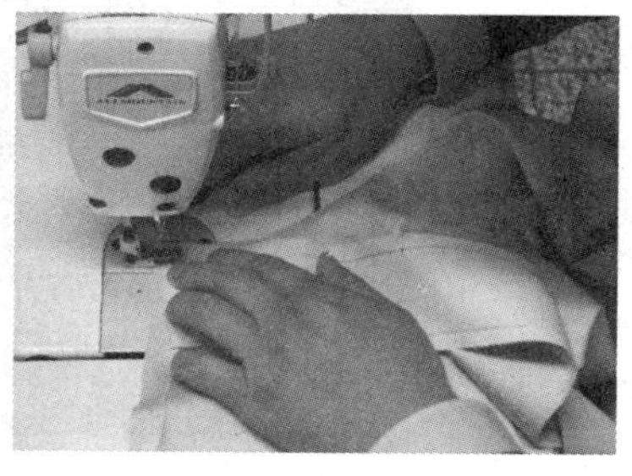

10．工序名称：装领面与领里

工序要点：将领面与衣身缝合，起落端、肩部、领后中心部位，领与领窝对刀。领里方法一致。

11．工序名称：领子缝合

工序要点：在领面、领里与领窝缝合后的弧线部位的缝份打刀口，然后烫分缝。

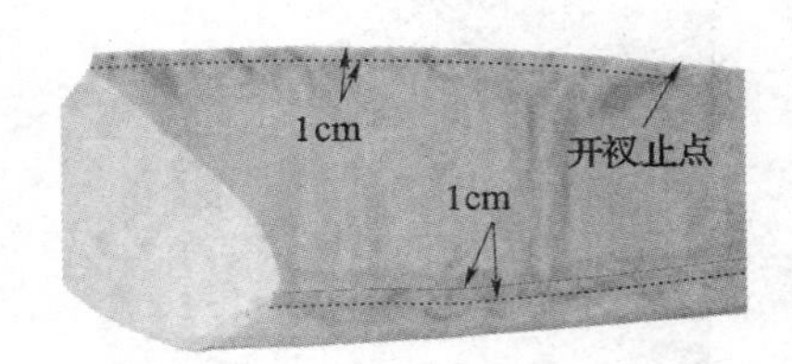

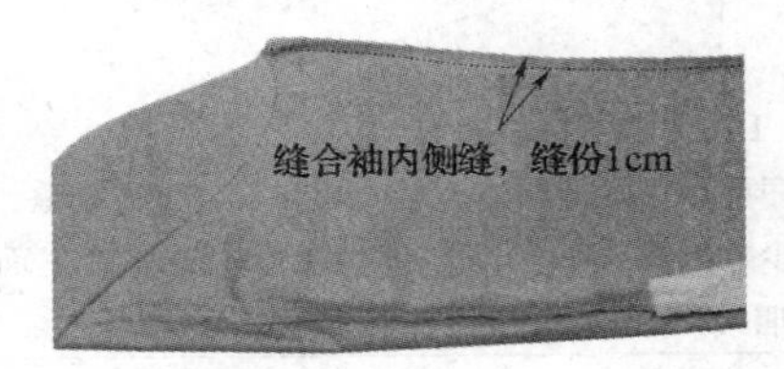

12．工序名称：做袖子

工序要点：外侧缝合时小片在下、大片在上，上下层放准后缝合，缝至开衩点转弯 1 cm 处打回针，缝合里外侧缝至开衩点。

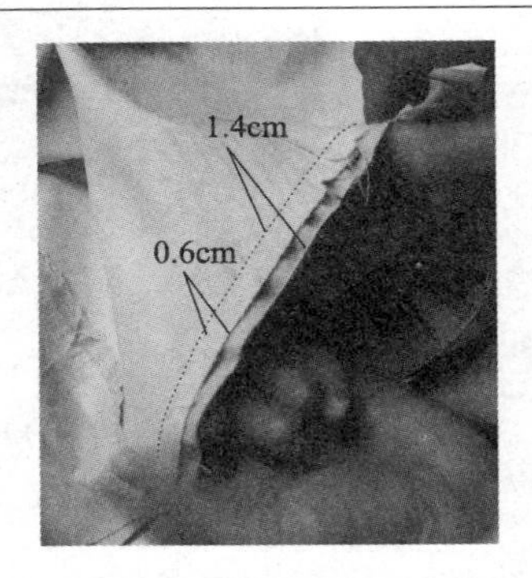

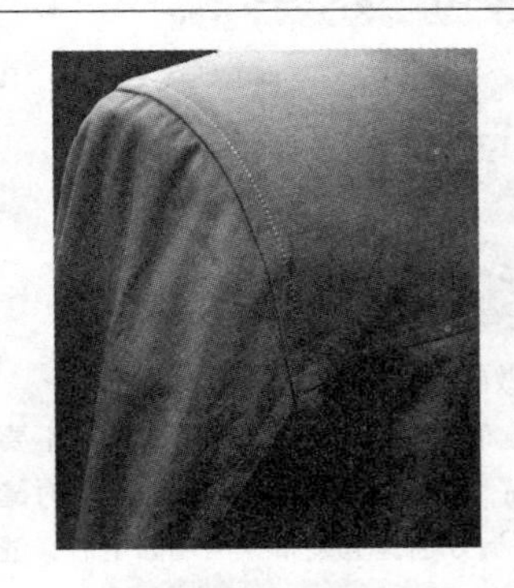

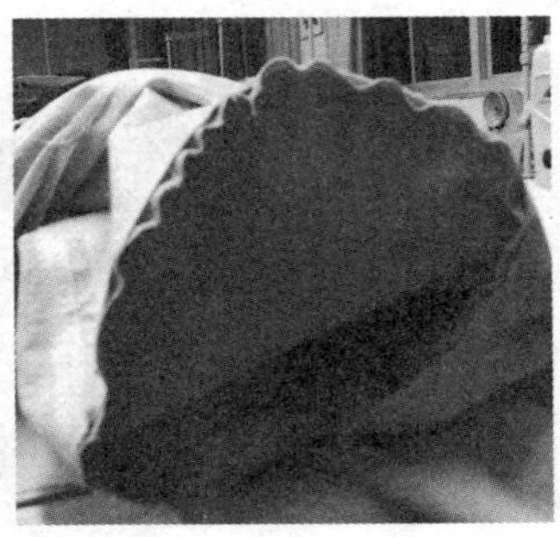

13．工序名称：袖窿抽褶

工序要点：袖山在下、袖低在上缝合，缝份是袖底 0.6 cm、袖山 1.4 cm。注意袖山头部位略吃进，装袖时对刀准确，正背面装后袖山丰满、圆顺。

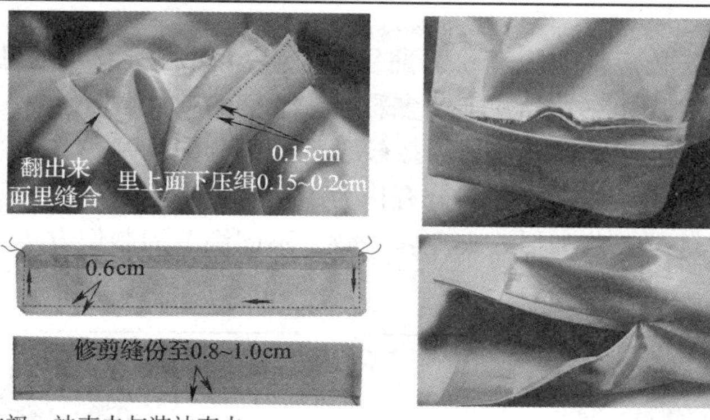

14. 工序名称：做袖衩、袖克夫与装袖克夫

工序要点：将袖衩门襟与里组合，翻出后在正面将袖衩里襟里与面压缉 0.15 cm 进行缝合。克夫里与袖口缝合后再在克夫正面压缉 0.1 cm。

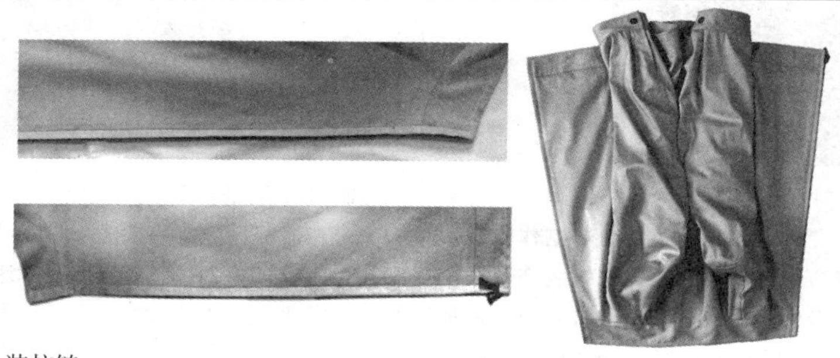

15. 工序名称：装拉链

工序要点：将拉链放于挂面之上，拉链上口折转，固定拉链与挂面。缉线要离开拉链齿 0.3～0.5 cm，如果太靠近链齿会影响拉动；注意拉链与衣片松紧一致，拉链的高低位置一致，左右止口长短一致、平服、顺直，拉链拉合后上下层衣片要对合一致，缉线松紧要一致，门襟不反吐。

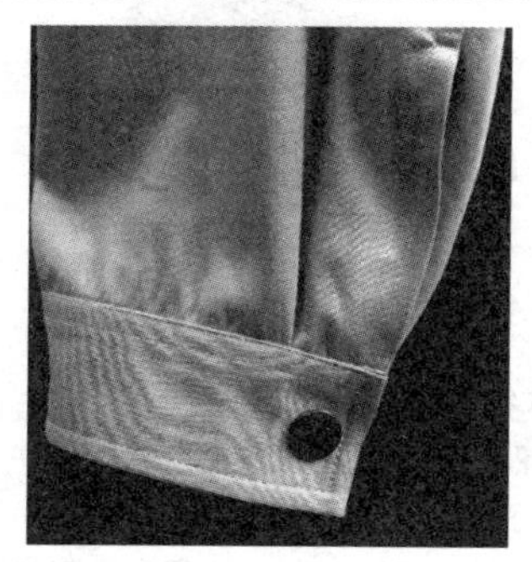

16. 工序名称：绱垫肩、钉纽扣

工序要点：袖克夫门里襟上纽扣的中心位置是在克夫宽度的中央距止口 1.7 cm 处。将绱垫肩在肩部，前垫肩量小于后垫肩量 1 cm，垫肩外侧比袖窿多出 0.5 cm。在袖窿缝份上与垫肩寨缝，松紧合理。

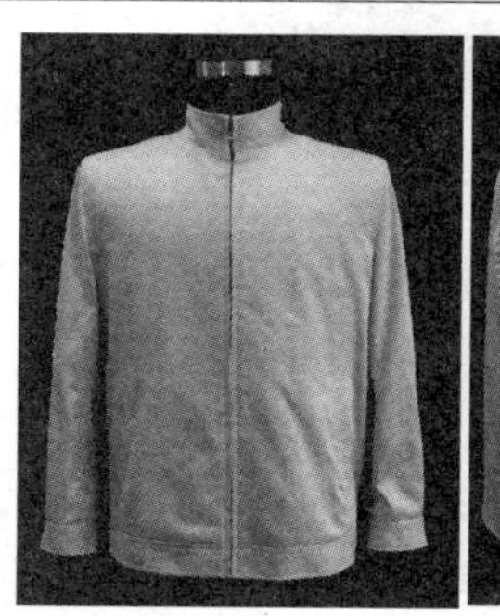
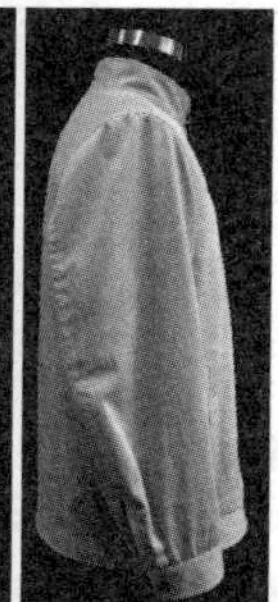

17. 工序名称：整烫整理

工序要点：将线头修剪干净，整烫平服。温度要适当，烫台要平整，避免凹凸不平；要加覆湿布，防止产生亮光。

二、女式夹克衫

女式夹克衫指衣长较短、胸围宽松、翻领、对襟，多用按扣（子母扣）或拉链，便于工作和活动的上衣。女式夹克衫款式丰富多彩，按下摆的款式可分为收腰式和散腰式，按肩部接口款式可分为平接肩式和插接肩式，按领子款式可分为翻领式和立领式，按袖口款式可分为紧袖口式和散袖口式，从功能上来分有作为工作服的夹克衫、作为便装的夹克衫和作为礼服的夹克衫。主要缝制工艺和男式夹克衫一致，不同细节的制作方法可以参考前面几个零部件的缝制工艺方法。

<table>
<tr>
<td>
1. 款式特征：钉扣休闲夹克衫
工艺流程：贴粘合衬→包缝贴边缝份→制作衣服口袋→缝合前后片侧缝→缝合下摆贴边，并缉装饰明线固定→缝合衣服肩线→做领子，并缝合领子与衣身→做袖子，缝合袖子与衣身→反折前片贴边熨烫平整，在下摆处缉缝固定→掉袖口与下摆处布片纬向纱线，形成毛边→锁扣眼，钉扣子→整烫。</td>
<td>
2. 款式特征：半里女式夹克衫
工艺流程：清剪→锁边—熨衬→做零部件（领子、口袋）→做前片（收省、合弧线开刀缝、装袋、装挂面与夹里、合门襟止口）→做后片（合弧线开刀缝、背中缝）→合肩缝（面、夹里）→合摆缝（面、夹里）→缝半衬夹里脚边→上领→做袖子→上袖、包袖窿→垫肩→检查→缭袖脚边、下摆脚边→锁眼、钉扣→成品整烫。</td>
</tr>
<tr>
<td>
3. 款式特征：全里女式夹克衫
工艺流程：清剪→打线钉→环缝或锁边→熨衬→做零件（车缝、熨烫领子和口袋）→做前片（车缝和熨烫：开刀缝、装袋、合缉挂面与夹里、合缉门襟止口，扦挂挂面）→做后片（合缉背中缝、弧背开刀缝）→合肩缝（面、夹里）→合摆缝（面、夹里）→装领子→装拉链→做袖子→上袖、上垫肩→合缉下脚边（面与夹里结合）→扦挂（下脚边、摆缝）→检查→缭夹里袖窿→成品整烫。</td>
<td>
4. 款式特征：牛仔女式夹克衫
工艺流程：清剪→环缝或锁边→做零件（车缝、熨烫并制作领子、做袋盖、做袖头）→做前片（拼合前衣片，装贴袋、装袋盖）→装前片育克→装挂面→做后片（合缉背中缝、弧背开刀缝）→合肩缝→合下摆→做袖子（做袖衩、装袖头、装袖子）→装领子→扦挂（下脚边、摆缝）→检查→锁眼钉扣→成品整烫。</td>
</tr>
</table>

模块五　西 服 缝 制

一、小西服

本款女外套适于春秋季穿着，较合体。该款式为戗驳领设计，单排扣，装袋盖，圆下摆，两片袖，袖口开衩。款式图如图 8—7 所示。缝制工序流程、工序设备和缝制要点如下表所示。

图 8—7　小西服

 1. 工序名称：裁片准备 工序要点：裁剪前中片、前侧片、后中片、后侧片、大小袖片、挂面、袋片、领片。	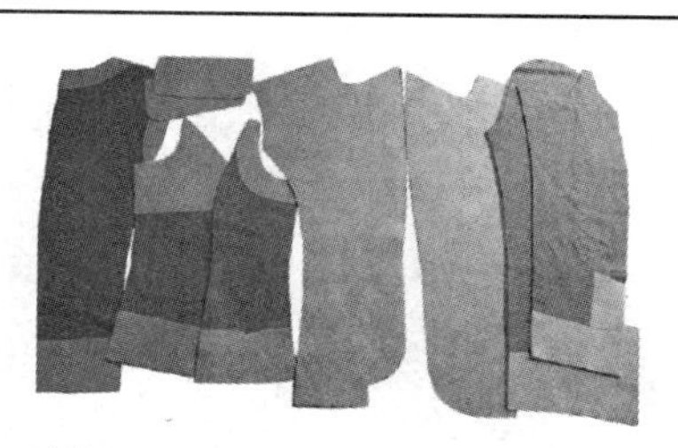 2. 工序名称：烫粘合衬 工序要点：在前中片（整片）、后片领口底边袖窿处、挂面、袋片、大小袖口边与袖衩位、前后侧片底边与袖窿处等部位烫上粘合衬。
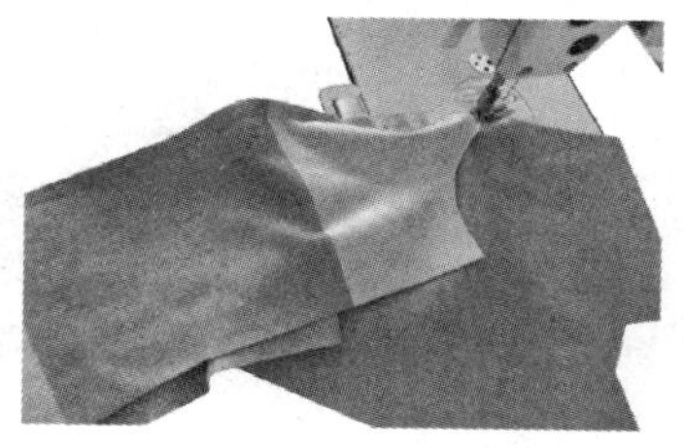 3. 工序名称：缝合前侧片与前中片 工序要点：将大小衣片的腰节线、底边线对准，正正相叠，前侧片放上，缝份留 1 cm，前中片胸围处有 0.5 cm 左右吃势，弧形刀背处不可拉还。	

4. 工序名称：车缉背中缝

工序要点：将腰节线、底边线对准，正正相叠，留缝份 1 cm。

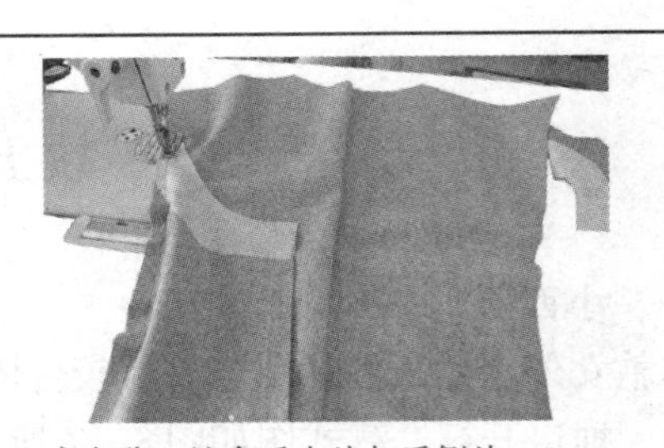

5. 工序名称：缝合后中片与后侧片

工序要点：将大小衣片的腰节线、底边线对准，正正相叠，留缝份 1 cm。

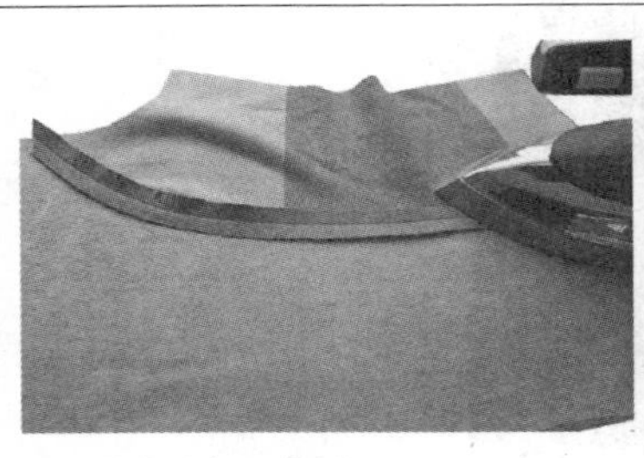

6. 工序名称：分烫背中缝与刀背缝

工序要点：将胸部胖势烫圆，分烫时把腰节段拔开，分烫侧片时丝绺放直，腰节拔开后分缝，斜丝处不易拉还。

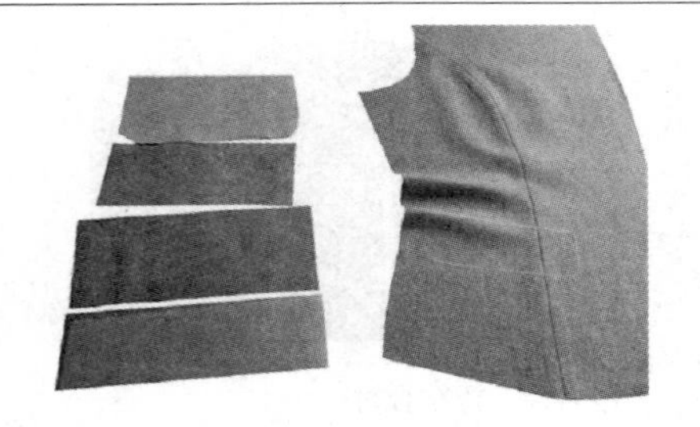

7. 工序名称：开袋—裁片准备，定袋位

工序要点：裁片有袋盖面、袋盖里、袋嵌，在烫好粘合衬的袋盖里反面画出净样线。注意画净样线前需将袋盖上口的翘势修成与衣片袋位翘势相符，并在前衣片定好袋位。

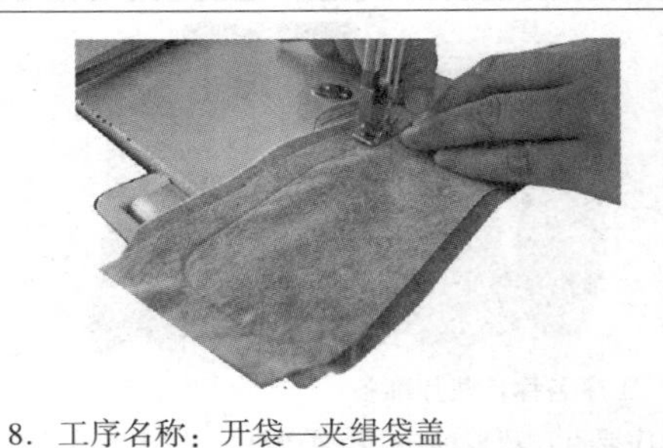

8. 工序名称：开袋—夹缉袋盖

工序要点：将袋盖面袋盖里正面相叠，将袋盖里放在上层，按净样线夹缉。夹缉时里层略紧，袋盖面的袋角处略放层势，再修剪缝份，翻出袋盖。

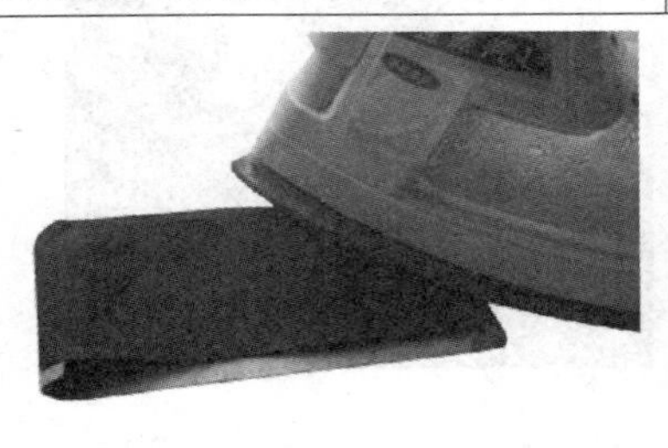

9. 工序名称：开袋—袋盖整烫

工序要点：翻烫袋盖时袋角翻正翻实，注意袋盖面不“反吐”。

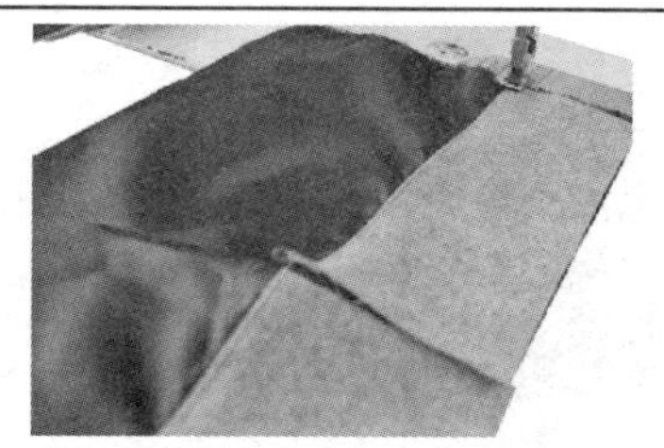

10. 工序名称：固定垫布与口袋布

工序要点：将口袋垫布与里布拼接后压线固定，在垫布上压止口线0.1 cm，将缝份压住。

11. 工序名称：开袋—绱袋盖

工序要点：在大身正面绱袋盖，袋盖净样线对准袋口线，毛缝向下，绱上口袋位。注意绱线顺直，进出一致。

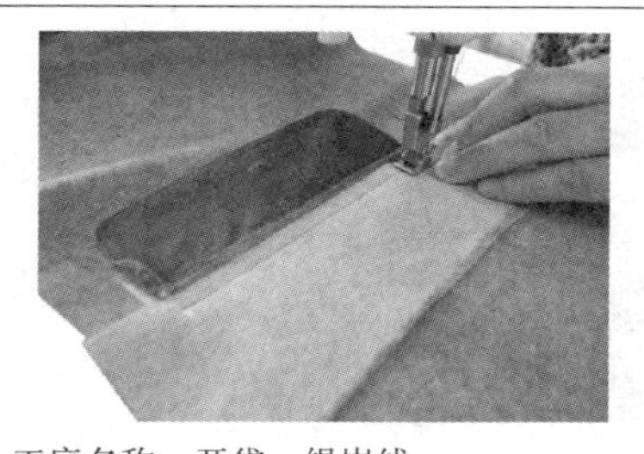

12. 工序名称：开袋—绱嵌线

工序要点：将嵌线布一边对齐袋口，距离袋盖0.8 cm绱线。注意绱线顺直，进出一致。

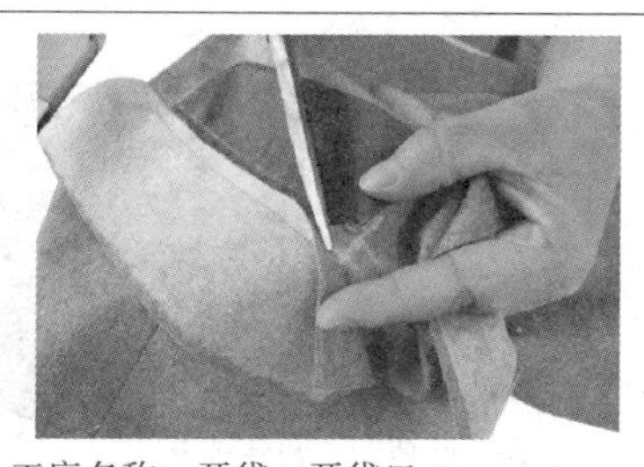

13. 工序名称：开袋—开袋口

工序要点：由袋位中间剪向两端，两端剪短三角，要剪足，但不能剪断线。

14. 工序名称：开袋—分烫上下嵌线

工序要点：将上下嵌线进行分烫，宽为0.4 cm，喷水熨平。

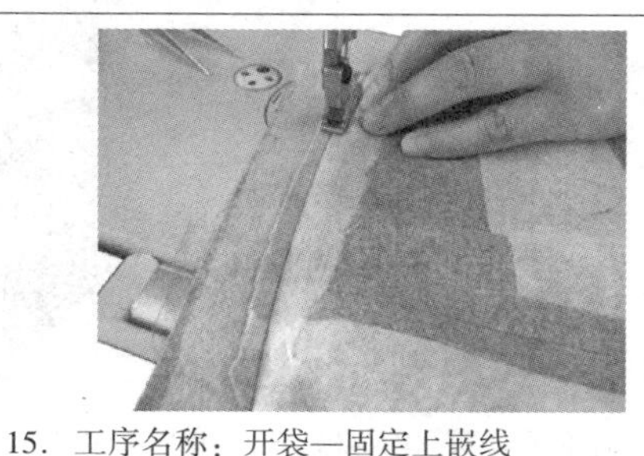

15. 工序名称：开袋—固定上嵌线

工序要点：在反面，沿上嵌条拼接缝处固定上嵌条。注意线迹不能歪斜，要刚好在拼接缝处。起落针回针固定。

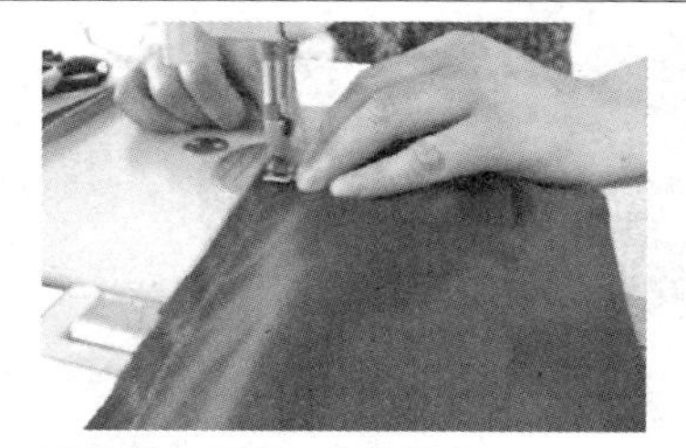

16. 工序名称：开袋—兜绱袋布

工序要点：将袋布三面兜绱，绱缝时注意上袋布（嵌线袋布一面）略松些，避免袋口嵌线豁开。

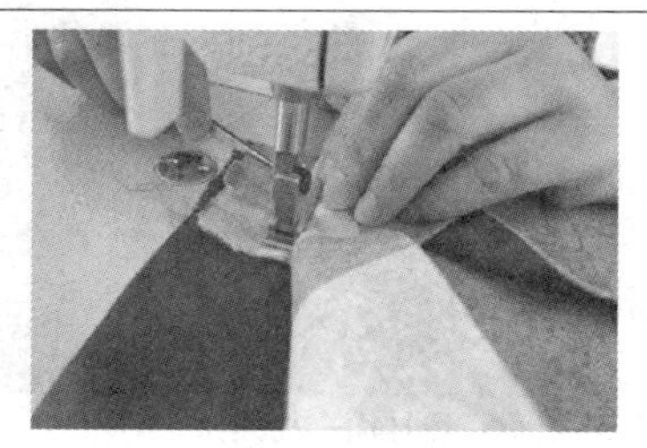

17. 工序名称：开袋—封三角

工序要点：将左右两端三角来回封口绱线三或四道，绱线正直，以免影响正面袋角方正。

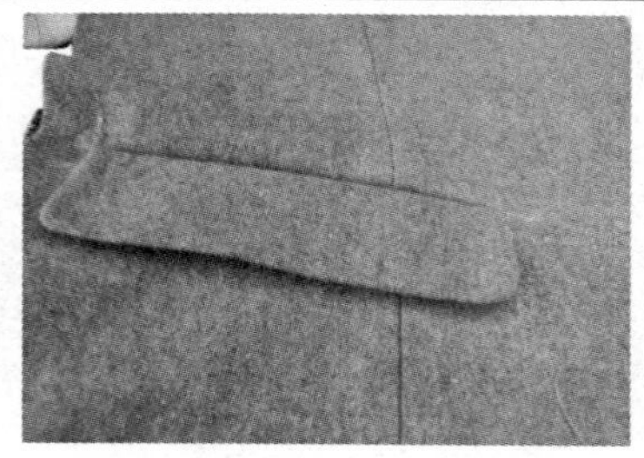
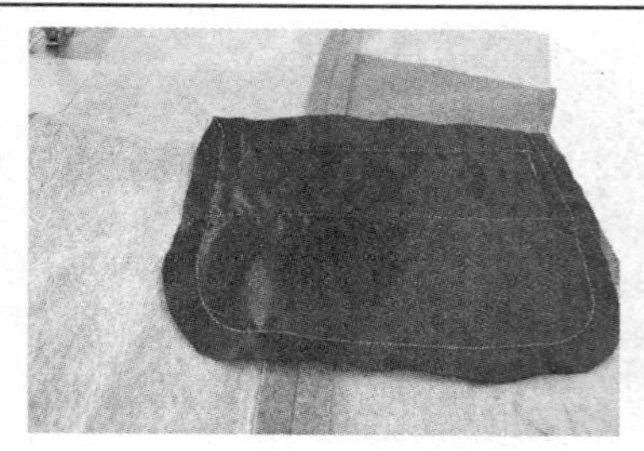

18．工序名称：开袋—衣袋整烫

工序要点：将袋布剪整齐，在布馒头上盖布熨烫。熨烫时应将袋口烫出立体感，袋盖角有窝势。

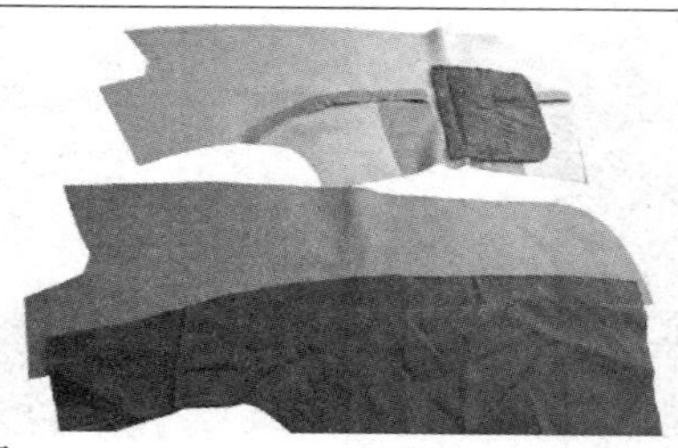

19．工序名称：覆挂面—裁片准备

工序要点：裁片包括前衣片、挂面、缝好的前片夹里。

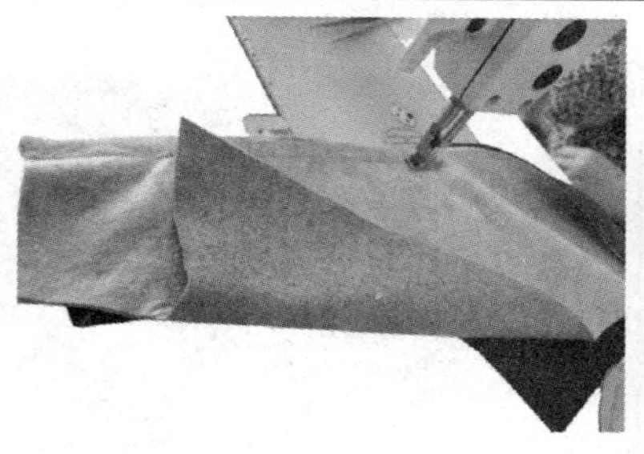
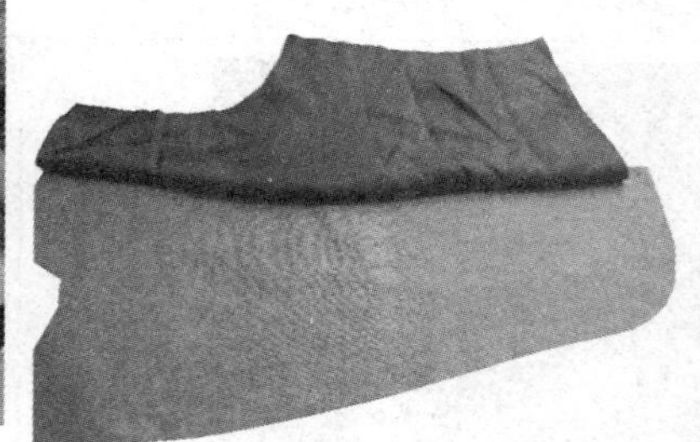

20．工序名称：覆挂面—做前身夹里

工序要点：将前片夹里与挂面缝合，缝份向夹里坐倒，可在夹里一边缉 0.1 cm 止口线固定。

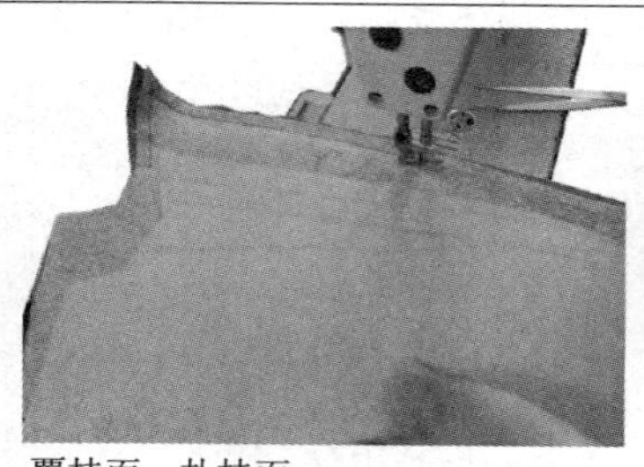
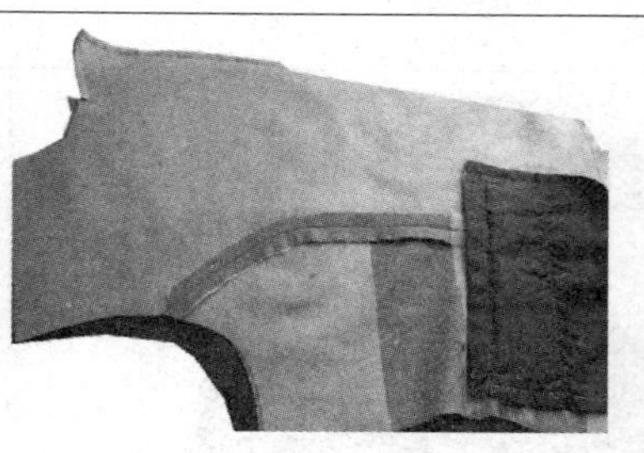

21．工序名称：覆挂面—扎挂面

工序要点：领圈和驳头挂面按面料放出 0.5 cm，底边按面料折边线放出 1 cm，其他部位里子比面子略大，然后将挂面与大身止口正面相叠，由驳头缺嘴至底边扎线，要求驳头驳角处放吃势，驳头中段平眼位上下一致、略放吃势。接着平扎，止口下角处扎紧，以保证驳头与门里襟呈里外匀，不外翘。

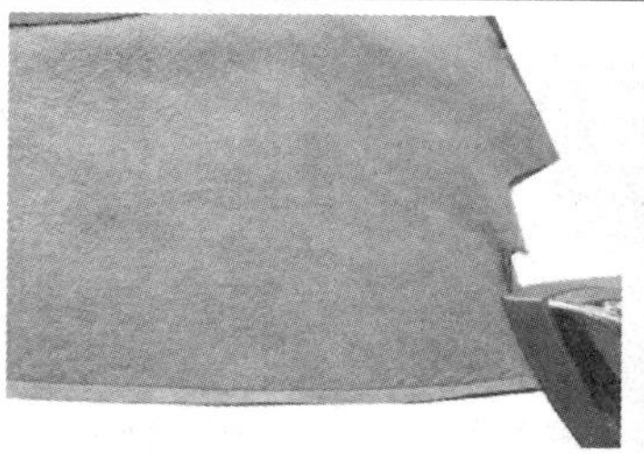
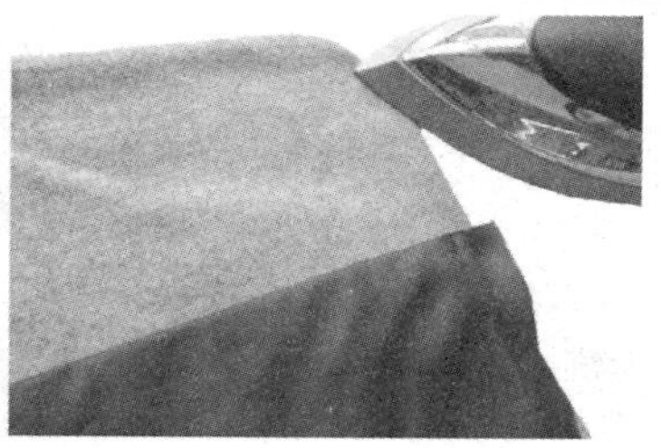

22. 工序名称：覆挂面—烫止口

工序要点：在领缺嘴和驳点处分别剪刀眼，扣烫缝边，将止口缝边由大身倒向挂面，坐进0.1 cm扣烫，驳头与串口的缝份按缉线扣烫。门里襟止口要烫直、熨平，驳头处要烫圆顺，圆角圆顺不起角，左右对称。

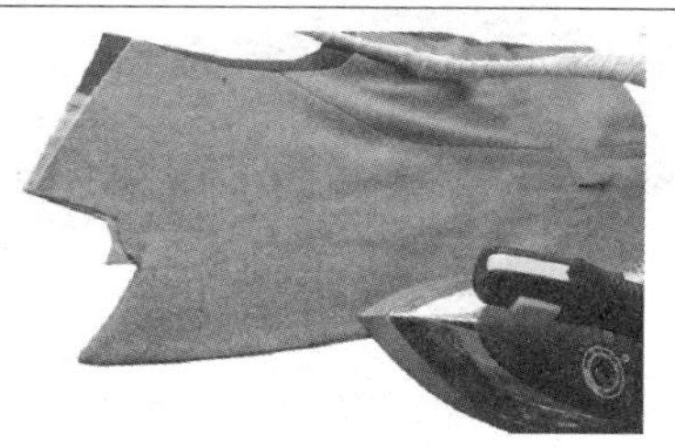

23. 工序名称：覆挂面—翻烫止口

工序要点：把驳头翻出，驳角翻方正，门里襟止口翻牢，扎线定扎驳头及盖水布，将止口烫薄、烫煞，驳头处沿驳口线折转驳头，烫出里外匀窝势。

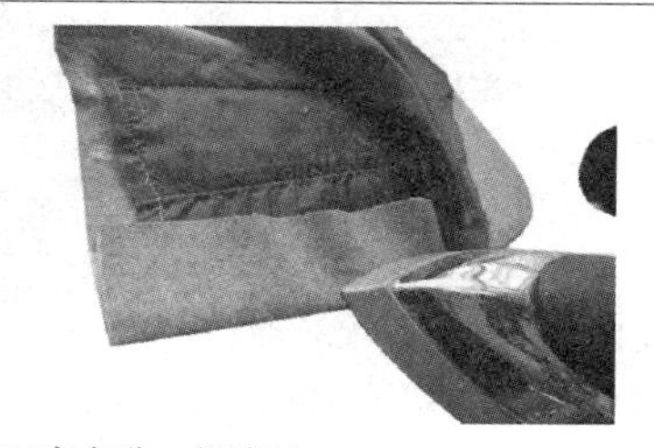

24. 工序名称：烫底边

工序要点：将底边按净样折转熨平、烫顺。

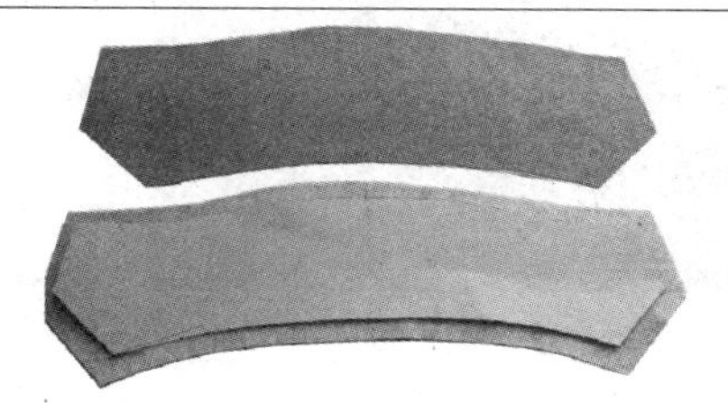

25. 工序名称：做领—准备裁片

工序要点：用净样板在领面上画出领子净样。

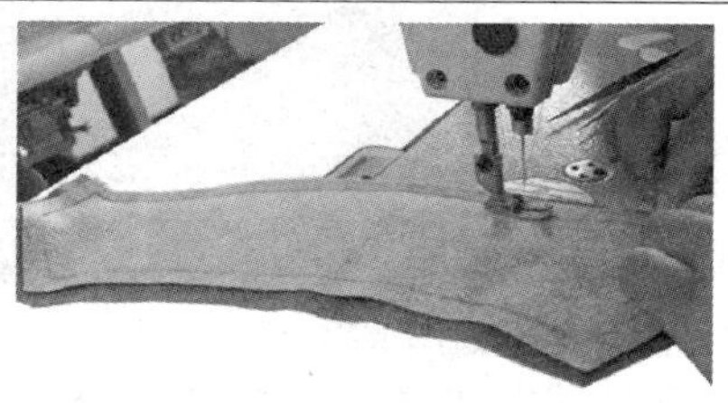

26. 工序名称：做领—合缉领子

工序要点：将领面放上层，领面、领里正面相叠，沿净样线夹缉。夹缉时领里两领角适当拉紧，保持领面、领角有窝势。

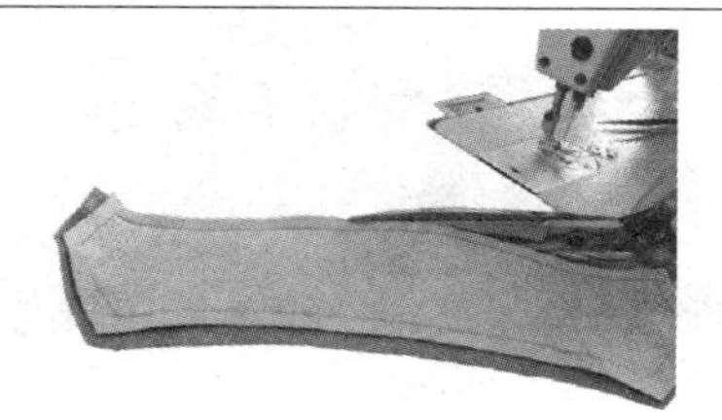

27. 工序名称：做领—修剪缝份

工序要点：把缝份修剪成0.5 cm左右，领角处可再小一些。

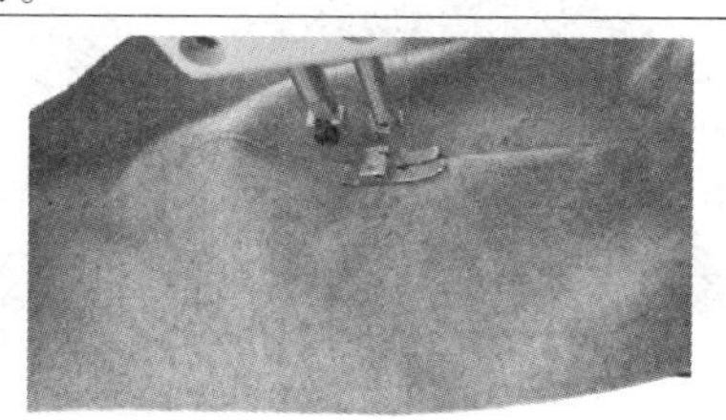

28. 工序名称：做领—缉固定线

工序要点：将缝份倒向领里，在领里外止口处缉一条0.15 cm的止口线固定。

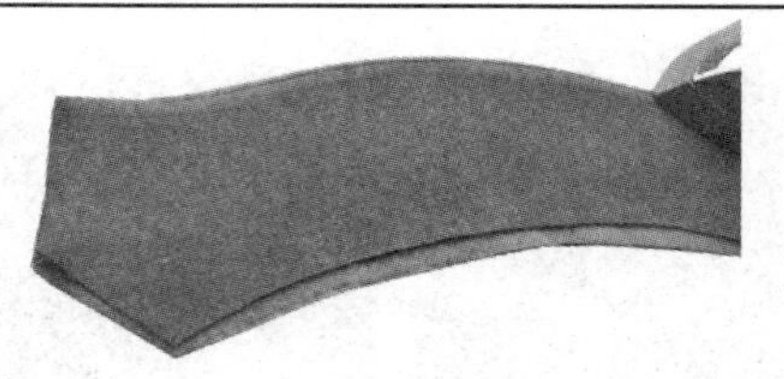

29．工序名称：做领—翻烫领子

工序要点：在领子反面沿缉线扣烫缝边，折好领角，翻出。翻实后领里坐 0.15 cm，熨平。

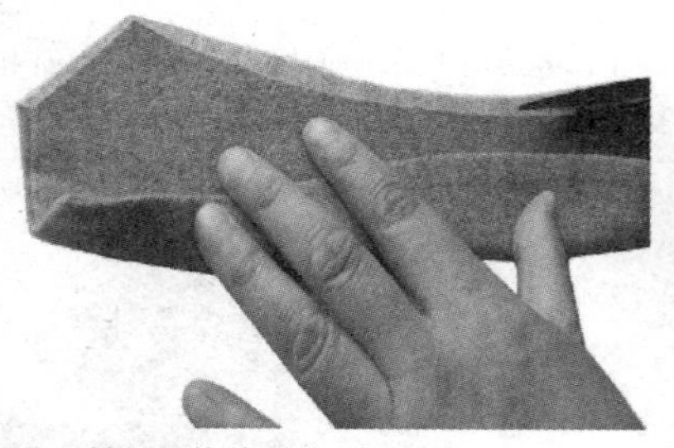
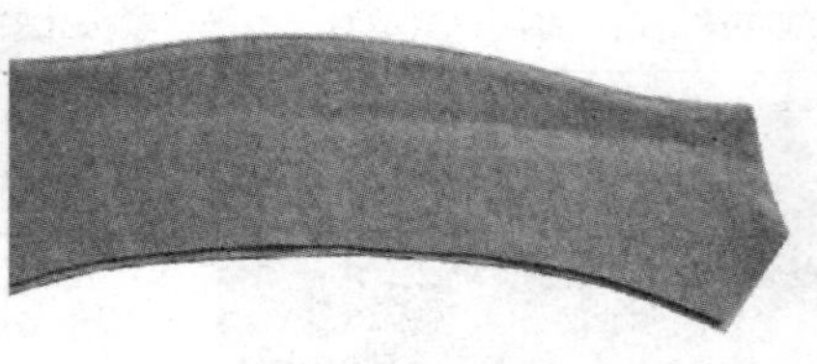

30．工序名称：做领—修剪缝份

工序要点：修剪串口线与领下口线的缝份，领下口线留 0.3 ~0.5 cm 缝份，再做好装领时的对位标记。

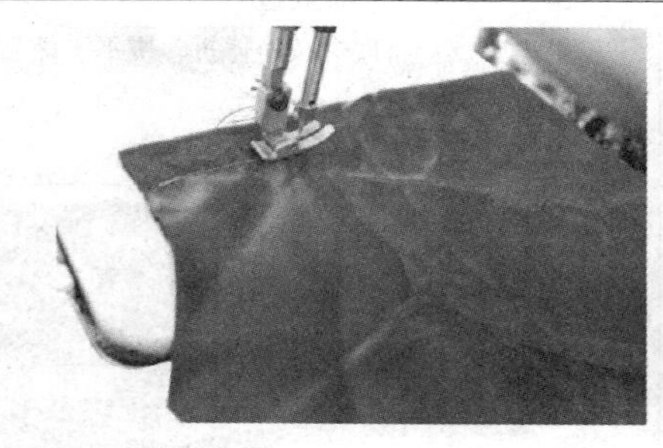

31．工序名称：做后片夹里

工序要点：后片夹里缉倒缝，并在领口下 8 cm 至胸围线处设置一个活裥直至底部。

32．工序名称：熨烫

工序要点：后片夹里做好后熨烫平整。

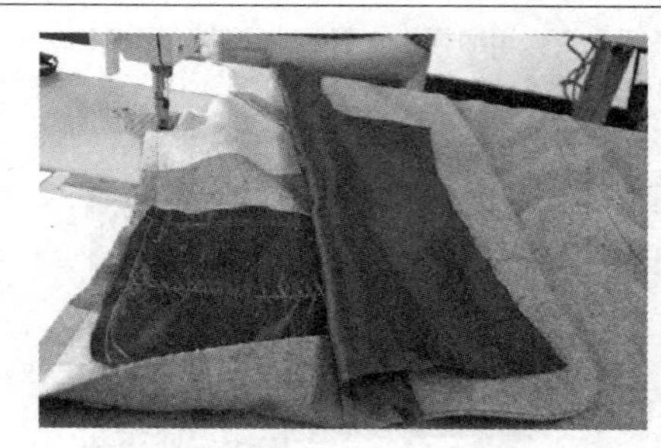

33．工序名称：合侧缝

工序要点：合缉面子侧缝，前后衣片正面相叠，前片在上，腰节处对准，合缉缝份 1 cm，再缉夹里侧缝。上下两格要求松紧一致，缉线顺直。

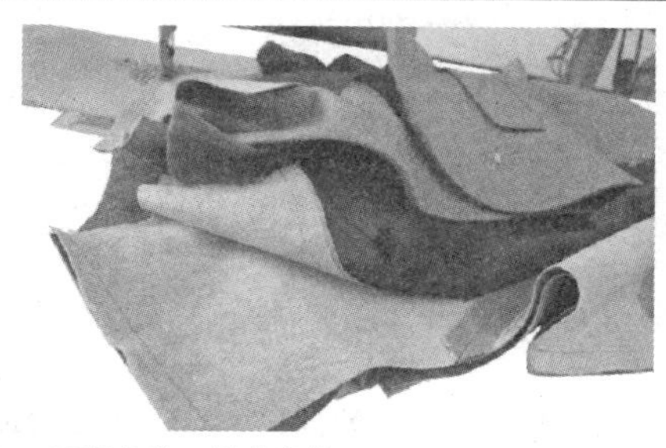

34. 工序名称：缝合肩缝

工序要点：合面子肩缝，前后片肩缝正面相叠，后片放下层，后面肩1/3处放吃势0.5 cm左右，留缝份1 cm合缉，后肩缝要松于前肩缝。合缉夹里肩缝，方法与面子同。

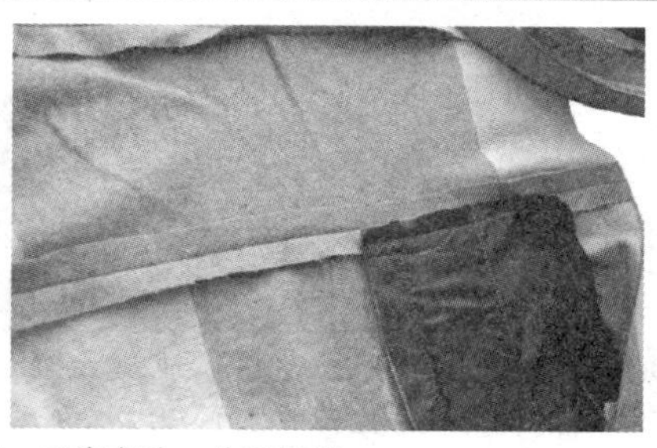

35. 工序名称：分烫侧缝

工序要点：面子侧缝腰节处拔开分烫，夹里缝份向后坐倒有0.2 cm余势。一般采用折烫缝边，即向前向后坐进0.2 cm折转烫平。

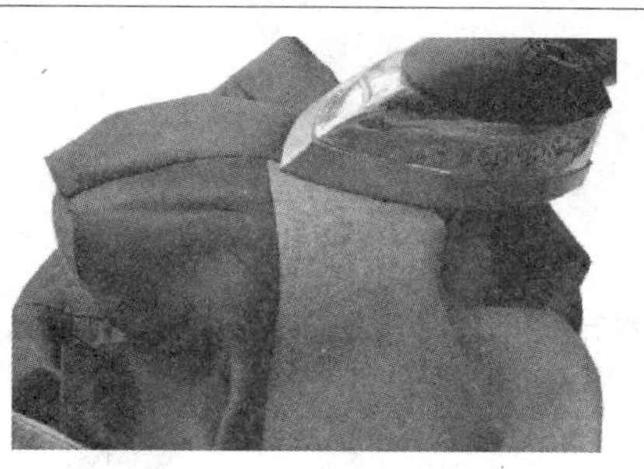

36. 工序名称：分烫肩缝

工序要点：肩缝放在铁凳上烫分开缝，注意不可将肩缝烫还。夹里缝份向后身坐倒。

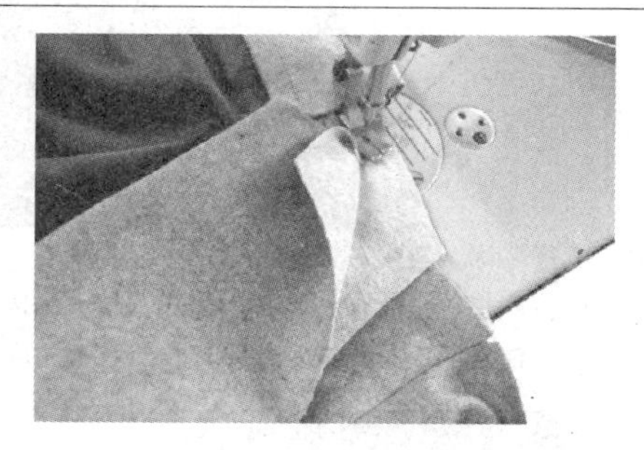

37. 工序名称：装领—缉串口线

工序要点：按净样线先将领里串口与前身串口合缉，再合缉领面与挂面串口线。合缉时注意把握缝制技巧，即领面的领角起始点对准驳角缺嘴，而领里的领角起始点应在驳角缺嘴处回进0.15 cm左右，挂面串口净样线应与驳角面吐出后保持一致。

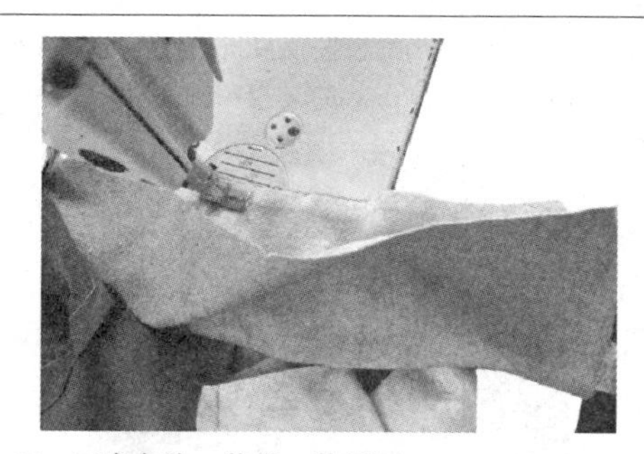

38. 工序名称：装领—装领面

工序要点：将领面与衣身挂面、夹里正面相叠，串口、领圈处对齐，各对位标记对准，缝合后领圈。缉线要顺直，肩缝转弯处领面略放吃势量，领角不毛出。

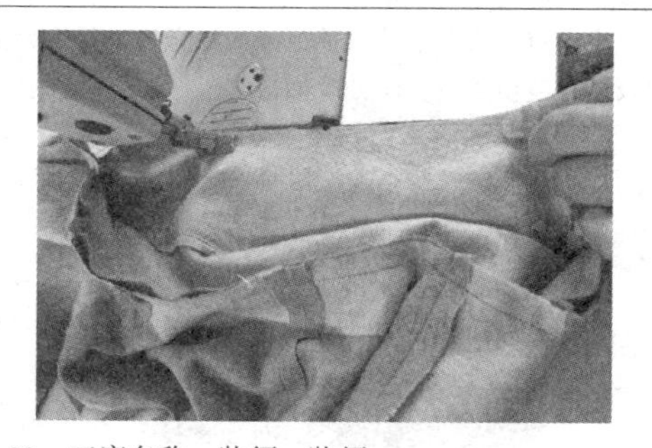

39. 工序名称：装领—装领

工序要点：领里缉合领圈部分，转折处剪刀眼，要求与缉领面相同。注意领里同领面后中心相对，丝绺不要拉还。

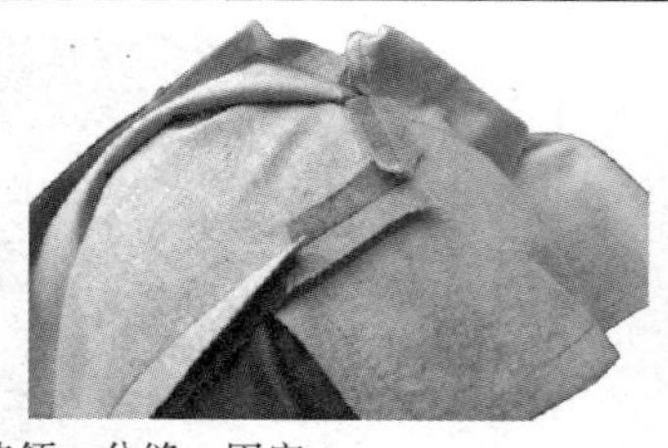
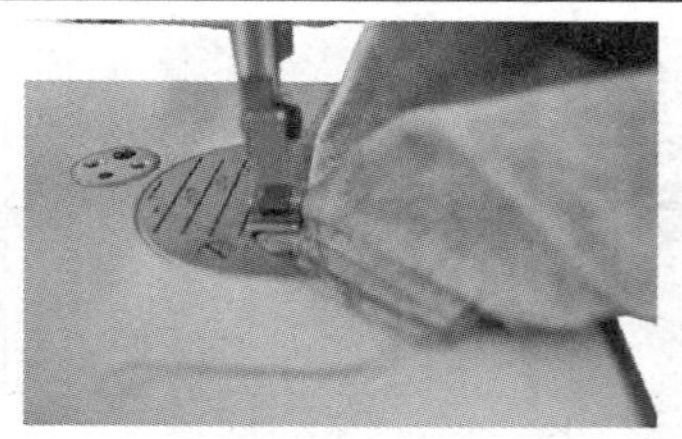

40. 工序名称：装领—分缝、固定

工序要点：在衣身领圈转角处剪一刀眼（不可剪线），将串口烫分开缝，熨平、烫煞，不可烫还。用手缝或车缉固定领面、领里的串口及领圈。

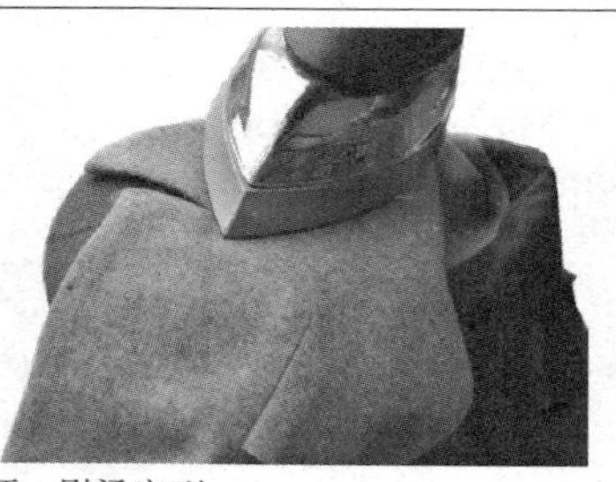

41. 工序名称：装领—熨烫定型

工序要点：将领头放在铁凳上，使驳领与驳头按驳口线、领脚线自然翻折于衣身上，用熨斗熨烫使之自然服帖于前身与肩部。注意驳头不要烫实，要有自然弯折曲度，驳口线与领脚线要顺直一致。

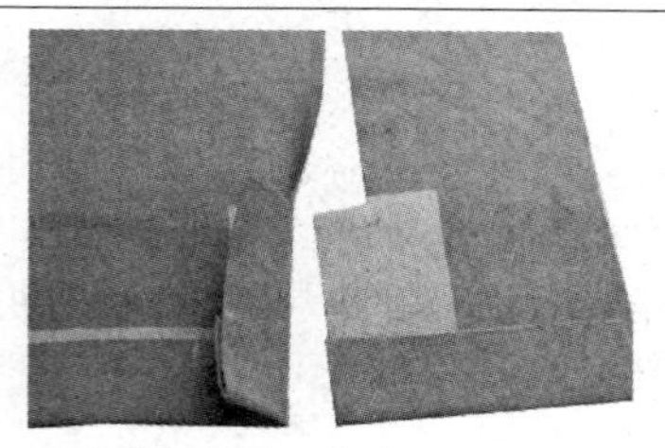

42. 工序名称：做袖—裁片准备

工序要点：大小袖片、袖口处烫粘合衬，并将大袖片袖口及袖衩缝份烫进，小袖片袖口缝份烫进。

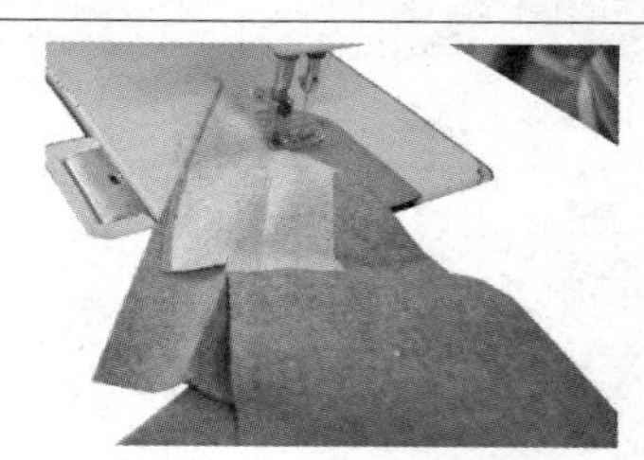

43. 工序名称：做袖—缉大小袖衩

工序要点：将大小袖衩按袖口折边、正面相对车缉。小袖衩勾缉时，上口留 0.8 cm 不要缉到头。

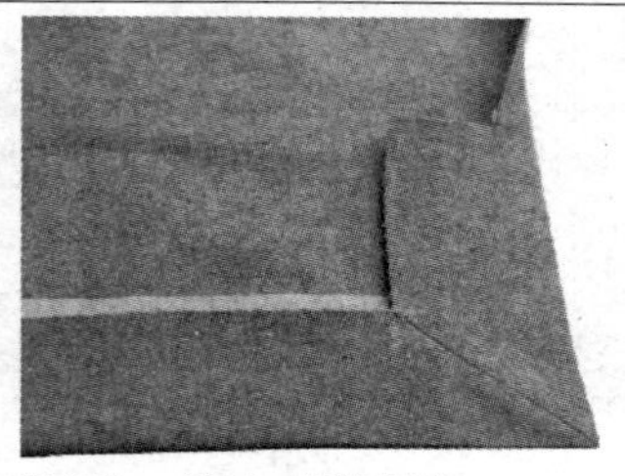

44. 工序名称：做袖—熨烫袖衩

工序要点：将大袖衩分缝烫平，正面向外翻出，将袖衩贴边和袖口折边熨烫平整。

45. 工序名称：做袖—缝合后袖缝

工序要点：将大小袖片正面相叠，大袖片放下层，袖衩处做好缝制标记，车缉后袖缝。大袖上段 10 cm 略放吃势，缉线要顺直，缝至袖口 2.5 cm 处止。

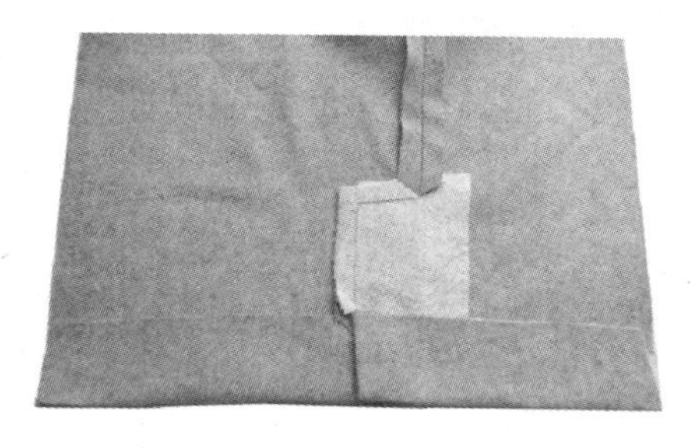
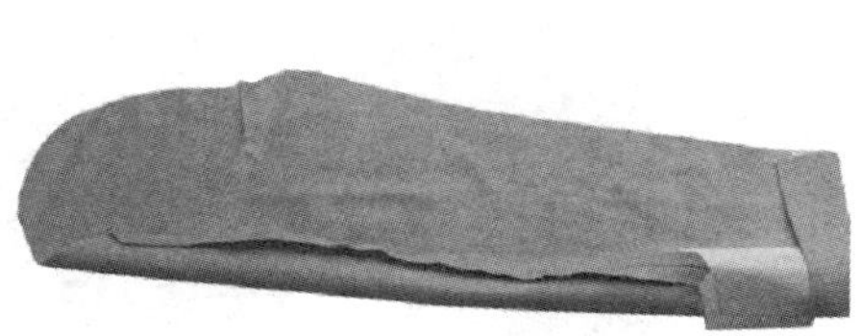

46. 工序名称：做袖—分烫后袖缝

工序要点：缉好后，在小袖袖缝与袖衩折角处打一刀眼，烫分开缝，袖衩倒向大袖片。将正面翻出，自袖口处向上 10 cm 处将袖衩折好，盖水布烫煞，然后按净样折烫袖口贴边。

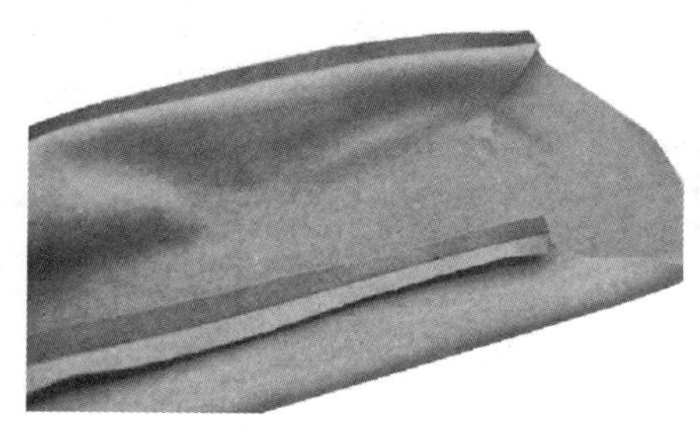
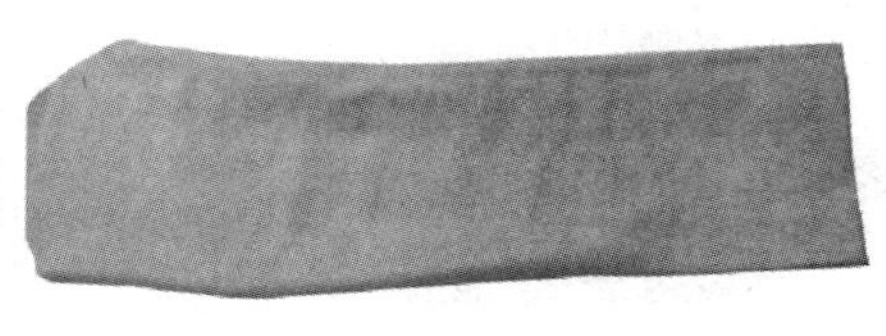

47. 工序名称：做袖—缝合前袖缝

工序要点：将大小袖前袖缝正面相叠，大袖片在上，留缝份 1 cm 合缉后烫分开缝。合缉与分烫时应注意不能将大袖片袖肘处拔开部分倒回。

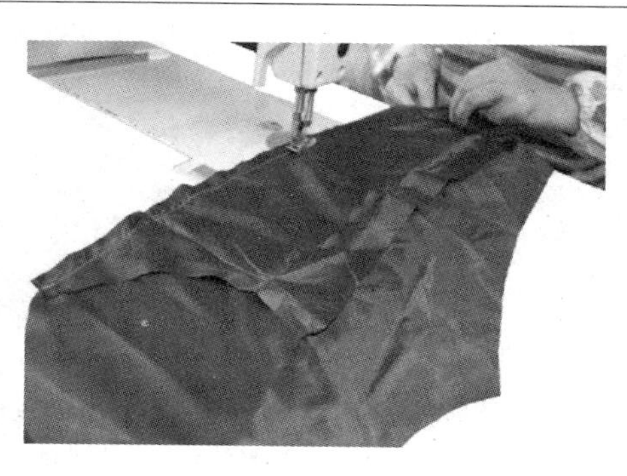

48. 工序名称：做袖—缉袖夹里

工序要点：将袖夹里大小袖正面相叠，按缝份缉前后袖缝，缉线顺直，留缝份 0. 8 cm，缉好后把缝份朝大袖片一面扣转烫坐倒缝。

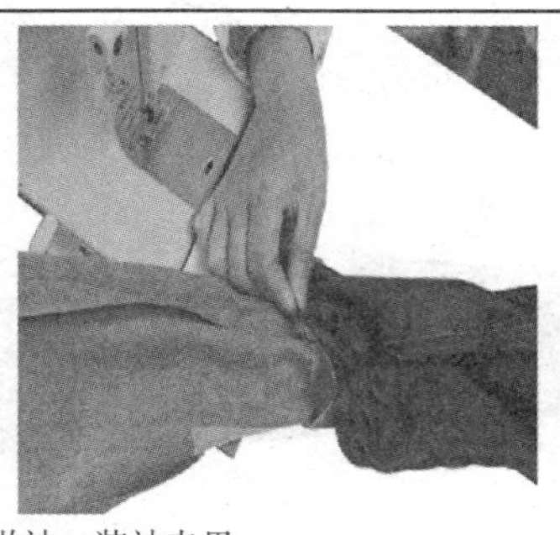

49. 工序名称：做袖—装袖夹里

工序要点：将袖夹里与袖片袖口套合在一起正面相对，袖衩处做好标记，前袖缝、后袖缝对好，然后车缉袖口一圈，缝份0.6 cm，袖夹里0.7～1 cm。将面子的袖口边翻上，用手工固定袖口边，注意操作时线迹应略松，正面不露线迹，再将袖口夹里1 cm的坐势烫平。

50. 工序名称：做袖—抽袖山头吃势

工序要点：将袖山面用纳布头缝针手缝一道，缝份0.6～0.7 cm，针距0.3～0.4 cm，袖山里机缝一道。然后手拉吃势，吃势的多少与面料质地等因素有关，还要核对与袖窿装配的长度，一般前后袖一段略多，前袖山斜坡少于后袖山，袖山最高处少放吃势，小袖片一段横丝不可抽。抽好后将山头放在铁凳上烫圆顺。

51. 工序名称：做袖—检验右袖，装左袖

工序要点：将衣服穿在人台上，装垫肩的需衬上垫肩再检验，查看袖子前后是否适宜，一般以遮住袋口1/2为宜，要求袖山吃势均匀合理，圆顺、饱满，丝绺横平竖直，检验合格后用同样方法操作左袖。

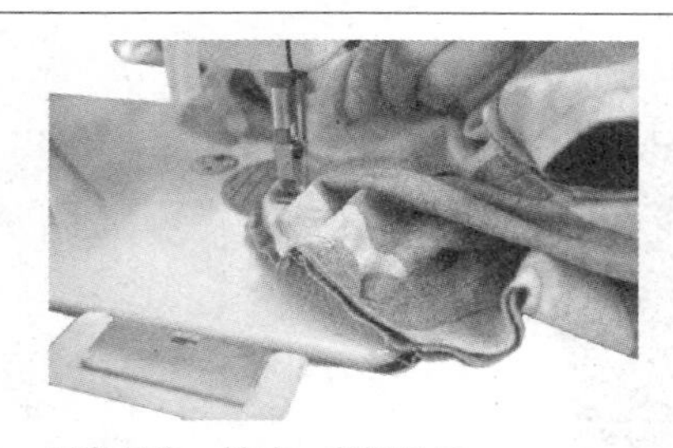

52. 工序名称：做袖—车缉袖子

工序要点：袖子放上，留缝份0.8 cm，缉缝圆顺，不改变吃势，并在袖子一面沿袖山弧线，装斜料绒布衬条（也可在绒布上再加一层粗布衬），衬条宽3 cm，长度以前袖缝开始至后袖缝向下3 cm为宜。将袖窿衬条放准位置车缉，车缉线不能超过装袖线。

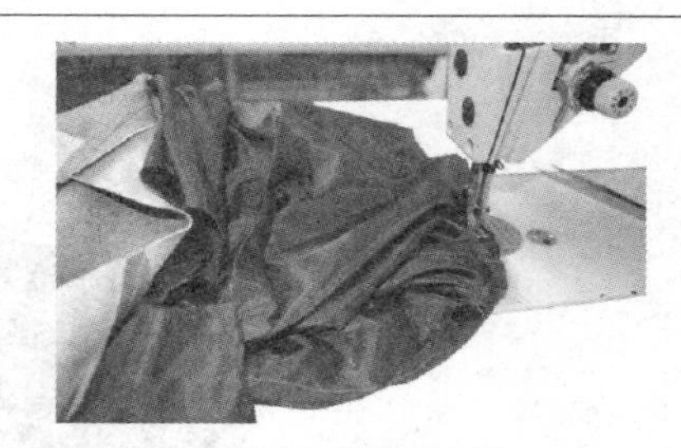

53. 工序名称：做袖—装袖窿夹里

工序要点：将夹里袖山与大身里子袖窿正面相叠，按装袖的对应点装袖夹里，留缝份0.8 cm，缝份倒向袖山。

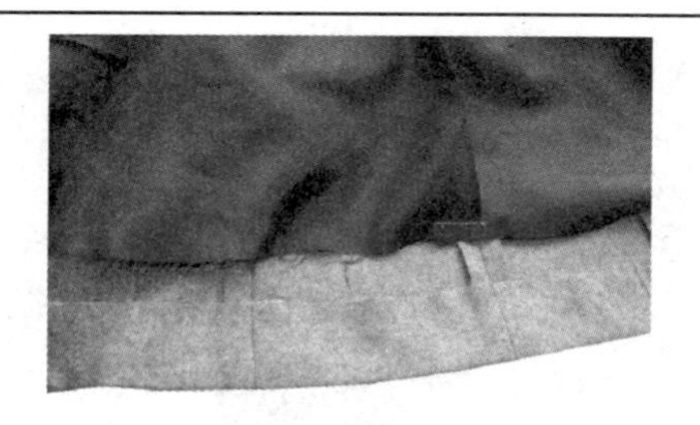

54. 工序名称：做底边—烫底边

工序要点：先将前后片底边按净样转折熨平、烫顺。

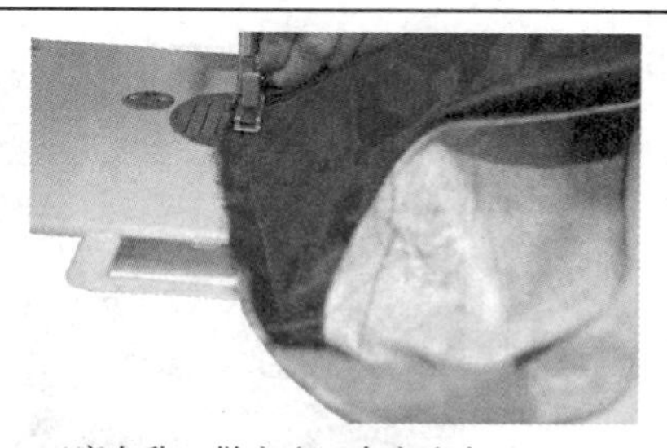

55. 工序名称：做底边—合底边夹里

工序要点：将底边翻到反面，底边面、里正面相叠，从里子与挂面拼合处开始缉，开始段约有 8 ~ 10 cm 斜缉，左右对称，其余里面止口平齐，侧缝对准合缉。

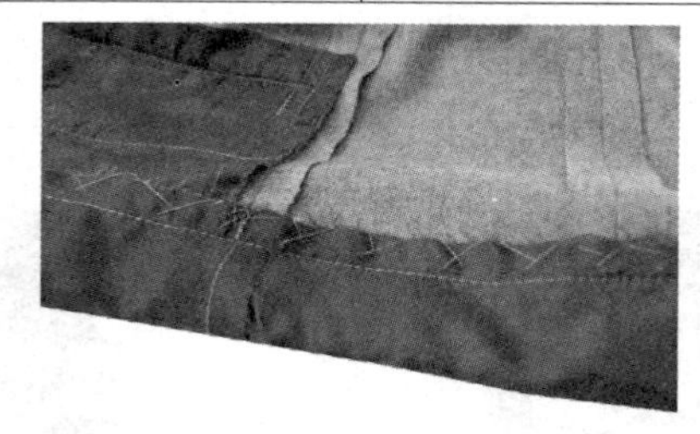

56. 工序名称：做底边—缲底边

工序要点：用暗缲针把底边固定，注意针距 4 针/3 cm，正面不露线迹，然后将衣片翻到正面，底边夹里留 1 cm 坐式烫平。

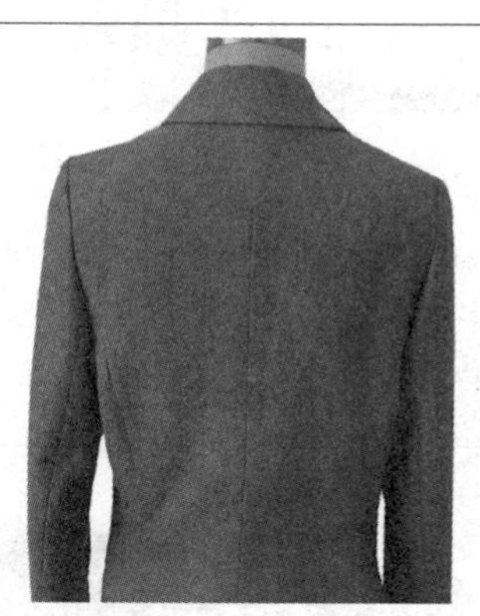

缝制完成效果（正、背面图）

二、男西服

本款男西服款式：三开身，平驳头，单排两粒扣，圆角下摆，左胸一只手巾袋，左驳头有一插花眼，大袋为双嵌线有盖开袋，腰节处收胸省及肋省，肋省为通身，后片中缝开背缝，腰节以下开背衩，袖型为圆装袖，袖口处开衩。款式图如图 8—8 所示。缝制工序流程、工序设备和缝制要点如下表所示。

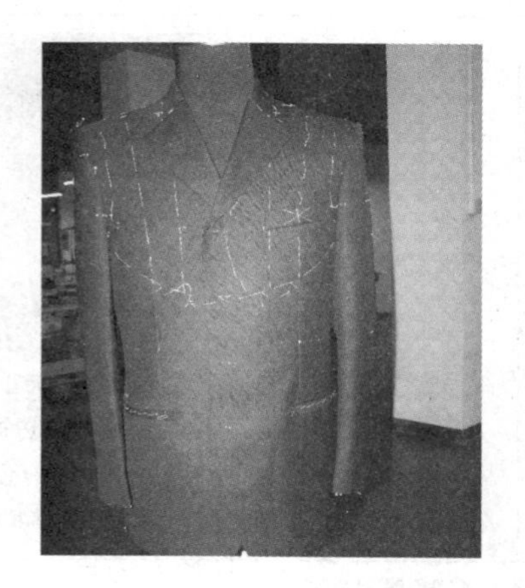

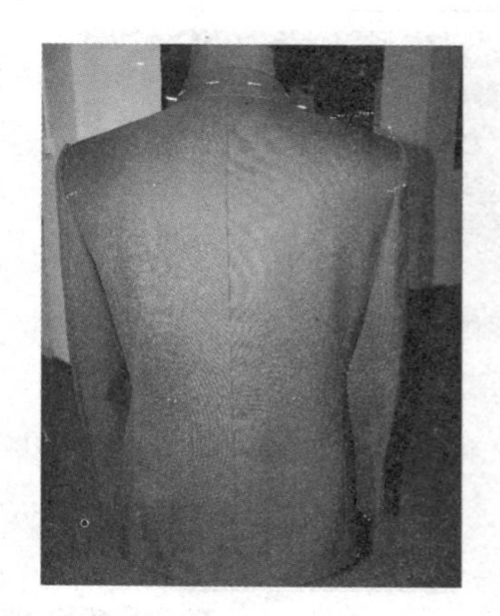

图 8—8　男西服

1．工序名称：裁片、准备

工序要点：检查裁片的数量、面料瘕疵、丝绺方向、倒顺毛关系、对条对格对花等。

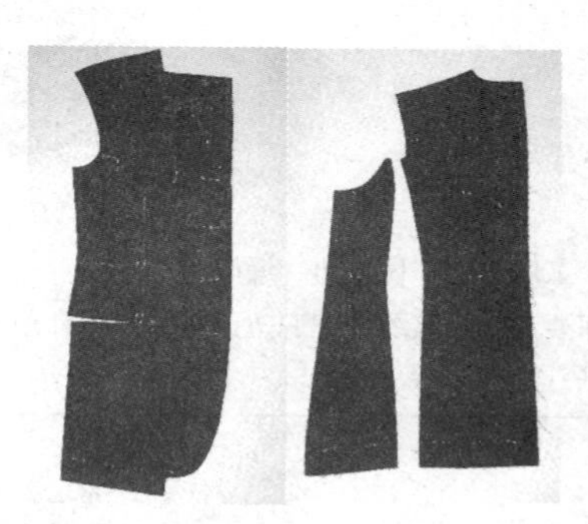

2．工序名称：打线钉

工序要点：收省，缝合前侧片，烫省，省道按照线钉记号，先在大身省道下方垫布条再进行车缝。拼合侧片时请注意袋位部位需要对齐。

腰部回势折起

3．工序名称：烫省和侧缝拔开

工序要点：烫省和侧缝时在收腰处必须拔开，开缝熨平，在袋口处用粘合衬粘合烫平。前胸省、前侧缝烫开缝份后腰部进行归拔，横直丝绺理正。

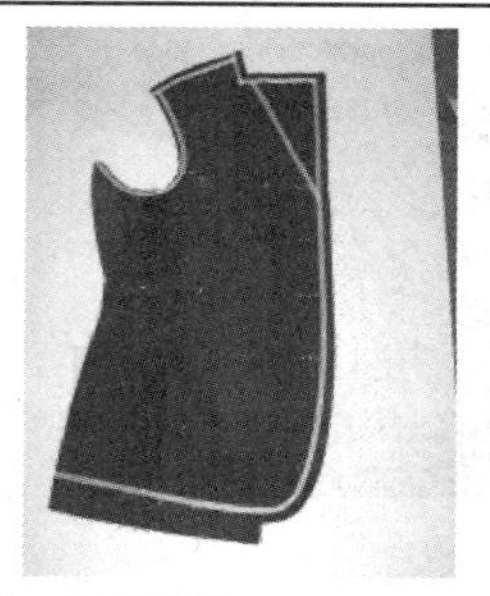

4. 工序名称：烫敷牵条

工序要点：牵条宽0.8～1.0 cm，直料，敷时在净样线内0.1～0.15 cm，袖窿处进0.5 cm。一般袖笼净样线处在牵条的中央位置，驳折线上的牵条应进驳折线0.5～1.5 cm处敷上。

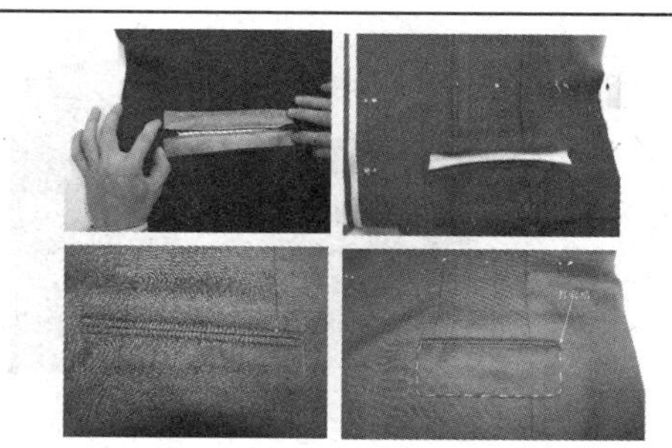

5. 工序名称：开大袋

工序要点：方法同有盖双嵌袋的开法。开好双嵌线袋，再放入袋盖固定。袋盖固定后，装袋布，封口，打套结。

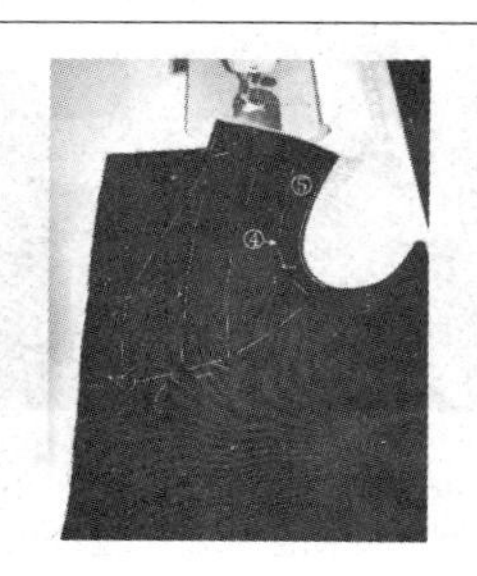

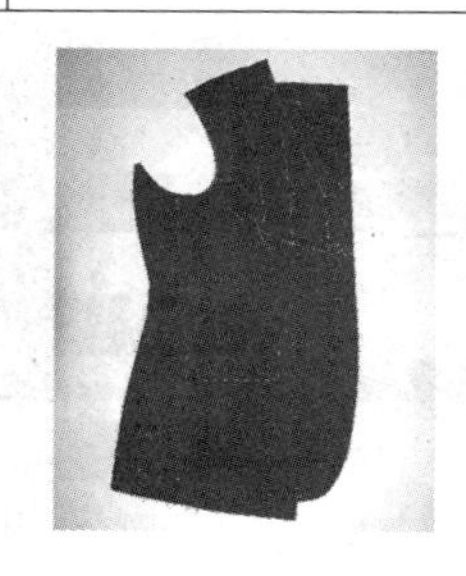

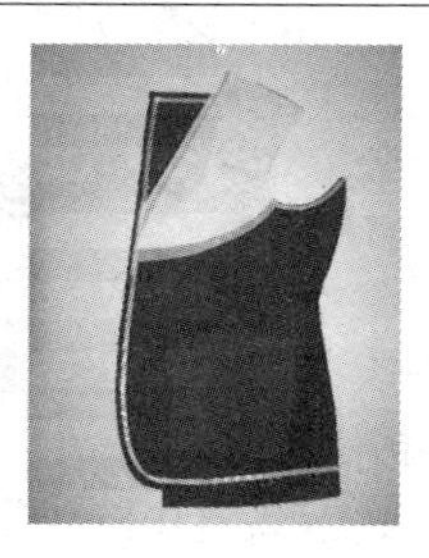

6. 工序名称：覆胸衬

工序要点：胸衬的归拨与前衣身相近，将胸衬反面相对（针刺棉相贴）略喷清水，先熨烫省道，然后归拢胸部，胸部烫出椭圆形，肩头随肩省拉开量而上翘。驳折线处进1.0 cm，将装在胸衬驳口处的牵条粘合，注意胸衬位置要方正。扎线顺序如图所示，扎时要松紧适宜，面与衬要有里外匀，并注意左右对称。

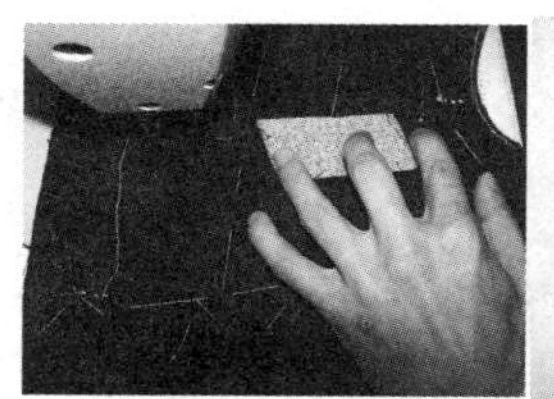

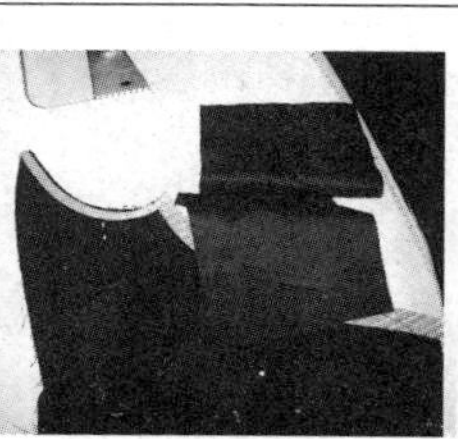

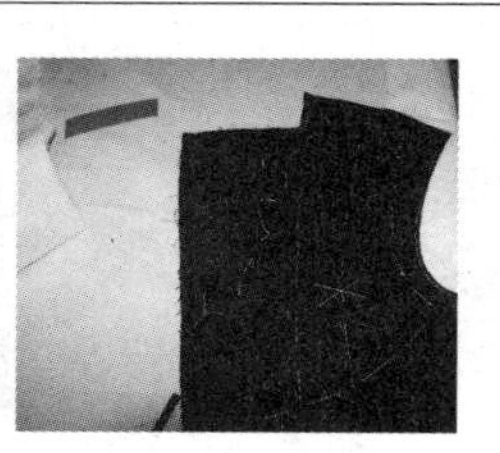

7. 工序名称：做手巾袋

工序要点：首先在袋板牙反面先粘一层毛样有纺衬，再裁制一块较硬挺的衬衫领衬，四周比净样小0.1 cm，与袋板结合。然后，将两侧按净样扣折，上口扣折，袋角重叠处打剪口，剪口距边约0.2～0.3 cm。之后，重新扣烫，使内层比面的两边略小0.2 cm。将上层袋布与袋板内层缝合，缝份为0.5 cm，袋板牙与衣片相结合打回针，垫袋布与衣片结合与袋口线相距1.2 cm，起止针距袋口各0.2 cm。开剪口时不可剪断线根。将缝份放在馒头上劈缝熨烫，先分烫垫布止口，再分烫袋板牙止口。将袋牙板袋布拉到衣片反面，袋布角不能放平的位置打剪口，掀开前片，在缝份处缉线将袋布与缝份固定。将垫袋布与下层袋布勾缉、缝份向下倒，并用手针将垫袋缝份扦缝。勾缉胸袋布，袋角处缉圆弧线迹。封袋口，用手针扦缝袋板，二侧用暗扦针法，将袋口、两端封结。

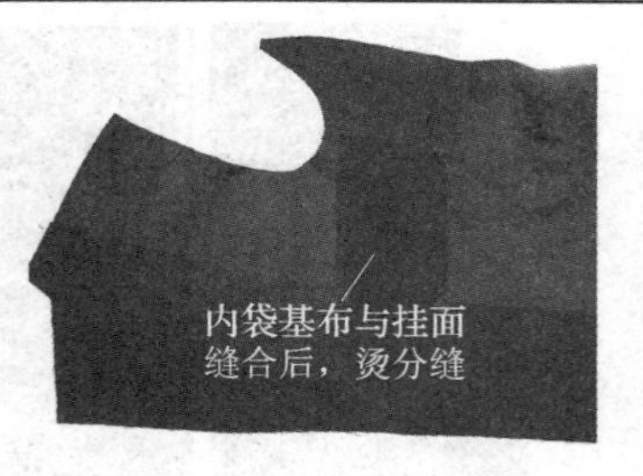

8. 工序名称：挖里袋

工序要点：确定里袋的位置，里袋采用双嵌线挖袋方法，嵌线采用里子，挖袋方法与西服大袋基本相同，不同之处在于下层垫布取消（因袋布为里子绸）。一般在右口袋上另加袋口三角布，里袋方正无毛漏，袋牙宽窄一致无豁开现象，袋布平服，封结牢固。

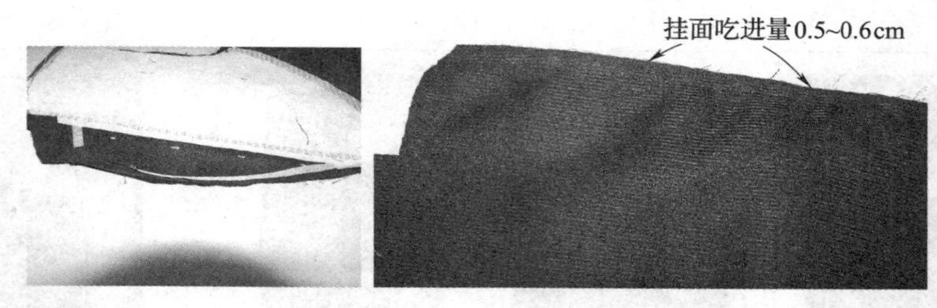

9. 工序名称：复挂面

工序要点：先将身下面朝上，将挂面与其正面对合，用倒扎针或定针在离缝边0.6 cm处扎一道线，以防缝缉时错位。寨线先从驳口线起针，每2 cm一针，寨缝时要严格控制各段的松紧程度。烫挂面吃势，在驳头下面垫布馒头，熨烫面积不宜过大，不超过驳口线，下段放平熨烫。再缉前止口，将前身朝上，挂面朝下，左前片缉线从绱领点至底边挂面边1.5 cm，右前片从下缉至绱领点止。缉线在驳头处沿牵条边缉，在驳止点以下距净样0.2 cm勾缉。止口缉好后，检查两驳头是否对称，缉线顺直，缺嘴大小一致，吃势是否符合要求。

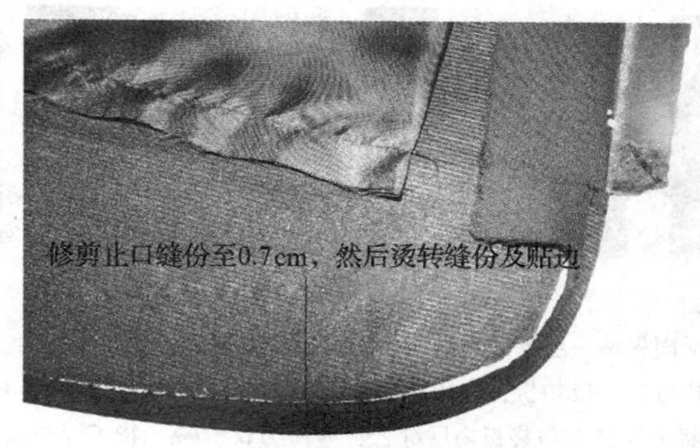

10. 工序名称：翻烫工艺

工序要点：先将止口缝份劈缝分烫，这样止口翻出后无眼皮重叠。然后，将缝份线向底边扣折熨烫，驳头处挂面余0.2 cm成里外匀，驳止点以下衣身余0.2 cm成里外匀。同时用双面胶固定止口缝份，将前止口用高温烫平烫薄，将挂面翻转，注意左右里外匀，止口要翻转烫平，距止口1 cm扳针寨缝。

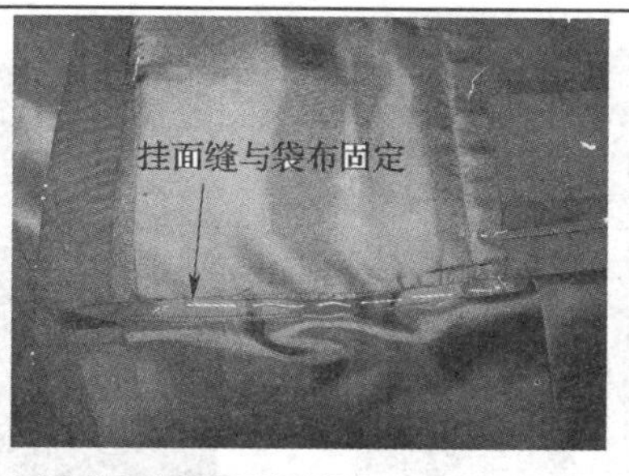

11. 工序名称：手工定位

工序要点：手工定位袋布和挂面，线迹要松。手工定位袋布和挂面、胸衬。

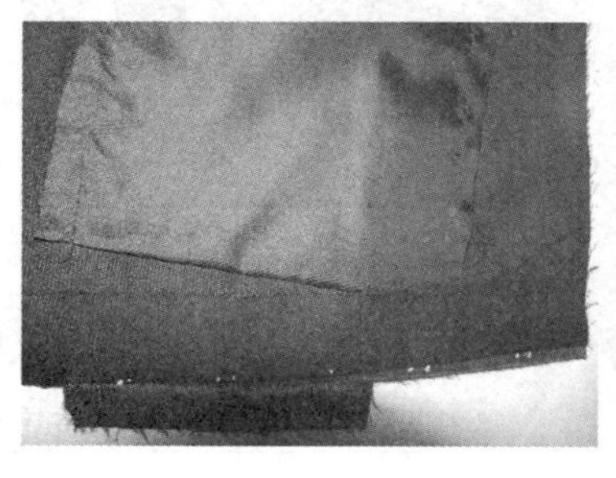

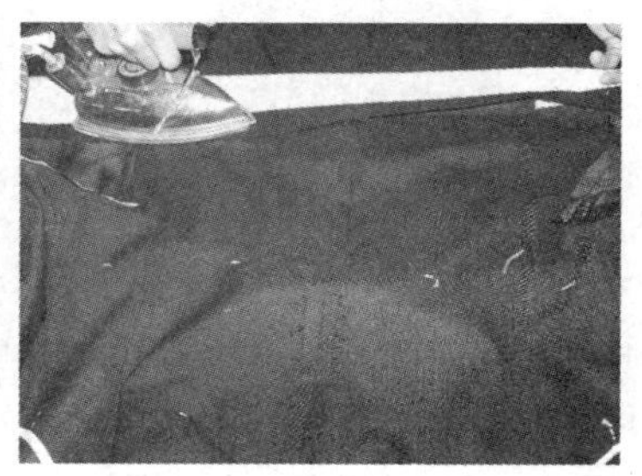

12. 工序名称：下摆折边

工序要点：按线钉位置折起扣烫，要求下摆顺直流畅。

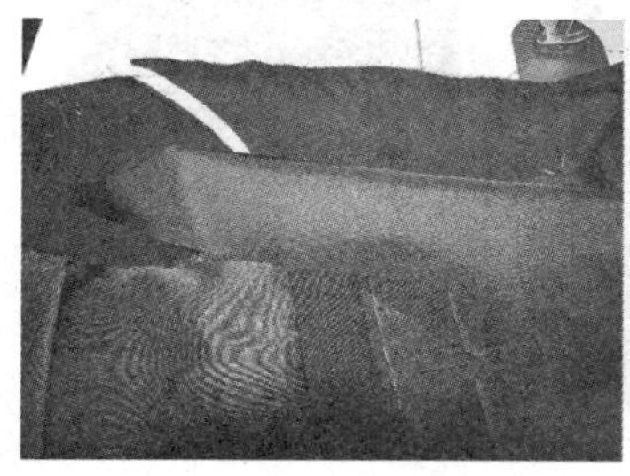

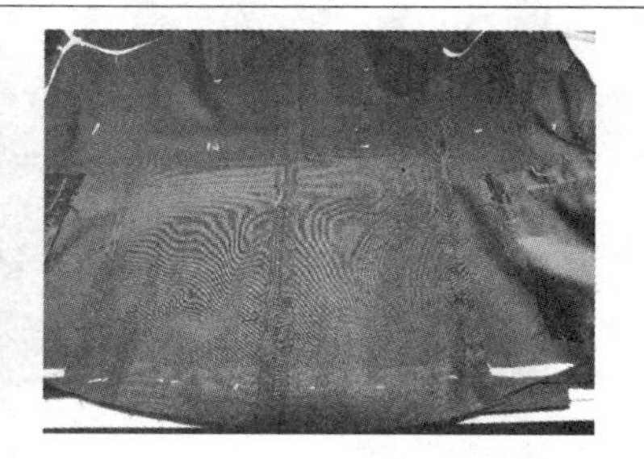

13. 工序名称：缝合前、后侧缝

工序要点：先缝合面片侧缝，再缝合里布侧缝，而后合缝，进行归拔工艺处理，再分缝烫开。扣烫里布，里布缝合后进行倒缝扣烫 0.3 cm，质量要求平挺顺直。

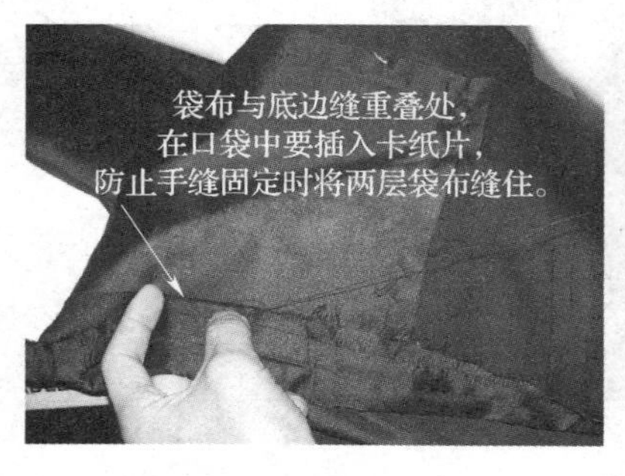

14. 工序名称：缝合下摆（下摆贴边扣烫、手工固定下摆）

工序要点：缝合大身下摆时，必须要对齐前后面、里骨缝，不得有任何偏差，里布扣烫，过的风琴缝在缝制时不得拉开下摆。缝好后必须要用手工固定下摆折边，一般可用倒勾针法进行手工固定，针距约2~4 cm，不得戳穿面子，也不能产生明显的针孔。将里子侧缝与面子侧缝用手工扎住固定，但线缉要松，不宜太紧，针距约4 cm。下摆边、面、里组合后，里子要有坐势，并且要方直有序。挂面处用暗缲针手工固定。

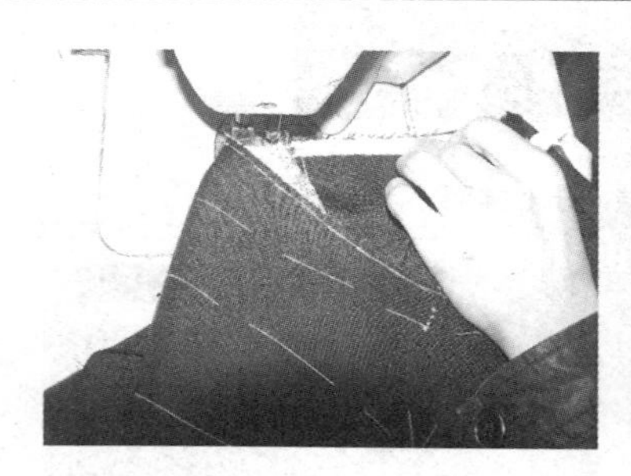

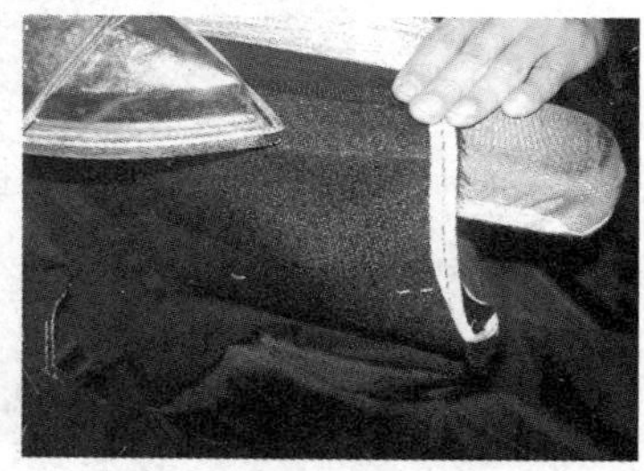

15. 工序名称：缝合肩缝

工序要点：翻起黑炭衬，将前肩缝与后肩缝缝合，后肩缝吃进0.7 cm左右。缝时前肩在上，后肩在下。烫开肩缝，要垫在烫凳上烫，然后缝上肩部袖窿牵条。

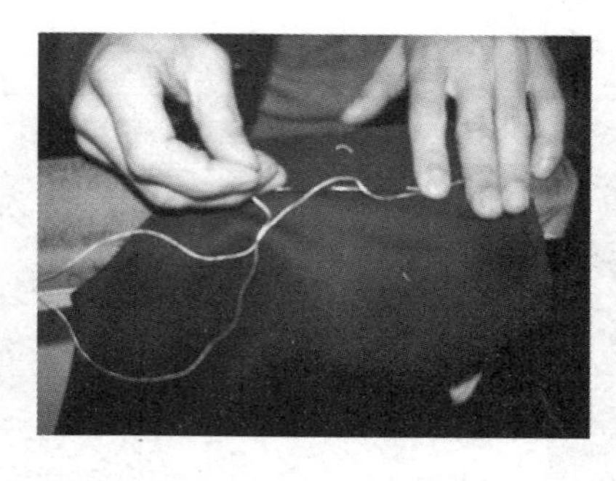

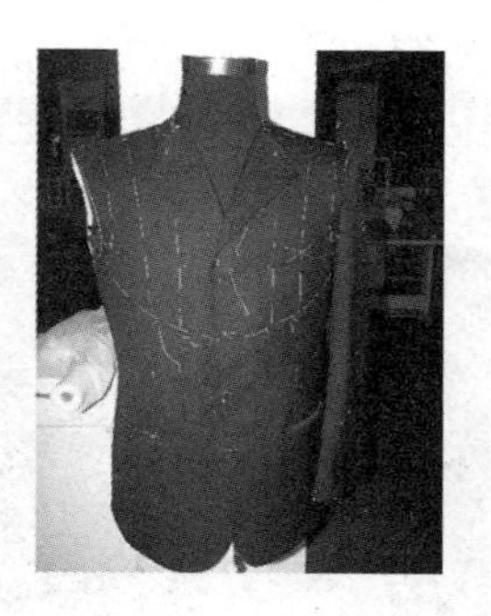

16. 工序名称：肩缝与胸衬定位

工序要点：将肩缝与胸衬肩缝正面扎一道定位。反面肩缝缝份与衬用倒回针固定，针距1.0 cm左右。大身完成后如上图所示。

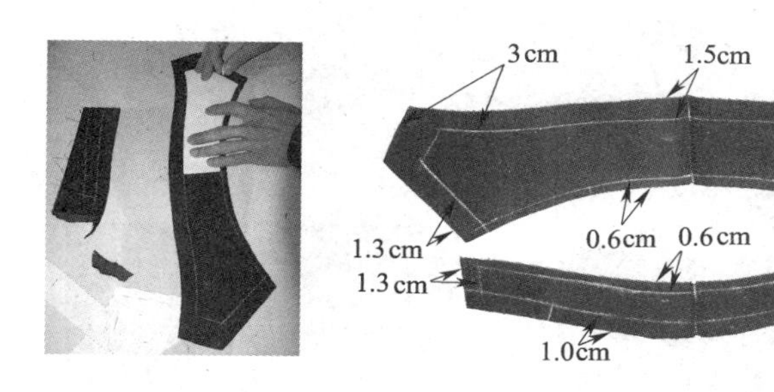

17．工序名称：做西服领子准备工作

工序要点：按照净样进行划样，放缝，修剪，做对档记号。

18．工序名称：领面缝制

工序要点：平接领与领座，将正面相对按0.5 cm勾缉。分烫压明线，将分领线缝份分烫，然后折到正面在分缝上下各压缉0.1 cm明线。用铅笔画出领片净样线，并扣烫领上口与领脚。

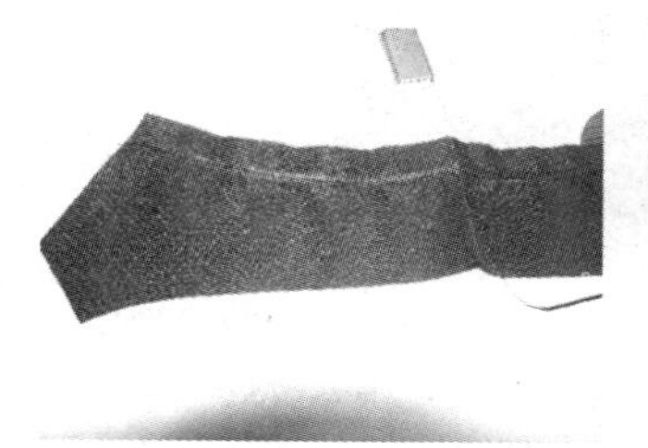

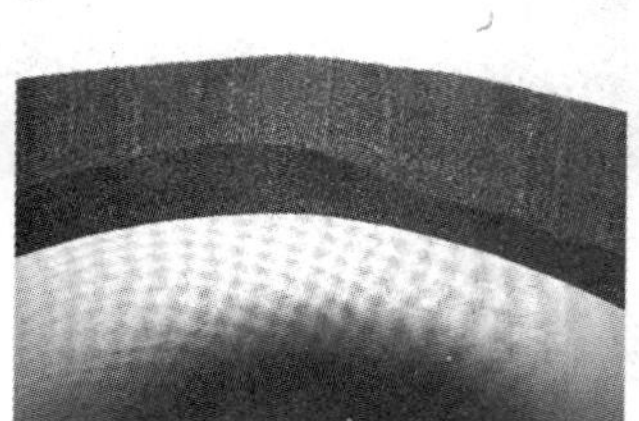

19．工序名称：领里呢处理

工序要点：先在领底呢的翻折线上车压0.6 cm嵌条，以收缩底领翻折线，再进行归拔领底呢处理。

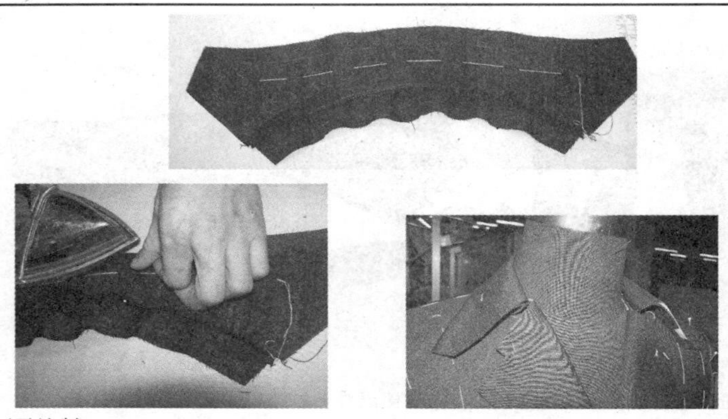

20．工序名称：领子缝制

工序要点：将领里折线略归拔，用直纱有纺牵条粘在领折线下并压缉明线，牵条粘缉时拉紧约 1 cm。将领底呢、领座翻折熨烫。领子的缝合，将领底呢与领面上口对位点相对，距领面上口折线 0.3 cm 寨缝领上口线，然后用摆缝机摆缝。拆掉寨线，折烫翻领，使领子窝服，挺立

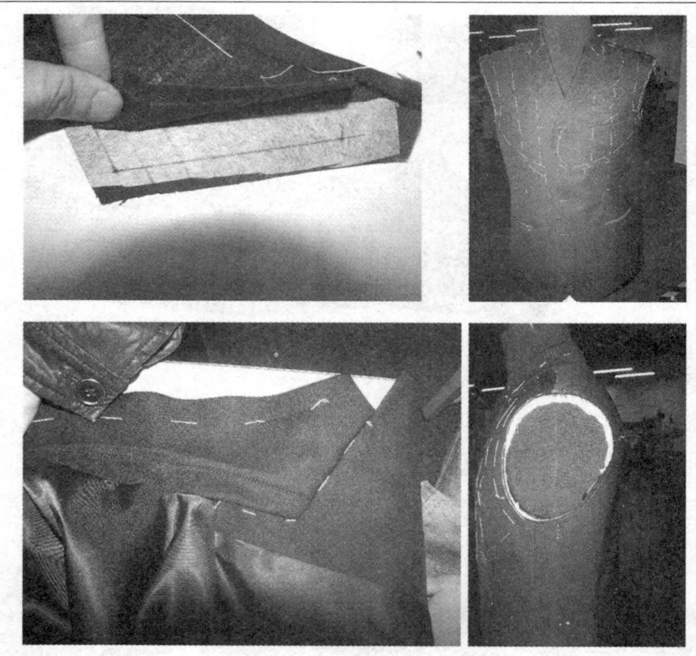

21．工序名称：装领面，绱领底呢

工序要点：将领面与挂面的串口用擦线固定，然后车缉串口线。缉线时挂面在上，右襟格起针从绱领点处始，打倒针，底面线打线结，止针在领口宽转折线处。可回车一针，转领处打剪口，车缉领侧底与前后领口，衣片在 SNP 点处略松。分烫串口缝份，要求顺直，绱领点处接缝自然，串口与领嘴没有缝隙，领侧底与挂面处劈缝、后领口处缝份向下倒缝。将领子沿折边线寨缝，将领口摆正位置，领底呢落在衣身领口净份上，然后用画粉做标记，用手针寨缝固定。注意，缝线不能寨到领面上，以免影响下一步摆缝领口。将衣片从底边拉开，将领底呢领下口放在摆缝机上，整理好缝份后摆缝领口。

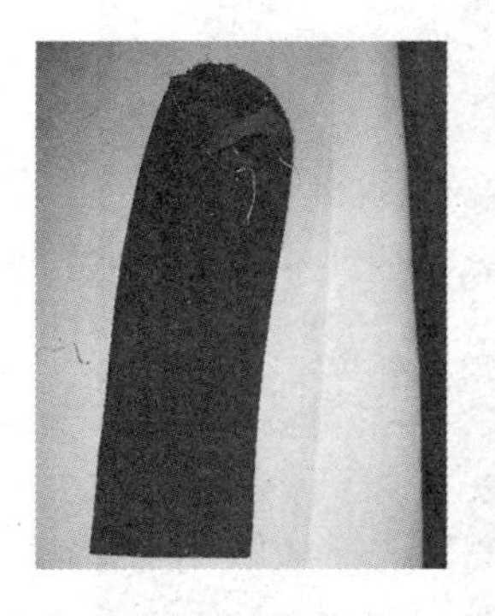

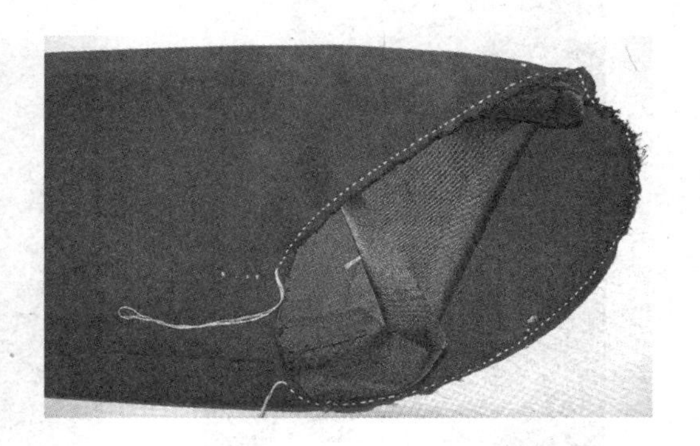

22．工序名称：做袖子和袖山吃势

工序要点：先测成品袖孔大小，如此时与打样时的尺寸有差异，可调整袖山弧线的量，使袖山与袖孔能较好地吻合。然后缝合袖子面、里（可参考休闲女西服袖子的缝合），做袖山吃势，用手工抽缩袖山，针距0.2～0.3 cm，用双股棉纱线抽缩，抽缩线离袖缝进0.5 cm。

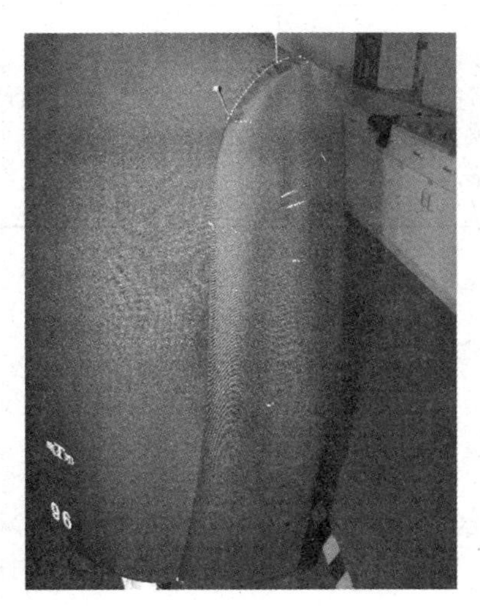

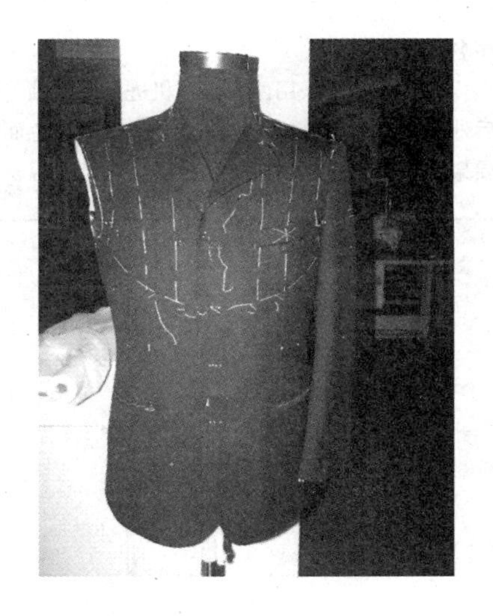

23．工序名称：寨缝袖子

工序要点：从袖标点出发，将前衣片部分平缝，后衣片袖子在外圈、衣身在里圈，外松内紧，袖山中点对准肩缝。注意，这里采用劈袖缝的方法，因此缝袖子时把胸衬拿开，如果采用非劈缝绱袖，胸衬可与衣身相寨缉。观察袖子形状，根据情况进行调整。做到前圆后登。

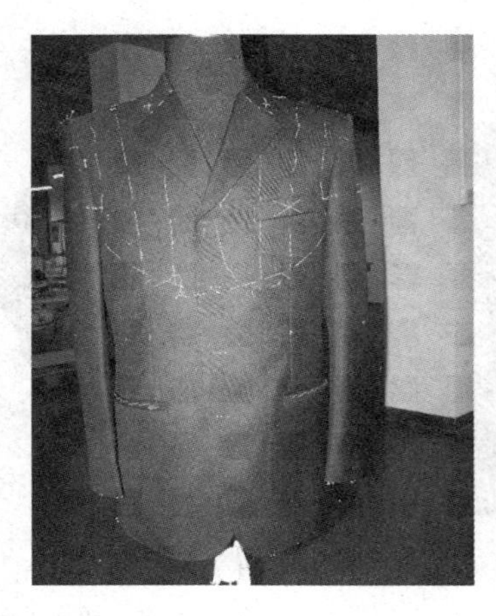

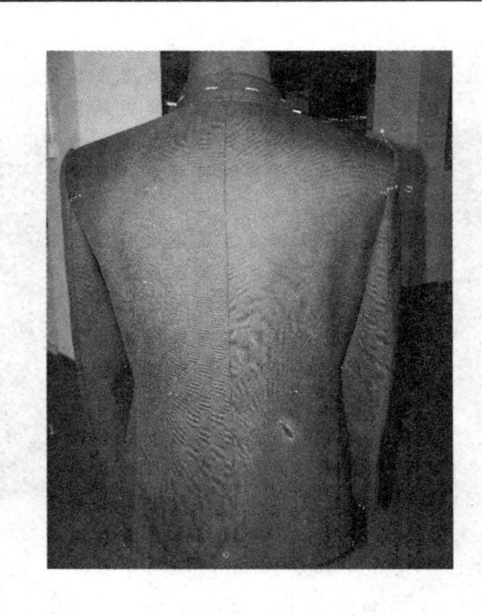

24. 工序名称：装袖

工序要点：袖子的位置是袖口盖住大袋盖1/2处，特殊体形要微调，袖山吃势圆顺便可勾缉。缉时袖子在上、衣片在下，缉线只留一道。将衣片肩缝前5 cm、后6 cm处打剪口，剪口指向缉线线根处，开剪处缝份劈开熨烫，注意熨斗要把其他部位吃势熨平。缉袖夹里袖山，方法与衣身大身相同，对位点对齐后勾缉，缉好后掏过来，比较袖口处里子所处位置，里子长度应长于袖口折边1 cm，多余剪掉。然后寨缝对位点，衣身底边也采用同种方法，将衣片翻进里面使夹里与衣身正面相对勾缉袖口及底边。

25. 工序名称：熨烫

工序要点：有条件的可采用西服定型机进行肩、领、袖等部位的塑形，没有条件可用喷气熨斗进行整烫。熨烫的原则是先里后外，先局部后整体，从上至下，熨烫深色面料必须盖水布以避免产生极光，还要保持熨斗底部的清洁。衣服烫完后要架到模台上放凉，放干后再动，否则很容易变形。